자동차 전자제어 섀시

ELECTRONIC CONTROL AUTOMOTIVE CHASSIS

구민사

저자약력 | **박영식** 現) 한국폴리텍7대학 자동차과 교수
공학박사
차량기술사
자동차정비기능장
유재복 現) 한국폴리텍7대학 자동차과 교수
공학석사
자동차정비기능장

자동차 전자제어 섀시

초 판 인쇄 | 2022년 1월 20일
초 판 발행 | 2022년 1월 25일
개정 1판 발행 | 2025년 4월 30일

저 자 | 박영식·유재복
발행인 | 조규백
발행처 | 도서출판 구민사
(07293) 서울특별시 영등포구 문래북로 116, 604호(문래동3가 46, 트리플렉스)
전화 | (02) 701-7421
팩스 | (02) 3273-9642
홈페이지 | www.kuhminsa.co.kr

신고번호 | 제2012-000055호 (1980년 2월 4일)
I S B N | 979-11-6985-550-5 93550

값 25,000원

PREFACE

머리말

여러가지로 어려운 시기에 자동차를 공부하고자 하는 학생들의 열망이 다치지 않기를 바라면서 비대면 수업이나 화상강의가 점차 증가하고 있는 현실에서 대면수업과 비대면 수업을 모두 만족하고자 본 교재를 집필하게 되었다. 그간의 대면수업에서는 좀더 쉽게 이해할 수 있었던 부분도 비대면 수업으로 전환됨에 따라 이해가 어렵고 공부하기가 난해한 부분들이 늘어남으로 학생들의 입장에서 좀더 이해하기 쉽게 그간의 교육 자료를 정리하여 새롭게 단원별로 이론과 실습에 모두 사용될 수 있는 내용으로 구성하고자 노력하였다.

그간 자동차는 엔진, 전기, 섀시부분의 3단계로 크게 나누어 구분하는데 그 기초와 뼈대가 되는 부분이 섀시부분으로 향후 전기자동차나 수소자동차로 트렌드가 옮겨 가더라도 섀시부분은 가장 적은 범위로 변화할 것으로 예상된다. 이에 본 교재에서는 단원별로 내용을 정리하고 단원 끝부분에 "문제"를 제시하여 학습한 내용을 재 확인하는 단계를 거치도록 하였다.

주요 내용으로는 자동차섀시 공부를 위한 SI단위 기초와 자동차의 차체에서부터 동력전달장치, 제동장치, 현가장치, 조향장치, 타이어 등을 다루고 법규와 관련된 부분에서 주요사항을 발췌한 자동차안전기준을 다루었다. 마지막 부분에는 최근 환경오염을 줄이기 위한 대안으로 급부상하고 있는 전기자동차의 기본과 감속기를 다루고, 누구나 쉽게 접근이 가능하도록 기본정비 및 안전사항에 대한 내용를 추가하여 전체적으로 기초에서부터 전자에어 부분까지 폭넓게 다루어 이론과 실무를 쉽게 공부할 수 있도록 구성하였다.

본 교재는 산업기사를 준비하는 학생들을 기준으로 하였으나 기능사 및 기사, 기능장 수준까지 공부할 수 있도록 하였으며 학습자들이 현장에서도 쉽게 접목할 수 있도록 다음과 같이 편성하였다.

chapter 1. 자동차를 공부하는 사람들의 기본인 기초공학을 넣어 SI단위에 대하여 이해하고 공학문제를 쉽게 풀어나갈 수 있도록 예를 들어가며 설명하였다.

chapter 2. 전자제어 자동차새시의 가장 중요한 부분이라 할 수 있는 전자제어 주행안전장치로 ABS 장치, EPS 장치, TCS 장치, VDC 장치 등의 일반적인 사항과 종류 및 특징, 구성부품 등을 자세히 설명하였다.

chapter 3. 안전성과 운전성에 영향을 주는 전자제어 조향장치로 EPS 장치, MDPS 장치, 4WS 장치 등의 일반적인 사항과 종류 및 특징, 구성부품, 진단방법 등을 자세히 설명하였다.

chapter 4. 전자제어 4WD 장치로 FULL TIME 4WD 장치와 PART TIME 4WD 장치의 일반적인 사항과 종류 및 특징, 구성부품 등을 자세히 설명하였다.

chapter 5. 전자주차브레이크장치인 EPB 장치의 일반적인 사항과 종류 및 특징, 구성부품 등을 자세히 설명하였다.

chapter 6. 최근 장착이 의무화 되어가고 있는 타이어공기압모니터링 장치인 TPMS에 대한 일반적인 사항과 종류 및 특징, 구성부품 등을 자세히 설명하였다.

chapter 7. 자동차 사고시 안전과 직결되고 있는 스마트 에어백시스템의 일반적인 사항과 종류 및 특징, 구성부품 등을 자세히 설명하였다.

chapter 8. 자동차 안전기준 및 전기자동차 기초부분을 다루어 자동차의 각종 규정과 향후 많이 늘어나는 전기자동차에 대한 기본지식을 설명하였다.

끝으로 이 책을 만들기까지 물심양면으로 도와주신 도서출판 구민사의 조규백사장님과 임직원 여러분들의 노력에 진심으로 감사의 인사를 드립니다.

저자일동

CONTENTS

차례

Chapter 03

자동차 전자제어 4WD

Chapter 04

자동차 전자제어 주행 안정장치

Chapter 06

자동차 전자제어 조향장치

Chapter 08

자동차 안전기준 및 전기자동차(EV) 기초

Chapter

01

기초공학

01 기초공학

1.1. SI 단위

1975년 17개국이 미터협약에 조인함으로써 기초적인 국제적인 단위체계를 형성하기 시작하였는데, 1900년경에는 실용적인 측정의 단위인 CGS단위계를 도입하게 되었고 1960년 제11차 CGPM에서는 단위계의 공식명칭을 "국제단위계" 로 하고 그 국제적 약칭을 "SI(The System International)" 로 정하여 오늘날까지 이어져 오고 있다. 최근에는 1971년 7번째 기본단위인 몰(mole)이 추가되어 현재 7가지 기본 단위를 사용한다.

종류	이름	단위
길이	미터(meter)	m
질량	킬로그램 (kilogram)	kg
시간	세컨드 (second)	s
전기	암페어 (ampere)	A
절대온도	켈빈(kelvin)	K
물질의 양	몰 (mole)	mol
빛의 밝기	칸델라(candela)	cd

1.2. SI단위의 표기법

1.2.1. SI 유도단위

유 도 량	SI 유 도 단 위			
	명 칭	기 호	다른 SI단위로 표시	SI 기본단위로 표시
평면각	라디안	rad		$m \cdot m^{-1} = 1$
입체각	스테라디안	sr		$m^2 \cdot m^{-2} = 1$
주파수	헤르츠	Hz		S^{-1}
힘	뉴턴	N		$\mathrm{m \cdot kg \cdot s^{-2}}$
압력, 응력	파스칼	Pa	$\mathrm{N/m^2}$	$\mathrm{m^{-1} \cdot kg \cdot s^{-2}}$
에너지, 일, 열량	줄	J	N · m	$m^2 \cdot kg \cdot s^{-2}$

유 도 량	SI 유 도 단 위			
	명 칭	기 호	다른 SI단위로 표시	SI 기본단위로 표시
일률, 전력	와트	W	J/s	$m^2 \cdot kg \cdot s^{-3}$
전하량, 전기량	쿨롱	C		$s \cdot A$
전위차, 기전력	볼트	V	W/A	$m^2 \cdot kg \cdot s^{-3} \cdot A^{-1}$
전기용량	패럿	F	C/V	$m^{-2} \cdot kg^{-1} \cdot s^4 \cdot A^2$
전기저항	옴	Ω	V/A	$m^2 \cdot kg \cdot s^{-3} \cdot A^{-2}$
전기전도도	지멘스	S	A/V	$m^{-2} \cdot kg^{-1} \cdot s^3 \cdot A^2$
자기선속	웨버	Wb	V · s	$m^2 \cdot kg \cdot s^{-2} \cdot A^{-1}$
자기선속밀도	테슬라	T	Wb/m^2	$kg \cdot s^{-2} \cdot A^{-1}$
인덕턴스	헨리	H	Wb/A	$m^2 \cdot kg \cdot s^{-2} \cdot A^{-2}$
섭씨온도	섭씨도	℃		K
광선속	루멘	lm	cd · sr	$m^2 \cdot m^{-2} \cdot cd = cd$
조명도	럭스	lx	lm/m^2	$m^2 \cdot m^{-4} \cdot cd = m^{-2} \cdot cd$
방사능	베크렐	Bq		S^{-1}
흡수선량, 비(부여)에너지	그레이	Gy	J/kg	$m^2 \cdot s^{-2}$
선량당량, 환경선량당량, 방향선량당량, 개인선량당량, 조직당량선량	시버트	Sv	J/kg	$m^2 \cdot s^{-2}$
촉매활성도	캐탈	kat		$mol \cdot s^{-1}$

1.2.2. SI단위 표기법

① 일반적으로 로마자체(직립체) 소문자를 단위의 단위로 사용한다. 그러나 단위가 고유명사로부터 유래된 것이면 로마자체 대문자를 사용한다. 이들 단위 다음에는 마침표를 찍지 않는다.

본문의 활자체와는 관계없이, 양의 단위는 이탤릭체(사체)로 쓰며, 단위 단위는 로마자체로 써야 함을 뜻한다. 일반적으로 단위 단위는 소문자로 표기하지만 단위의 명칭이 사람의 이름에서 유래하였으면 그 단위의 첫 글자는 대문자로 한다. 단위 명칭의 철자를 모두 써야 할 경우에는 문장의 첫 글자 또는 섭씨도(degree Celcius)를 제외하고는 항상 소문자로 표기한다.

- **보기** : kg 이며, Kg이 아님 (비록 문장의 시작이라도)

  5 s 이며, 5 sec.나 5 sec 또는 5 secs가 아님

② 숫자의 표기법은 현재도 정수 부분과 소수 부분을 나누는 단위로 프랑스식은 반점(,)이, 영국식은 온점(.)이 사용되는데, 우리나라는 온점을 사용하고 있다. 또한 긴 숫자를 표기할 때 읽기에 편리하게 소수점을 중심으로 세 자리씩 묶어서 띄어 쓰게 되어있다. 이 때 띈 칸이 너무 크면 보기 싫으므로 사이를 약간만(반칸 정도) 띄는 것이 좋다. 현재 우리나라는 세자리 마다(천, 백만, 십억 자리 등) 반점을 사용하는데 이것은 국제표준으로 보면 옳지 못한 방법이다.

[표 1] **단위의 표기 방법**

틀린 표기	바른 표기
킬로, 키로	킬로미터, 킬로그램
20 mm., 10 kg.	20 mm, 10 kg
오늘 강수량은 300 mm이다.	오늘 강수량은 300 mm이다.
500 mms, 36 kgs	1 mm, 500 mm, 1 kg, 36 kg
kmph or kph (do not use p as a symbol for "per".)	km/h or km · h^{-1} (for kilometers per hour)
MM 또는 Mm, Km 또는 km	mm, km

③ 어떤 양을 수치와 단위로 나타낼 때 그 사이를 한 칸 띄어야 하나, 평면각의 도, 분, 초의 단위와 수치 사이는 띄지 않는다.

- **보기** : 35 mm이며, 35 mm가 아님, 32℃이며, 32℃가 아님
  2.37 lm이며 2.37 lm (2.37 lumens)가 아님
  25°, 25° 23′, 25° 23′ 27″ 등은 옳음

④ 백분율(%)이 SI 단위는 아니지만, 단위로 사용할 때는 수치와 한 칸 띄어야 한다. 또한 이것을 사용할 때는 반드시 단위(%)를 사용해야 하며, 명칭 "percent"(또는 "퍼센트", "프로")를 사용하면 안 된다.

- **보기** : 25%이며, 25%나 또는 25percent가 아님

[표 2] **단위의 이름표기**

잘못된 표기	바른 표기	이름
Km, km., KM, kms, K, k	km	kilometer
M, m.	m	meter
Mm, mm., MM	mm	millimeter
L., l.	L or l	liter
ML, Ml, mL., ml., mls	mL or ml	milliliter
KG, KG., Kg, Kg., kgr, kgs, kilo	kg	kilogram
G, G., g., gr, GR, GRM, grms	g	gram
mcg	μ g	microgram
hr, hrs, HR, h., HR., HRS.	h	hour
sec, S, SEC, sec., s., S	s	second
cc	cm^3	cubic centimeter
KPH, kph, kmph, km/hr	km/h	kilometer per hour
KHz, KHZ, Khz	kHz	kilohertz
MHZ, Mhz	MHz	megahertz
HPa, HPA, Hpa, mb	hPa	hectopascal
KPa, KPA, Kpa	kPa	kilopascal
10℃, 10 deg C, 10 C	10℃	degree Celsius
300K, 300 kel, 300 deg K	300 K	kelvin

1.3. 기초공학

1.3.1. 기초공학 일반

[1] 압력과 응력

물체와 물체의 접촉면 또는 물체 내에 가정한 면을 사이에 두고 서로 수직으로 미는 힘

$$압력 = \frac{힘(N)}{면적(m^2)} \text{Pa}(파스칼)$$

[2] 압력-유체

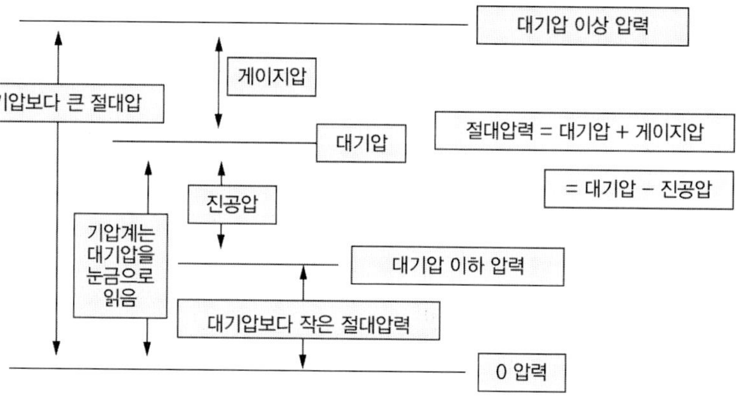

[3] 힘

- $F = ma$

F : 물체에 작용한 힘(force)의 합(Vector)
m : 물체의 질량(mass)
a : 힘 F에 의해 생긴 물체의 Acceleration(가속도) (Vector)

※ 질량 1 kg의 물체가 가속도 $1\,m/s^2$으로 운동할 때 작용하는 힘 = 1 N

[4] 무게

① 정의 : 물체에 작용하는 중력의 크기
② 측정방법 : 용수철저울로 측정
③ 단위 : N(뉴턴), kgf(킬로그램힘)
④ 무게는 장소에 따라 변한다.
⑤ 같은 장소에는 질량에 비례
⑥ 질량 1 kg인 물체 : 9.8 N

[5] 질량

① 정의 : 물체를 이루는 고유한 양
② 측정방법 : 윗접시저울, 양팔저울
③ 단위 : g, Kg
④ 질량은 장소에 따라 변하지 않는다.
⑤ 킬로그램원기 : 질량을 측정하는 표준 질량

[6] 중력가속도

- 표준중력가속도(standard gravitational acceleration) g_s
- 북위 45º의 평균 해면에 있어서의 중력가속도
- g_s = 9.80665 m/$s^{2.}$ 고도에 따른 중력가속도의 변화
- 1 km 증가시 3.14 ′ 10^{-4} g 만큼 감소함, 중력가속도 변화(고도 변화무시)
- 33º(제주도 남쪽) : 9.79565 m/s^2
- 38º : 9.79992 m/s^2
- 40º(신의주) : 9.80169 m/s^2
- 약 0.06% 차이가 발생함. 중력가속도
- 위치와 고도에 따라 값이 달라짐. 태양, 달, 밀물과 썰물 등의 역학관계 때문에 시간에 따라서도 변함.
- 지구의 자전에 의해 원심력이 발생
- 적도에서 최대 1/290 g, 북극, 남극에서 최소 0
- 적도에서 양극으로 가면 : g가 0.53% 정도 감소

[7] 힘의 단위

- 국제단위계에서의 힘의 단위 : 뉴턴(Newton)
- 1 N = 1 kg · m/s^2
- 사과 반쪽을 들고 있을 때 손이 받는 힘의 크기(정확하게는 맞지 않으나 일반인들이 뉴턴의 크기를 추정할 때 사용함)
- 기타 힘 단위 : 킬로그램중(kgf), 다인(dyne : 밀다), 파운드힘(lbf)
- 국제도량형위원회에서는 사용하지 말 것을 권고하고 있음
- ISO 17025에서도 힘의 단위로 뉴턴만을 사용하도록 규정함
- 1 kgf = 9.80665 N
- 1 dyn = 10^{-5} N

[8] dyne

- 질량 1 g의 물체에 1 cm/s^2의 가속도가 생기는 힘
- 1 dyn = 1 g · cm/s^2이므로 1 N = 1 kg · m/s^2 = 1000 g · 100 cm/s^2 = 100000 g
- cm/s^2 = 10^5 dyn, 1 dyn = 10^{-5} N
- 1 gf = 1 g · 9.8 m/s^2 = 1 g · 980 cm/s^2 = 980 dyn

[9] 압력의 단위

- N/cm^2, $dyne/cm^2$, kgf/cm^2, psi, bar, Pa
- mmHg, torr, mmH_2O, inHg

1 atm	14.696 psi	1.033227 kgf/cm^2
101325 Pa	101.325 kPa	1.01325 bar
1013250 $dyne/cm^2$	760 mmHg	29.921 inHg
10332.275 mmH_2O	406.782 $inchH_2O$	

[표 3] SI 유도 단위

유 도 량	SI 유 도 단 위			
	명 칭	기 호	다른 SI 단위로 표시	SI 기본단위로 표시
평면각	라디안	rad		$m \cdot m^{-1}=1$
입체각	스테라디안	sr		$m^2 \cdot m^{-2}=1$
주파수	헤르츠	Hz		s^{-1}
힘	뉴턴	N		$m \cdot kg \cdot s^{-2}$
압력, 응력	파스칼	Pa	N/m^2	$m^{-1} \cdot kg \cdot s^{-2}$
에너지, 일, 열량	줄	J	$N \cdot m$	$m^2 \cdot kg \cdot s^{-2}$
일률, 전력	와트	W	J/s	$m^2 \cdot kg \cdot s^{-3}$
전하량, 전기량	쿨롱	C		$s \cdot A$
전위차, 기전력	볼트	V	W/A	$m^2 \cdot kg \cdot s^{-3} \cdot A^{-1}$
전기용량	패럿	F	C/V	$m^{-2} \cdot kg^{-1} \cdot s^4 \cdot A^2$
전기저항	옴	Ω	V/A	$m^2 \cdot kg \cdot s^{-3} \cdot A^{-2}$
전기전도도	지멘스	S	A/V	$m^{-2} \cdot kg^{-1} \cdot s^3 \cdot A^2$
자기선속	웨버	Wb	$V \cdot s$	$m^2 \cdot kg \cdot s^{-2} \cdot A^{-1}$
자기선속밀도	테슬라	T	Wb/m^2	$kg \cdot s^{-2} \cdot A^{-1}$
인덕턴스	헨리	H	Wb/A	$m^2 \cdot kg \cdot s^{-2} \cdot A^{-2}$
섭씨온도	섭씨도	℃		K
광선속	루멘	lm	$cd \cdot sr$	$m^2 \cdot m^{-2} \cdot cd = cd$
조명도	럭스	lx	lm/m^2	$m^2 \cdot m^{-4} \cdot cd = m^{-2} \cdot cd$
방사능	베크렐	Bq		s^{-1}
흡수선량, 비(부여)에너지	그레이	Gy	J/kg	$m^2 \cdot s^{-2}$
선량당량, 환경선량당량, 방향선량당량, 개인선량당량, 조직당량선량	시버트	Sv	J/kg	$m^2 \cdot s^{-2}$
촉매활성도	캐탈	kat		$mol \cdot s^{-1}$

[10] 단위용 접두어

배수	접두어	단위	배수	접두어	단위
10^{24}	요타	Y	10^{-1}	데시	d
10^{21}	제타	Z	10^{-2}	센티	c
10^{18}	엑사	E	10^{-3}	밀리	m
10^{15}	페타	P	10^{-6}	마이크로	μ
10^{12}	테라	T	10^{-9}	나노	n
10^{9}	기가	G	10^{-12}	피코	p
10^{6}	메가	M	10^{-15}	펨토	f
10^{3}	킬로	k	10^{-18}	아토	a
10^{2}	헥토	h	10^{-21}	젭토	z
10^{1}	데카	da	10^{-24}	욕토	y

[11] 단위의 환산

- kgf/cm^2 = 14.2 psi(Pound per Square Inch)
- 1 kg = 2.2046 lb(파운드) → Libars(라틴어로 무게를 뜻함)
- 1 inch = 2.54 cm kgf/cm^{2}를 psi 즉 lb/inch^{2}으로 환산하려면
- 1 kg = 1 lb×2.2 이므로 → 2.2 lb/cm^2
- 1 inch^2= 2.54×2.54 = 6.45 cm^{2}이므로 →1/cm^2= 6.54/inch^2
- 2.2×6.45 = 14.19 lb/inch^{2}가 된다.
- 1 kgf/cm^{2}의 단위 중 1 kg은 힘의 단위가 되어야 하므로 질량이 아닌 무게의 단위이다.
- 1 kgf = 1 kg×9.8 m/s^2 = 9.8 kg · m/s^{2}이고 kg · m/s^{2}은 N이므로 9.8 N이 된다.
  → 1 kgf/cm^2 = 9.8 N/cm^2
- Pa은 N/m^{2}이고 1/cm^2 = 10000/m^{2}이므로
  1 kgf/cm^2 = 10000 · 1 kgf/m^2 = 9.8 N · 10000/m^2 = 98000 N/m^2
  ∴ 1 kgf/cm^2 = 98000 N/m^2 = 98 kPa

[12] 수은주 높이

- 1기압은 76 cmHg로 76 cm인 수은주의 부피 = 1 cm^2(수은주의 단면적)×76 cm = 76 cc
- 76 cc×13.6(수은의 비중) = 1033.6 g
- 결국 760 mmHg = 10336 mmH$_2$O가 된다.

[13] 1기압

- 1 mbar는 1 cm^2에 대하여 1000 dyne의 힘이 작용하는 압력(1000 dyn/cm^2)
- 1 g은 중력이 작용하는 관계로 980 dyne이므로 1033.6 g×980 dyne = 1012928 dyne
- 단위면적 1 cm^2에 대하여 1012928 dyne의 힘이 작용하므로 1012.9 mbar가 됨.
- 1013 mbar 즉, 1기압 = 1013 mbar
- 1.0336 kg×14.2 = 14.677 psi → 14.7 psi
- 1.0336 kg×98000 N/m^2 = 101292.8 Pa = 101 kPa
- 1기압 = 101292.8 Pa = 1012.9 hPa(hecto : 100배의 의미)

[14] 힘과 토크

Newton의 제2법칙(F=ma)에 의하면 Force(힘) = Mass(질량)×Acceleration(가속도)

- 1 kg의 질량에 1 m/s^2의 가속도를 주는 힘을 1 Newton 이라고 한다(1 N = 1 kg · m/s^2).
- 물체를 회전시키려는 힘을 Torque라고 하며 그 크기는 힘과 팔의 길이의 곱으로 나타낸다(Torque = Force×distance). 팔의 길이가 1 m인 곳에서 1 N의 힘이 작용하면 Torque는 1 Nm이다.

Torque(토크)

물체를 회전시키려는 힘을 Torque 라고 하며 그 크기는 힘과 팔의 길이의 곱으로 나타낸다(Torque = Force × distance) 팔의 길이가 1 m인 곳에서 1 N의 힘이 작용하면 Torque는 1 Nm이다.

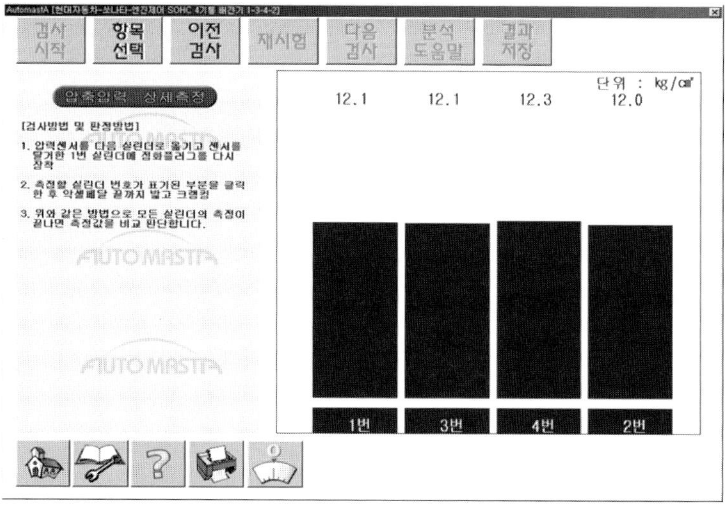

[그림 1] **압축압력의 측정단위**

[15] 일(work)

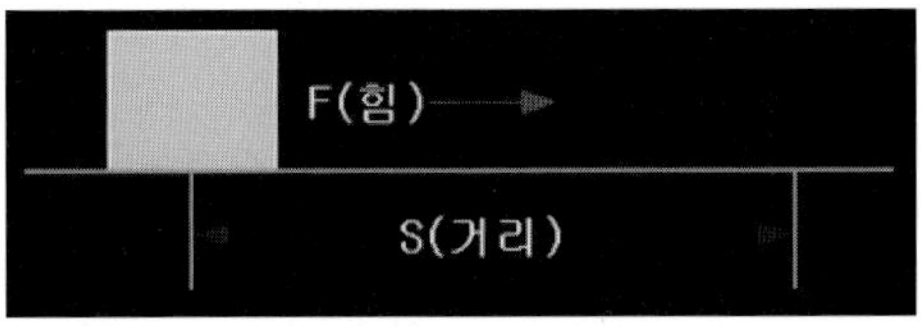

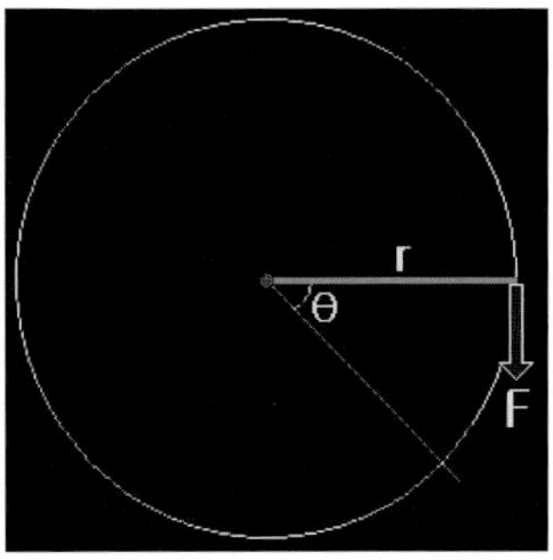

- W = F · S
- T = F · r
- N · m = J (Joule)

1.3.2. 동력(Power)

- W(watt) = Nm/sec 로 표시
- W = N×m/sec (직선적인 일) 혹은 W = Nm × /sec (회전운동 일)로 표시
- 엔진의 출력을 표시하는 것은 후자의 개념이며 Nm (Newton-meter)는 Torque의 단위
- [W]-watt(와트) = 일/시간[W = J/s]
  마력 - 영국마력(기호 HP)과 미터마력(프랑스마력 : 기호 PS)이 있다.
  일반적으로 전기기기의 출력을 나타낼 때는HP가 많이 쓰이고 원동기의 출력을 나타낼 때는 PS가 많이 사용
- 영국의 James Watt (1736~1819)는 탄광에서 말이 석탄 바구니를 끌어올리는 데서 동력의 단위를 고안해 내었다.
- 330 lb무게의 석탄 바구니를 1분에 100 ft 끌어 올리는 동력을 1마력(Horse Power)로 정의하였고, 이는 영국마력으로 부른다.
- 330 lbf×100 ft/min = 33,000 lbf · ft/min = 550 lbf · ft/sec 1 ft = 0.3048 m
  1 m = 3.280 ft 1 lbf = 0.453 kgf 1 kgf = 2.046 lbf 550 lbf · ft/sec
  → 550×0.3048 m×0.453 kgf = 75.94 kgf · m/s = 약 76 kgf · m/s PS = 75 kgf · m/s
- 동력의 국제표준단위(SI 단위)는 watt (W로 표기)이며 이는 초당 1 joule (= 1 Nm)의 일을 하는 것을 말한다. 1 W = 1 joule/sec = 1 Nm/sec
- 1 kgf = 1 kg×9.8 m/s^2 = 9.8 N 1 HP = 76 kgf · m/s = 76×9.8 = 745 Nm/s
  = 745 W 1 PS = 75×9.8 = 735 W

[1] 일량과 열량

- 실험에 의해 추출함. 1 kcal는 열에너지의 단위로서 표준대기압에서 순수한 물 1 kg을 1℃ 상승시키는데 필요한 열량을 말한다.
- 1 J(Joule) = 1 Nm = 0.2388 cal
- 1 cal(calorie) = 4.187 J
- 1 kWh = 1000 J/s × 3600 s = 3.6 MJ = 859.8 kcal (1 W = 1 J/s)

[2] 실제사용과의 관계

- 단위의 접두어는 반드시 대 · 소문자를 구분한다.
- 정비지침서나 장비의 단위와 다르더라도 반드시 SI 또는 MKS 단위를 사용한다.
- 자동차검사와 관련된 사항은 관련법규를 준수한다.
- 규정값은 제시하지 않고 정비지침서나 장비를 활용한다.
- 검사에 관한 사항은 기준값을 제시하지 아니한다.
- 기록표의 정비 및 조치사항에는 교환, 수리, 조정 등의 수리 사항이 있을 경우 재점검, 또는 연계조치 사항이 없으면 틀린 것으로 간주 되니 유의 바란다.
- 파형의 경우 감독이 요구하는 분석내용이 포함되어야 한다.
  ① 바른 표기 : 압력 kgf/cm^2, 소음 dB, 제동력 kgf, 헤드라이트 광도 cd, 온도 ℃, 타이어 하중지수 kgf 등
  ② 잘못된 표현 : kg/cm^2, DB, kg, Cd, C 등
  ③ 소수점 이하 둘째 자리까지만 기록
  ④ 숫자 단위에 콤마(,)를 표기하지 않는다.
  2500, 15000, 등

1.3.3. 듀티

- 온(ON)-오프(OFF)를 주기로 하는 장치에서, 주기에 대한 온 시간의 비율
- 전류가 흐르지 않은 시간에 대한 전류가 흐른 시간의 비
- 한 Period 내의 High신호의 구간비
- 우리말로 충격계수
  - 듀티비가 아주 적다면 한방향으로 펄스(간헐전류)가 지속됨.

– 이때 듀티를 주면 지속되는 펄스가 끊긴다고 해서 충격계수라 함.

• 인젝터 통전시간을 A, 비통전시간을 B라 한다. 듀티비식을 구하시오.

$$\frac{A}{A+B}\times 100$$

• 인젝터 통전시간을 200 ms, 비통전시간을 800 ms라 한다. 듀티율은?

$$\frac{200}{d}200+800\times 100=\frac{200}{1000}\times 100=20\%$$

• 5 V 구형파전원의 한 주기가 10 ms이다. 그 중 4 ms가 온이고, 나머지 6 ms가 오프 상태이면 듀티비는?

$$\frac{4}{10}\times 100=40\%$$

• 상기 5 V 구형파전원의 평균전압은 얼마인가?

평균전압은 5 V × 0.4 = 2 V

[1] P-P의 개념

P-P((peak topeak)전압 : 파형의 가장 낮은 곳에서 가장 높은 곳까지의 전압

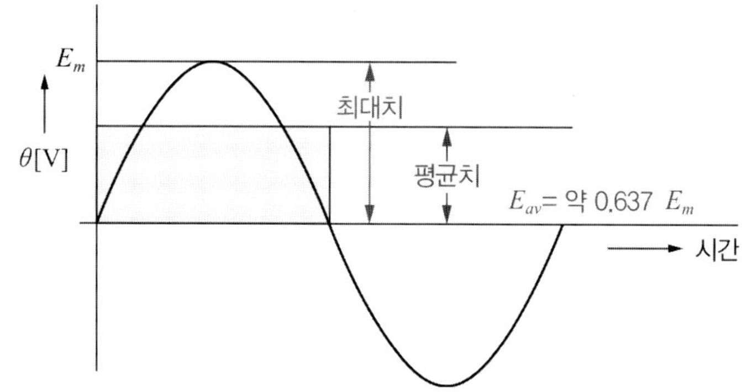

[그림 2] P-P의 개념

[2] 주파수와 주기

주파수 f = 1 / T(시간)

• 주기 : 정기적으로 같은 순서로 어떤 공간 또는 시간 내에서 반복되는 현상

일정한 크기의 전류나 전압 또는 전계와 자계의 진동(oscillation)과 같은 주기적 현상이 단위 시간(1초)에 반복되는 횟수. 예를 들어 100 Hz는 진동이나 주기적 현상이 1초간에 100회 반복되는 것을 의미한다.

기호는 V 또는 f, 단위는 헤르츠(hertz : Hz)이다. 전기의 경우 우리나라나 미국 등의 상용(교류) 전기의 주파수는 60 Hz이고, 영국 등 유럽은 50 Hz이다.

전자파 중에서 전파의 주파수가 가장 낮고 적외선, 가시광선, 자외선, X선, 감마선의 순으로 주파수가 높다.

일반적으로 1000 Hz를 1 kHz, 1000 kHz를 1 MHz, 1000 MHz를 1 GHz, 1000 GHz를 1 THz의 단위로 나타낸다.

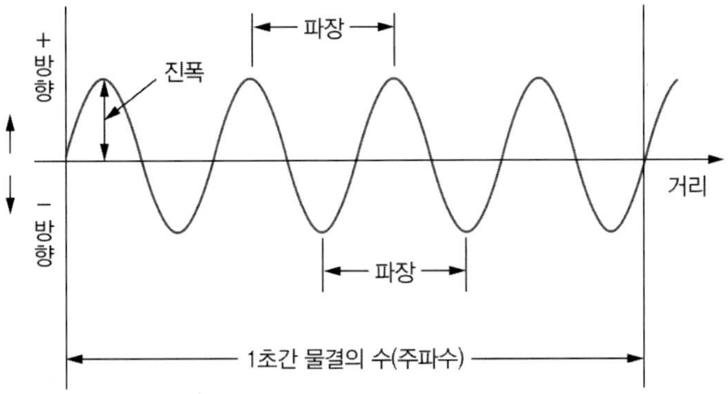

파장(m)×주파수(Hz) = 전파의 속도(3×10^8m/초)

[그림 3] **주파수의 개념그림 13**

[3] 각국의 휘발유와 경유 표기법

[표 4] **세계 각국의 휘발유/경유 표기법**

언어	휘발유	경유
영어(미국)	GAS, gasoline	diesel
영어(영국)	petrol	diesel
프랑스어	essence	diesel
독일어	Benzin	Diesel
이탈리아어	Benzina	Gasolio
스페인어	Gasolina	Gaso´leo
포르투갈어	Gasolina	Gasoleo
스웨덴어	bensin	diesel
체코어	benzi´n	nafta
네덜란드어	benzine	diesel
터키어	benzin	dizel
아랍어	الغازولين (alghazulin)	ديزل (dayazil)
대한민국	휘발유, 가솔린	경유, 디젤
일본	ガソリン	ディーゼル
중국	汽油	柴油

01. time / div = 1ms 일 때 파의주기, 진동수를 계산해보시오.

02. volt / div = 0.01 일 때 파의 전압 실효전압계산하는 법을 쓰시오.

03. 가정집에 들어오는 전기는 220V 이라면 Vpp는 전압은?

01.

time / div = 1 ms 일 때, X축의 한 칸의 값은 1 ms이다.
따라서 파형의 한 사이클의 길이를 확인하고 그 값이 주기가 되고, 1/주기로 진동수를 계산할 수 있다.
예를 들어 파형의 주기가 X축 한 칸일 경우
파의 주기는 1 ms = 0.001 s
진동수는 1/1 ms = 1/0.001 s = 1000 Hz = 1 khz가 된다.
예를 들어 파형의 주기가 X축 두 칸일 경우
파의 주기는 1 ms *2칸 = 0.002 s
진동수는 1/2 ms = 1/0.002 s = 500 Hz = 0.5 khz가 된다.

02.

volt / div = 0.01 일 때 Y축의 한 칸의 값은 0.01볼트이다.
파형의 진폭이 Y축 한 칸 일 경우,
P-P전압(파형의 가장 낮은 곳에서 가장 높은 곳까지의 전압)은 0.01볼트이고
실효 전압은 P-P전압 / $2\sqrt{2}$로 계산한다.
따라서 0.01 / $2\sqrt{2}$ = 0.003536 V = 3.536 mV이다.

03.

220 × 1.414 = 311 V

Chapter 02

전자제어 섀시 일반

02 전자제어 섀시 일반

2.1. 자동차 전자제어 섀시장치

전자제어(electronic control)란 ECU(electronic control unit, 컴퓨터)를 통해 각종 센서(sensor)들로 부터의 신호를 받아들인 후 분석하여 출력하는 장치이며, 자동화된 제어장치를 말한다. 최근에 자동차는 많은 발전을 이루었는데 여기에는 전자제어장치의 사용이 밑바탕 되어 있다.

자동차에서 사용되는 전자제어장치의 센서가 최근에는 20~50여 개로 급격하게 늘어났으며, 또 ECU의 신호로 작동하는 액추에이터(actuator)는 약 100개에 정도이다. 또 디지털장치(digital system)의 등장과 함께 전자제어장치의 사용증가는 유해 배출가스 규제와 연료소비율 향상 및 소비자의 요구에 의해 증가되고 있으며, 자동차 산업에서 안전성 · 공해물질 배출억제 · 효율성 및 편안함을 향상시키는 전자제어장치의 사용은 계속 확대되고 있다.

우리나라에 전자제어장치가 도입된 지 약 20여 년이 지났다. 전자제어 연료 분사장치 기관을 시작으로 전자제어 자동변속기로 발전이 이어졌다. 전자제어의 가장 큰 특징은 제어의 정확성 · 정밀성 및 신뢰성을 들 수 있으며, 이중에서 환경보호 차원이 가장 크다. 자동차 섀시의 경우 주행 중 발생하는 모든 상황에 안전하게 대처하려면 전자 제어장치가 반드시 필요하며, 가장 친숙한 것은 자동변속기와 ABS(anti lock brake system)이다.

자동변속기는 TCU(transmission control unit)에 의해 변속시점이 자동으로 결정되어 변속이 이루어지는 장치이며, ABS는 브레이크를 작동시킬 때 제동거리 단축 및 조향 안정성을 확보하기 위해 필요한 장치이다.

그 밖에도 자동차의 현가장치를 제어하는 ECS(electronic control sus pension system), 조향 휠의 조작력을 제어하는 EPS(electronic control power steering), 자동차의 주행 중 자세를 제어하는 VDC(vehicle dynamic control system), 구동력을 제어하는 TCS (traction control system), 4바퀴 구동을 제어하는 TCCS(transfer case control system) 등 대부분의 섀시장치들이 소비자들의 운전 편리성과 안정성 및 쾌적성의 요구로 전자제어화되고 있다.

2.2. 섀시 각 부문별 전자제어장치

2.2.1. 전자제어 변속기

[1] 자동변속기(automatic transmission)

전자제어 자동변속기는 TCU에서 각종 정보를 입력받아 운전자의 가속페달 조작에 맞춰 자동으로 변속을 실행하는 장치이다. 최근에 생산되는 자동변속기는 지능형 자동변속기이며, 운전자의 성향을 파악하여 운전자가 원하는 수준의 변속을 실행해준다.

[그림 1] **자동변속기**

예를 들어 가속을 즐기는 운전자의 경우는 변속시점을 늦추어 충분한 가속력을 확보할 수 있게 한다. 또 가속을 즐기지 않는 운전자는 변속시점을 빠르게 실행한다. 이와 같이 전자제어 자동변속기는 이제 순수한 자동변속기에서 한층 더 발전되어 지능형으로 발전이 가속화되고 있다.

[2] 반 자동변속기(semi automatic transmission)

반 자동변속기는 자동변속기의 단점인 연료소비율을 개선하고자 개발된 것이다. 자동변속기에서 연료소비율이 높은 이유는 기관의 동력전달을 변속기로 전달할 때 토크 컨버터를 이용하기 때문이다. 토크 컨버터에서 발생하는 미끄럼 때문에 수동변속기보다 연료소비율이 높다.

반 자동변속기는 변속기어는 수동변속기를 그대로 사용하고 전기로 작동하는 액추에이터(actuator)에 의해 자동으로 클러치를 차단하는 방법을 이용한다. 따라서 클러치 페달은 필요 없으며, 가속페달과 브레이크 페달만 설치된다. 연료소비율 면에서는 유리하지만 수요가 많지 않고, 신뢰성이 부족하여 현재는 거의 사용되지 않는다.

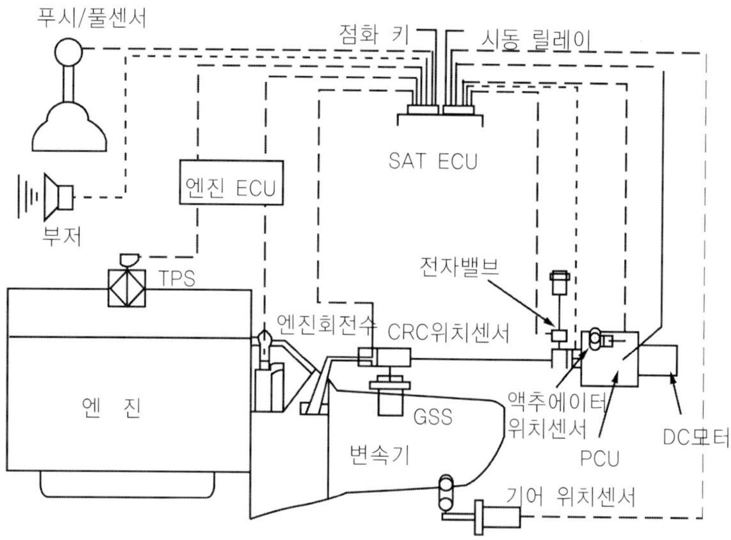

[그림 2] **반 자동변속기의 구성도**

[3] 무단변속기(CVT ; continuously variable transmission)

무단변속기는 연속적으로 가변하여 변속하는 장치이다. 즉 정형화되고 정해진 변속단계가 아닌 무단으로 변속이 이루어진다. 기존 자동변속기의 단점은 변속이 이루어질 때 기관 회전속도가 낮아졌다가 상승하게 되는데, 이때 동력손실이 발생한다.

[그림 3] **무단변속기의 구조**

무단변속기의 경우는 기관의 회전속도 변화 없이 변속이 이루어지므로 손실이 없다. 단점은 벨트나 체인을 이용하여 동력을 전달하거나 그 밖의 방법으로 동력을 전달하므로 내구성이 낮다. 또 마찰에 의해 동력을 전달하므로 과도한 동력의 변화가 일어나면 안 되므로 운전습관도 매우 중요하다. 이러한 이유로 인해 현재 국내 자동차시장에서 무단변속기가 차지하는 비중은 매우 적은 편이다. 향후 무단변속기가 시장을 주도하려면 이런 부분 즉 동력을 전달하는 방법이 마찰을 이용하는 방법에서 획기적인 방법으로의 전환이 있어야 할 것으로 판단된다.

2.2.2. 주행 안전장치

[1] ABS(anti lock brake system)

ABS는 전자제어 브레이크 안전장치이다. 자동차가 고속으로 주행 중 브레이크 페달을 밟으면 뒷바퀴가 먼저 고착(lock)되기 때문에 뒷부분이 회전하여 사고가 일어나기 쉽다. 이런 경우에는 기계적인 프로포셔닝 밸브(proportion ing valve)를 설치하면 어느 정도 해소된다.

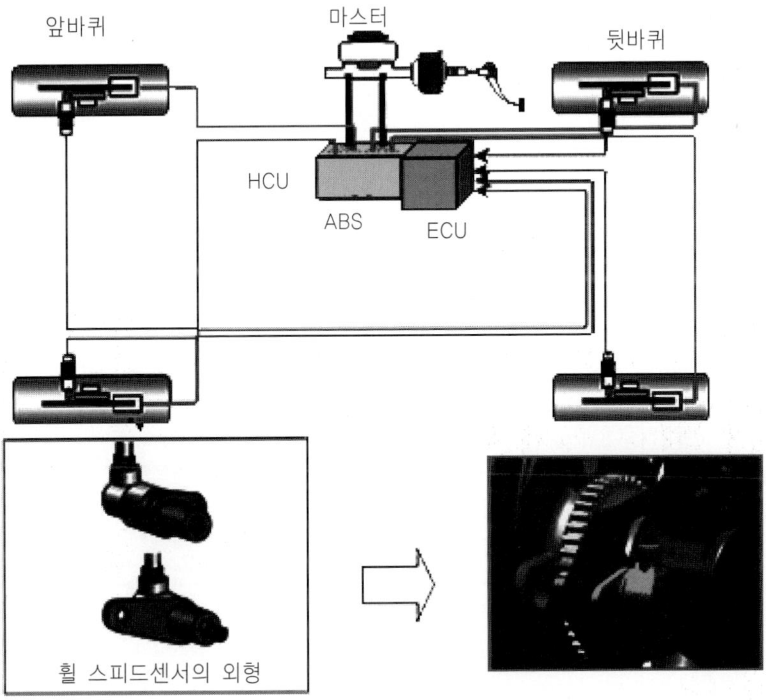

[그림 4] ABS의 구성도

다음 상황으로 급브레이크를 작동시킬 때 바퀴가 고착되어 조향능력을 상실하여 사고가 발생하는 경우가 대부분이다. 바퀴가 고착되었을 때 조향능력이 상실되는 이유는 바퀴와 도로면에서 미끄럼 발생하면서 마찰계수를 상실하여 발생한다. 따라서 ABS는 이 마찰계수를 회복하기 위해 바퀴가 고착되지 않도록 브레이크의 유압을 높이고, 낮추는 과정을 반복한다. 일반적인 도로에서보다 미끄러운 도로면 즉, 눈길이나 빗길에서 더욱 우수한 성능을 발휘한다.

일반적인 도로에서도 안정되게 즉, 자동차의 자세가 변화하지 않도록 브레이크 작용이 이루어지려면 반드시 ABS제어가 필요하므로 요즘은 선택사양이 아닌 필수사항으로 사용되고 있다.

[2] EBD(electronic brake force distribution control)

EBD는 브레이크가 작동할 때 뒷바퀴가 먼저 고착되어 스핀(spin)이 발생하는 것을 방지하기 위한 장치이다. 전자제어화되기 이전에는 프로포셔닝밸브를 설치하여 기계적으로 실행하였다.

그러나 프로포셔닝밸브는 브레이크가 작동할 때 뒷바퀴의 유압이 일정 값 이상이 되면 자동적으로 유압을 차단하는 장치이다. 이에 비해 전자방식인 EBD는 휠 스피드 센서의 회전속도 변화에 따라 ABS ECU가 자동으로 실행하므로 더욱 정밀한 제어가 가능하다. 또 ABS가 고장 났을 때 EBD 기능수행으로 안전장치가 추가된 셈이다.

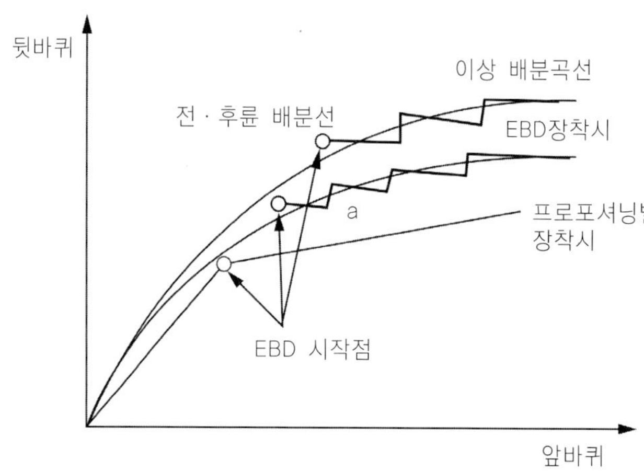

[그림 5] EBD특성

[3] TCS(traction control system)

TCS는 자동차가 출발할 때 구동바퀴에서 발생하는 미끄럼을 억제하여 출발을 원활히 할 수 있도록 유도하며, 커브 길을 선회할 때 구동력 과다로 발생되는 미끄럼을 방지하여 원활한 코너링을 유도한다. 또 눈이 쌓인 언덕을 주행할 때 한쪽바퀴가 미끄러운 도로면에 있어 등판이 어려울 경우 TCS가 작동하여 눈길 주행을 원활히 할 수 있도록 한다.

[그림 6] TCS **작동과정**

[4] VDC(vehicle dynamic control system)

VDC는 주행 중 자동차에 긴급한 상황이 발생하였을 때 자동차의 자세를 능동적으로 변화시킬 수 있는 장치이다. 기본원리는 유압펌프를 작동시켜 유압을 발생시킨 후 각 바퀴에 유압을 공급하여 운전자가 브레이크 페달을 밟지 않았더라도 VDC ECU가 자동적으로 유압을 공급하여 자동차의 자세를 안정시킨다. 이 제어에 의해 자동차는 코너링이나 그 밖의 긴박한 상황을 벗어날 수 있다.

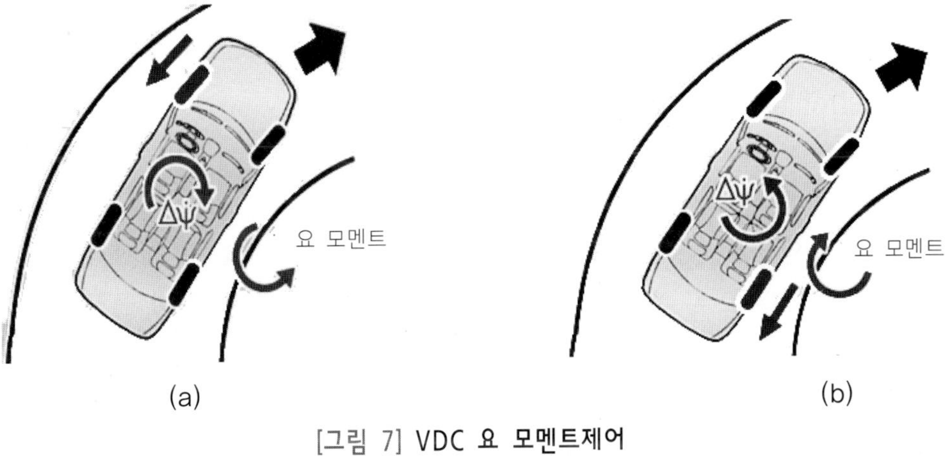

[그림 7] VDC **요 모멘트제어**

2.2.3. ECS(electronic control suspension system)

ECS는 자동차의 진동을 흡수하는 코일스프링의 특성과 이 코일스프링의 자유진동을 흡수하는 쇽업소버(shock absorber)의 특성을 변화시켜 도로면 상황에 대응하여 현가장치를 조절하는 장치이다.

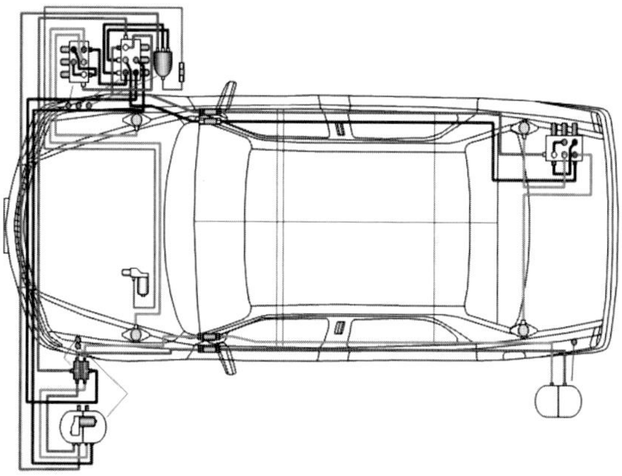

[그림 8] **ECS시스템**

일반적으로 핸들링(handling)이 좋으면 현가장치는 딱딱(hard)한 느낌이고, 주행안정성은 향상되지만 승차감이 떨어진다.

반대로 승차감이 좋으려면 코일스프링이나 쇽업쇼버의 감쇠력이 부드러워야 하는데, 이때는 승차감은 좋을 수 있으나 핸들링이나 코너링 할 때 자동차가 롤링(rolling)하는 현상이 일어나기도 한다. ECS는 이런 2가지 상황을 전자제어를 이용하여 제어한다. ECS에는 공기를 이용한 방식과 쇽업소버의 감쇠력만을 변화시키는 2가지 형식 및 2가지를 복합한 형식도 있다.

2.2.4. 전자제어 조향장치

[1] EPS(electronic control power steering)

EPS는 고속으로 주행할 때 조향 휠(steering wheel)의 조작력이 가벼워지는 것을 방지하는 장치이며, 일반적으로 유압방식과 전동기 방식 2가지로 구분된다.

유압방식의 경우는 저속으로 주행할 때 유압을 이용한 조향효과로 조향 휠의 조작력을 가볍게 하고, 고속으로 주행할 때에는 회전되는 축에 유압을 가해 조작력이 무거워지도록 하는 방식이다. 이에 비해 전동기 방식은 저속으로 주행할 때에는 전류를 일정하게 공급하여 조향 휠의 조작력이 가벼워지도록 하고, 고속으로 주행할 때에는 전류공급을 제한하여 조향 휠의 조작력을 무겁게 하는 방식이다.

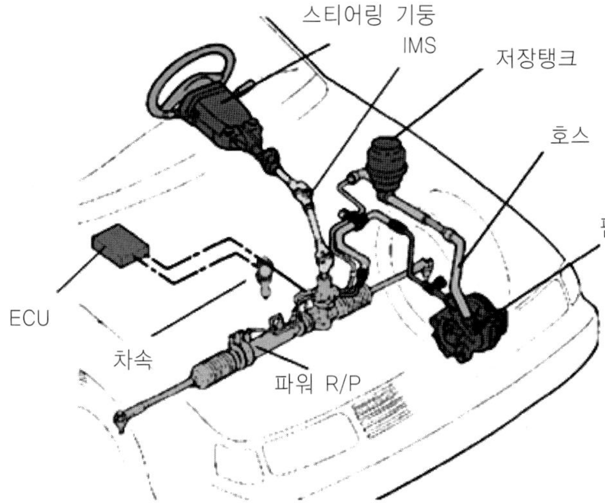

[그림 9] EPS 시스템

[2] MDPS(motor driven power steering)

MDPS는 조향 휠의 조작력을 전동기(motor)를 이용하여 동력조향의 기능을 수행하는 장치이다.

(a) (b)

[그림 10] MDPS 시스템

[3] 4WS(4wheel steering)

4WS란 조향 휠의 조작이 앞바퀴뿐만 아니라 뒷바퀴도 조향이 되도록 하는 장치이다. 저속으로 주행할 때 매우 쉽게 조향할 수 있게 해주며, 특히 트레일러를 부착하고 주행할 때 안정성을 향상시켜준다. 또 고속주행에서도 자동차의 안정성(stability), 핸들링(handling) 및 조정성능(control)을 향상시켜주며, 특히 미끄럼에 의한 자동차 뒤쪽의 흔들림을 줄여서 안정된 주행을 가능하게 한다.

2.2.5. 자동차 안전장치

[1] 에어백(air bag)

에어백은 자동차가 충돌할 때 앞면부분 및 옆면부분의 충돌로 인한 충격으로부터 승객을 보호하는 장치로 안전벨트와 더불어 대표적인 탑승객 보호장치이다. 에어백은 충격 검출장치(SDM : sensor diagnostic module)와 에어백 모듈(air-bag module)로 이루어져 있으며, 충격 검출장치는 센서 · 축전지 및 진단장치 등으로 구성된다.

에어백 모듈은 에어백과 작동기체 팽창장치로 이루어져 있다. 센서에 의해 충돌이 검출되면 작동기체 장치가 폭발하며, 이때 폭발된 가스로 인해 에어백이 순간적으로 부풀게 된다. 충돌부터 에어백이 완전 작동되는 시간은 약 0.03~0.05초 정도이다.

[그림 11] **에어백시스템**

[2] 바퀴 공기압력 경보장치

바퀴 공기압력 경보장치는 주로 바퀴의 회전속도를 판단하여 간접적으로 경보하였으나 이것은 직접적인 확인방식이 아니므로 정밀하게 바퀴의 공기압력을 측정하기 어렵다. 또 바퀴 펑크 경보장치는 미국에서 신규로 출시되는 자동차에 대해 설치 의무화하는 등 미국과 유럽을 중심으로 수요가 늘어날 전망으로 자동차의 안전성을 높이는 새로운 기술로 각광받고 있다.

(a) 타이어 압력센서 (b) TPMS ECU (c) 계기판 경고등

[그림 12] **바퀴 공기압력 경보장치**

이 장치는 바퀴 하나하나의 회전속도를 검출하는 센서, 그 정보를 집약하는 브레이크 제어장치, 운전자에게 펑크를 알려주는 경보기 등으로 구성된다.

01. 전자제어 섀시의 개요를 설명하시오.

02. 자동차 섀시의 전자제어화 개요를 설명하시오.

03. 섀시 각 장치별 사용현황을 설명하시오.

04. 자동변속기에 개요를 설명하시오.

05. 반자동 변속기에 개요를 설명하시오.

07. 무단변속기에 개요를 설명하시오.

08. ABS의 개요를 설명하시오.

09. EBD의 개요를 설명하시오.

10. TCS의 개요를 설명하시오.

11. VDC의 개요를 설명하시오.

12. ECS의 개요를 설명하시오.

13. EPS의 개요를 설명하시오.

14. MDPS의 개요를 설명하시오.

16. 에어백의 개요를 설명하시오.

17. 바퀴 공기압력 경보장치의 개요를 설명하시오.

18. 전자제어 주행장치의 개요를 설명하시오.

Chapter 03

자동차 전자제어 4WD

03 자동차 전자제어 4WD

3.1. 4WD의 개요

4WD(four wheel drive)는 4바퀴 모두에 기관의 동력을 전달하여 구동력을 높이는 방식이다. 2바퀴 구동(2WD)에 비해 추진력이 매우 우수하기 때문에 비포장도로와 같은 험한 도로, 경사가 매우 가파른 도로 및 미끄러운 도로를 주행할 때 뛰어난 성능을 발휘한다.

현재 우리나라에서 사용하고 있는 4WD는 크게 파트타임(part time)방식, 풀타임 방식(full time type or TOD ; torque on demand), AWD(all wheel drive) 등 3가지로 나눌 수 있다.

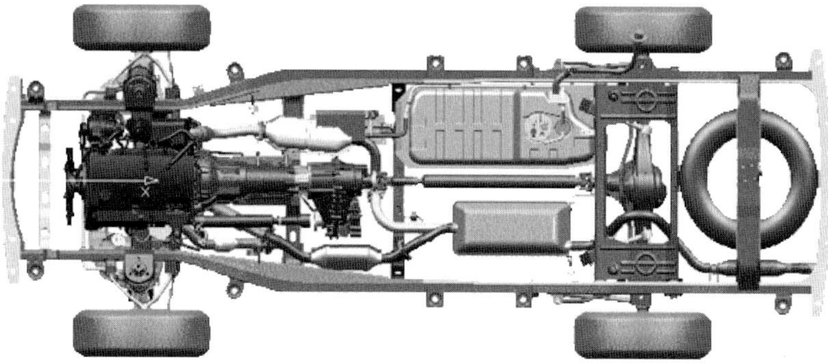

[그림 1] 4WD 시스템

파트타임 4WD는 2바퀴 구동(2H), 고속 4바퀴 구동(4H), 저속 4바퀴 구동(4L)으로 스위치가 분류되어 있다. 평상시에는 2바퀴로 운행하다 눈길이나 오프로드(off road) 같이 필요할 때만 수동으로 4바퀴를 구동시켜 사용한다. 파트타임 방식은 평상시 2바퀴로 구동하기 때문에 연료소비율 면에서는 유리하지만 운전자 판단에 의해 직접 조작해야 하므로 편의성이 떨어진다.

풀타임(full time)방식은 고속 4바퀴 구동용(4H)과 저속 4바퀴 구동용(4L) 버튼이 있는 상시(常時) 4WD방식이다. 평상시에는 4H 모드(mode)에서 2바퀴 구동방식으로 운행하다 도로조건에 따라 앞뒤 바퀴에 구동력이 자동적으로 배분된다. 상시 4WD로 인해 우수한 접지력을 확보할 수 있지만 2바퀴 구동에 비해 연료소비율이 큰 결점이 있다.

AWD는 풀타임 방식과는 달리 항상 앞뒤 바퀴로 4 : 6의 기관 동력이 배분되는 특징이 있다. 4 : 6 비율은 수많은 실험을 통해 핸들링(handling)이나 코너링(corne ring), 직선주행, 험한 도로주행 등을 모두 만족시키는 최적의 비율로 판명됐다고 한다. 예전의 상시 4WD의 단점은 항상 4바퀴를 구동하므로 발생하는 연료소비율이 문제였다.

그러나 AWD는 기술향상을 통해 최적의 기어비율과 구동계통의 저항 최소화, 그리고 콤팩트한 디자인과 자동차의 무게 감소 등을 통해 연료소비율 문제를 상당부분 해결하였다. 또 VDS(자동차자세 제어장치)와 연동하여 최적의 주행안정성을 확보할 수 있다.

3.1.1. 4WD의 사용목적

① 험한 도로를 주행할 때 한쪽 바퀴가 구동력이 상실되더라도 동력전달이 가능하다.

② 눈길이나 모래 길에서도 부드러운 주행이 가능하다.

③ 경사가 심한 언덕길이나 내리막길을 주행할 때 자동차 무게 중심변동에 따른 대응능력을 향상시킨다.

④ 4바퀴에 구동력을 분배하므로 미끄러운 도로면에서의 타이어 점착력을 향상시켜 직진성능이 향상된다.

(a) (b)

[그림 2] 전자제어 4WD 시스템

⑤ 4바퀴에 구동력을 분배하므로 큰 사이드 포스(side force)를 발생시켜 선회할 때에 유리하다.

3.1.2. 4WD의 종류

[1] 파트타임 4WD(part time type ; 선택 4WD)

파트타임 4WD는 앞바퀴의 구동을 운전자가 앞바퀴 구동용 변속레버를 조작하여 작동하는 방식이다.

① 수동방식(1세대) : 휠 허브(wheel hub)에서 2WD/4WD를 수동으로 변환시키는 방식이다.
② 자동 기계방식(2세대) : 저속에서 4WD로 변환가능하며, 2WD로 변환할 때에는 자동차를 1~2 m 정도 후진시켜야 한다.
③ 자동 진공방식(3세대) : 고속에서 4WD, 2WD변환이 가능하며, 구조가 간단하다.
④ CADS(center axle disconnect system, 비 중앙축장치)방식 : 4WD를 구동할 때 슬리브에 의해 앞 차축과 뒤차축이 연결되어 구동축으로 동력을 전달하는 방식이다.

[2] 풀타임 4WD(full time type, 상시 4WD)

풀타임 4WD는 운전자의 의지와 관계없이 비스코스 커플링 등에 의해 자동적으로 작동되는 방식과 앞 · 뒷바퀴 사이의 회전속도 차이에 의해 다판 클러치를 이용하여 전자제어 함으로서 동력전달 및 차단을 노면조건에 따라 자동적으로 제어하는 방식이 있다.

3.2. 파트타임 전자제어 4WD

3.2.1. 파트타임 전자제어 4WD의 개요

가장 기본적인 장치이기도한 파트타임 4WD방식은 평상시에는 뒷바퀴로만 주행하다(2WD), 운전자의 필요에 따라 4바퀴 구동으로 전환하여 주행하는 방식이다. 이 파트타임 방식은 풀타임방식과 거의 비슷하나, 앞차축과 뒤차축 사이에 센터 차동기어가 없는 점이 다르다. 따라서 4WD모드에서는 구동력을 항상 앞바퀴와 뒷바퀴에 50 : 50으로 분배해주며, 센터 차동기어가 없기 때문에 커브 길을 선회할 때 앞바퀴 쪽과 뒷바퀴 쪽의 회전반경 차이를 보정하지 못해 '타이트 코너 브레이킹(tight corner braking)' 현상이 발생한다.

타이트 코너 브레이킹 현상을 차축 와인드업(axle windup), 트랜스미션 와인드업(transmission windup)이라고도 부른다. 이 '타이트 코너 브레이킹' 현상은 자동차가 커브 길을 선회할 때 좌우의 회전반경 차이를 차축 하우징(axle housing)에 설치된 차동기어가 해결하지만, 앞바퀴와 뒷바퀴의 회전반경 차이를 보정해줄 수 있는 센터 차동기어가 없는 경우에는 앞바퀴와 뒷바퀴가 똑같은 회전량으로 돌려고 하기 때문에 나타나는 현상이다. 이로 인해 발생하는 심한 부하가 구동축이나 변속기에 작용하게 되고, 이를 극복하기 위해선 4바퀴 중 어느 하나는 반드시 슬립(slip)이나 스핀(spin)을 일으켜야 한다. 그렇지 못할 경우에는 구동축이나 변속기가 파손될 우려가 있다.

3.2.2. 4WD의 구성 및 작동원리

[1] 4WD 주요 구성부품 흐름도

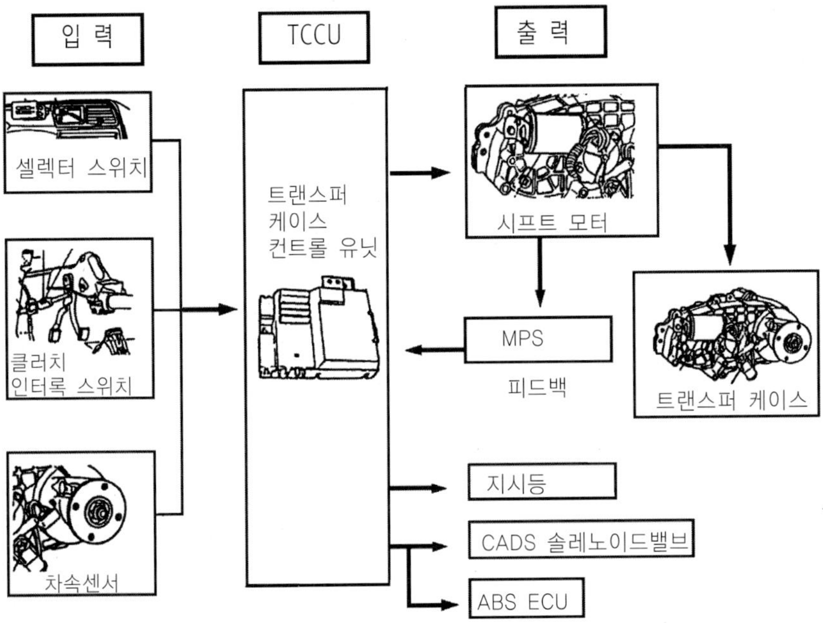

[그림 3] 4WD의 주요 구성품

[2] 트랜스퍼 케이스(transfer case) 작동원리

① 4WD HIGH : 트랜스퍼 4WD HIGH 작동부분에서 작동한다.

② 4WD LOW : 트랜스퍼 4WD HIGH와 LOW 작동부분을 동시에 작동시킨다.

③ 2WD : 4WD가 작동하지 않으며 항상 2WD로 작동한다.

[3] 4WD CADS(center axle disconnect system)

(1) CADS(center axle disconnect system)의 개요

CADS는 2WD 및 4WD를 변환할 때 마지막으로 구동력을 단속하는 장치이며, 특히 주행 중 2WD 및 4WD 전환이 가능하도록 한다. 2WD로 주행할 때에는 자동차의 주행 속도에 의해 앞차축이 무부하 상태로 회전을 한다. 따라서 피니언 축 및 링 기어 세트에서 발생되는 소음과 진동을 억제할 수 있다.

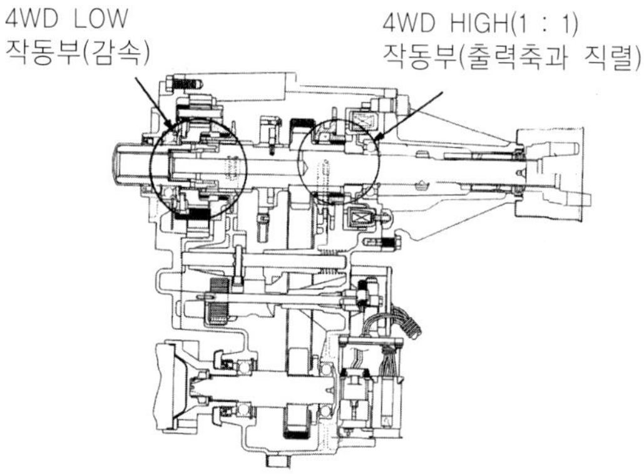

(a) 4WD 동작시

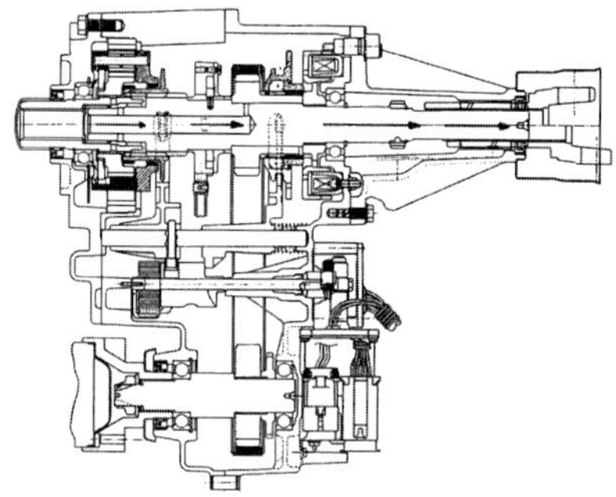

(b) 2WD 동작시

[그림 4] 2WD 및 4WD의 작동상황

> **TIP 2WD 전달경도**
> 변속기 출력축 → 입력축, 출력축(직결) → 리어 프로펠러출 → 리어 액슬 → 리어 드라이브축 → 리어 휠

(2) CADS(center axle disconnect system)의 작동원리

4WD로 구동할 때에는 슬리브에 의해 앞 차축과 뒤차축이 연결되어 구동축으로 동력을 전달한다. 그러나 2WD 모드로 전환이 되면 액추에이터의 스프링 장력과 솔레노이드 밸브의 압력차이로 인하여 연결되어 있던 앞차축과 뒤차축의 연결이 차단된다.

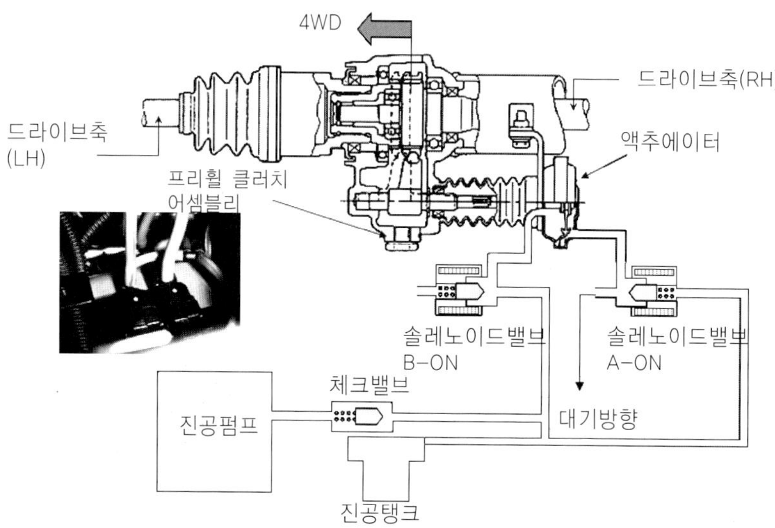

[그림 5] CADS의 구성

이와 같이 2WD로 주행할 때 구동하지 않는 바퀴의 구동축의 작동을 차단하여 자동차의 연료소비율을 향상시킨 방식이다. 그리고 제어의 핵심인 솔레노이드밸브 제어는 TCCU(Transfer case control unit)에서 한다.

[4] 파트타임 4WD 전자제어 입·출력

전자제어 파트타임 방식의 4WD는 크게 입력부분, 제어부분, 출력부분으로 분류되며, 각종센서로부터 입력된 정보를 TCCU(transfer case control unit)가 제어 연산하여 출력부분인 시프트 모터(shift motor)를 작동시킨다. 이때 중요한 신호는 자동차의 변속상태, 주행속도의 상태 그리고 스위치의 위치 등이다. 그리고 TCCU는 시프트 모터를 구동하고 시프트 모터의 구동여부를 MPS(motor position sensor)에 의해 피드백(feed back) 받아 정상 작동여부를 확인한다.

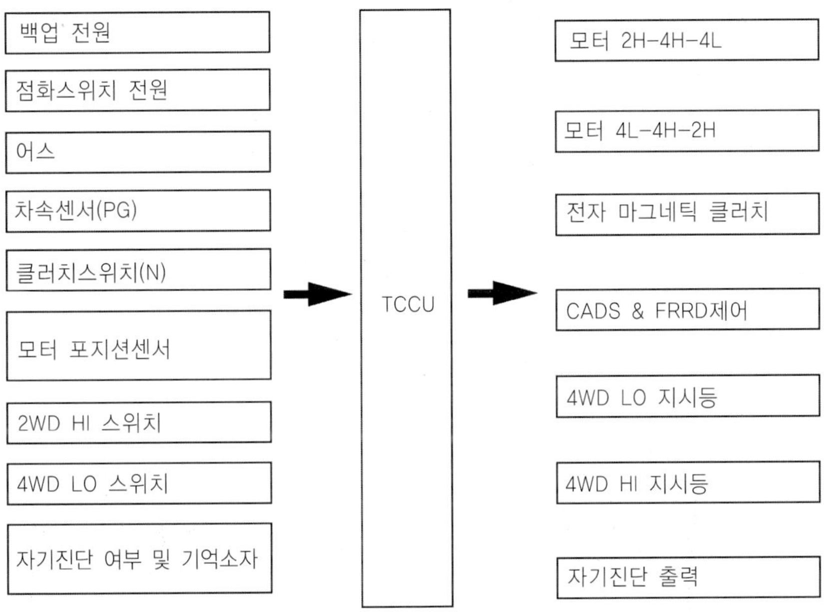

[그림 6] 파트타임 전자제어 4WD 입 · 출력도

(1) TCCU(transfer case control unit)

TCCU는 운전석 시트 아래쪽에 설치되어 있으며, 운전자의 스위치 조작에 따라 주행중에도 2WD → 4WD HIGH로 변환이 가능하도록 한다. 4WD → 4WD LOW은 자동차를 일단정지 시킨 후 변환시켜야 하고, 또 고장이 발생하였을 때 진단하는 기능도 있다.

(a)

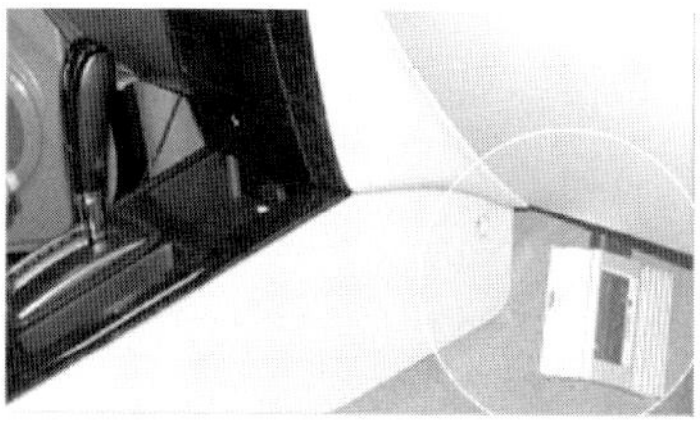
(b)

(c)

[그림 7] TCCU 시스템

1) 2WD-4WD 선택

자동차가 60~80 km/h 이하로 주행할 때만 가능하며, 크래시 패드에 있는 트랜스퍼 케이스 선택스위치를 2WD(2H)에서 4WD HIGH(4H)선택한다. 변환이 완료되면 계기판에 있는 4WD HIGH램프가 점등된다.

2) 4WD-2WD 선택

자동차가 주행상태에서도 변환가능하며, 크래시 패드에 있는 트랜스퍼 케이스 선택스위치를 4H-2H를 선택한다. 변환이 완료되면 계기판에 4WD HIGH램프가 소등된다.

3) 4WD HIGH-4WD LOW로 선택방법

① 자동차의 속도를 거의 정지시킨 상태에서 0~3 km/h 이하만 작동이 되므로 자동차를 일단 정지시킨다.
② 클러치 페달을 밟는다(클러치 인터록 스위치 "ON" 상태).
③ 크래시 패드의 트랜스퍼 케이스 선택스위치를 4H/4L로 선택한다.
④ 변환이 끝나면 해당 램프가 점등된다(4WD LOW일 때 4WD LOW램프 점등).

(2) 시프트 모터(shift motor)

1) 시프트 모터의 기능

시프트 모터는 DC모터이며, TCCU에 의해 제어된다. 2H-4H-4L로 변환할 때 이 모터를 작동시키면 모터와 연결된 전자 축(electronic shaft)과 축의 캠(cam)이 회전하여 감속 시프트 포크(reduction shift fork)와 록업 포크(lock up fork)를 제어하여 4WD를 변환시키는 매우 중요한 작용을 한다.

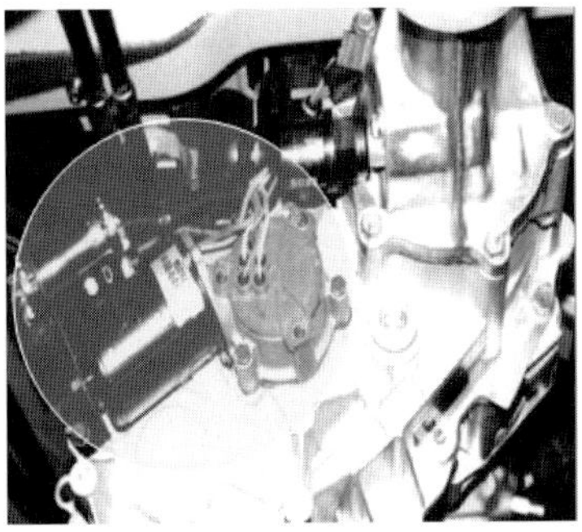

(a)

(b)

[그림 8] **시프트 모터의 설치위치와 외형도**

2) 시프트 모터의 구성회로도

2H-4H-4L쪽으로 제어할 때는 TCCU 1번과 2번 단자에 B+가 출력되어 3번과 4번 단자사이에는 (-)로 제어하도록 되어 있고, 또한 4L, 4H, 2L방향으로 제어할 때는 극성이 바뀌어 3번과 4번 단자에 B+가 1번, 2번 단자에는 (-)로 제어하도록 되어있다.

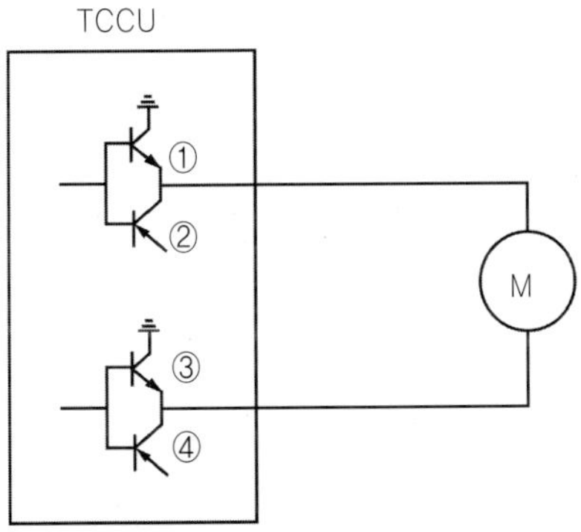

(a)

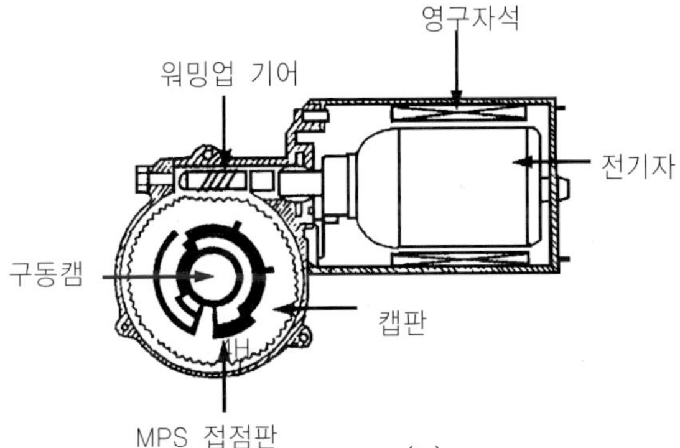

(b)

[그림 9] **시프트 모터 회로구성도**

(3) MPS(motor position sensor, position encoder)

MPS는 시프트 모터의 회전방향과 위치를 엔코더(encoder)에 의해 4개의 스위치 신호를 이용하여 시프트 모터의 작동을 TCCU에 전달하는 센서이다.

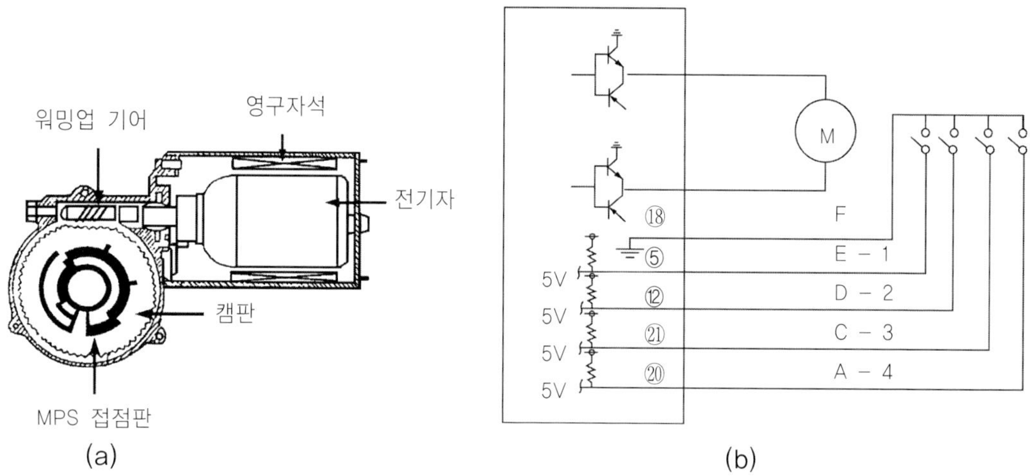

[그림 10] MPS회로 구성도

(4) 마그네틱 클러치(manganic clutch)

마그네틱 클러치는 4WD HIGH일 때 시프트 모터에 의해 작동된 록업 포크가 록업 장치를 일정한 위치까지 이동시키면 이때부터 출력축의 구동기어와 록업장치의 피동기어에 동력을 연결시킬 때 이 마그네틱 클러치 작동되어 기어가 물리도록 한다. 이 마그네틱 클러치는 TCCU에 의해 작동된다(4WD HIGH, LOW시 작동).

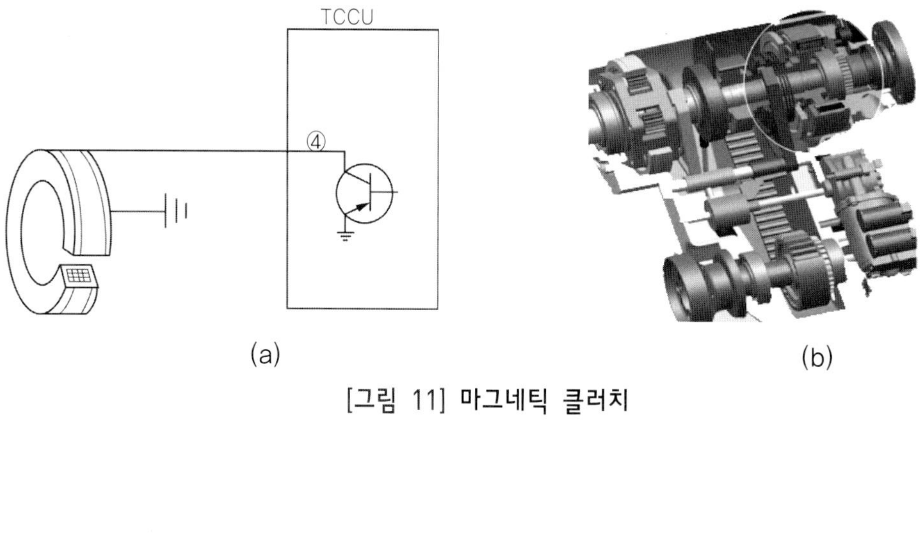

[그림 11] 마그네틱 클러치

(5) 차속센서(vehicle speed sensor)

차속센서는 ABS의 휠 스피드 센서나 자동변속기의 펄스제너레이터 A & B와 같은 센서이며, 트랜스퍼 케이스 하우징에 설치되어 있다. TCCU는 이 센서를 이용하여 주행속도를 검출하여 4WD LOW가 작동할 때 0~3 km/h 이하에서만 작동여부를 결정하는 중요한 센서이다.

1) 차속센서의 작동원리

차속센서의 작동원리는 코일이 감긴 영구자석 양극사이에서 마그네틱 클러치가 회전하면 철심에 인가되었던 영구자석의 자속에 변화가 생기고 이 자속의 변화에 의해 교류전압이 발생한다. 이 교류전압은 마그네틱 클러치의 회전속도에 비례하여 주파수가 변화하기 때문에 TCCU가 센서로부터 시간당 주파수를 검출하여 자동차 주행속도를 검출하도록 되어있다.

2) 차속센서 점검방법

차속센서는 일종의 발전기이므로 교류전압이 발생된다. 이 센서를 점검하기 위해서는 P-P 전압으로 점검하여야 한다. 일반적으로 사용하는 멀티테스터를 이용하면 평균치 전압이 측정되므로 단품의 불량여부 판정이 어려우므로 오실로스코프를 이용하여 P-P전압으로 측정하여야 한다. 간헐적 불량이 발생되면 파형으로 고장진단이 어려워 응답속도가 빠른 장비를 이용해야만 듀티 값으로 찾을 수 있다.

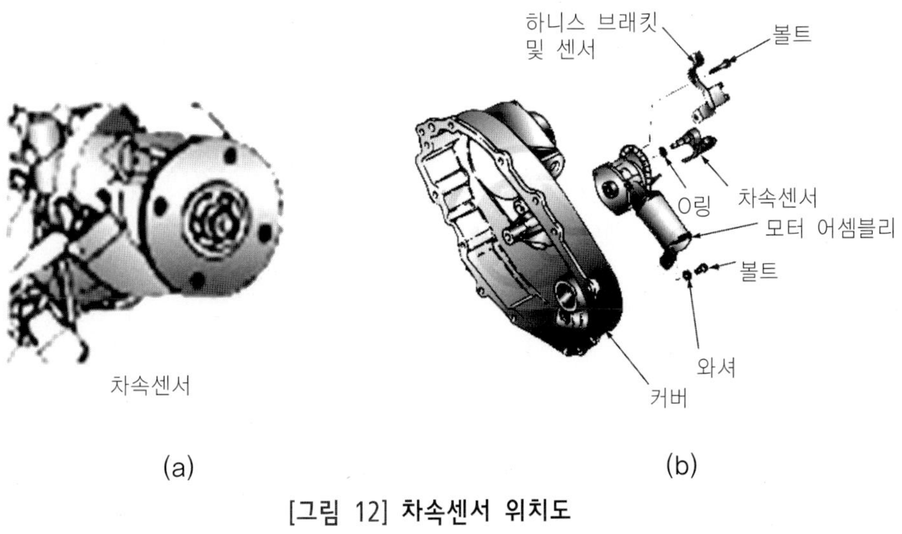

[그림 12] 차속센서 위치도

(6) 지시등(4WD HIGH 4WD LOW)

지시등은 4WD HIGH와 4WD LOW 지시등이 계기판에 설치되어 있으며, 운전자의 트랜스퍼케이스 스위치의 선택에 따라 선택할 때에는 점등되고, 선택하지 않을 때에는 소등된다. 또 4WD에 고장이 발생하면 4WD HIGH와 4WD LOW지시등을 동시에 점등시켜 고장 여부를 알려주는 기능도 한다.

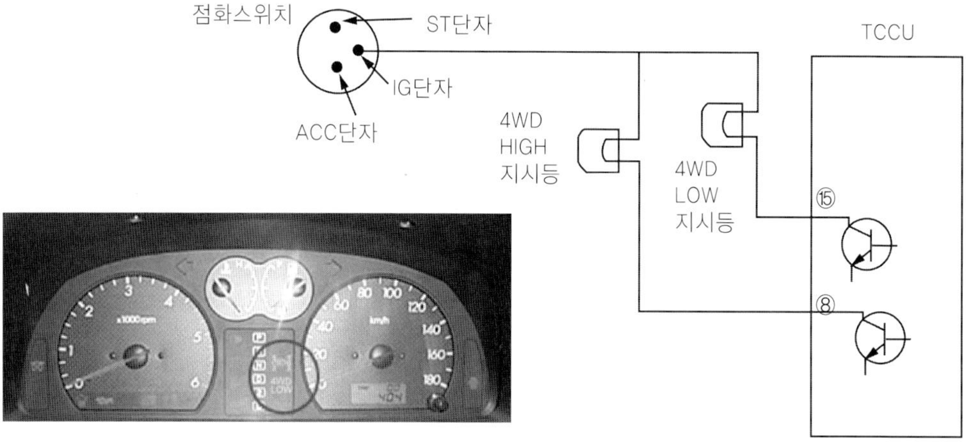

[그림 13] 4WD지시등

1) 지시등의 구성 회로도 및 원리

① 점화스위치를 "ON" 하면 계기판에 있는 전구로 전원이 공급되어 TCCU 8번과 15번 단자에 대기한다.

② 점화스위치 "ON" 과 동시에 TCCU에 전원이 공급되면 TCCU가 8번과 15번 단자의 트랜지스터(TR) 베이스를 작동시켜 각각의 램프를 점등시킨다.

③ TCCU는 6초 동안에 장치자체를 점검하여 이상이 없으면 4WD HIGH, LOW지시등을 트랜지스터 베이스의 전원을 차단하여 소등시키고, 고장이 발생되면 트랜지스터 베이스를 계속 작동시켜 2개의 램프를 지속적으로 점등시킨다. 또 4WD HIGH, LOW 지시등이 점멸되는 경우는 선택스위치를 작동시켰으나 장치가 아직 작동되지 않는다는 표시이다.

④ 4WD HIGH, LOW 지시등이 계속 점등되면 자기진단을 실시 후 이상이 없을 경우, TCCU 커넥터를 분리하여도 계속적으로 점등되면 TCCU 입력 커넥터사이의 배선이 접지되었으므로 이 계통을 정밀하게 점검하여야 한다.

(8) 4WD 선택스위치

선택스위치는 운전자의 의지에 따라 4WD HIGH, 4WD LOW, 2WD HIGH모드 선택여부를 TCCU로 입력시킨다. 이 스위치를 점검할 때에는 멀티테스터를 이용하여야 한다. 이 신호는 디지털신호이므로 1과 0으로 TCCU가 처리되므로 전압수준을 판단하여야 한다. TCCU 7번과 13번 단자에 멀티테스터를 연결하여 각각의 스위치를 "ON" 시켰을 때는 0.8 V 이하로 떨어져야 하고 "OFF" 로 하였을 때에는 최소 2.5 V 이상이 되어야 한다.

만약 스위치를 "ON" 시켜도 0.8V 이하로 떨어지지 않으면 스위치의 접점 또는 접지계통을 점검하여야 한다. 또 스위치를 "OFF" 시켜도 계속적으로 0.8 V 이하이면 TCCU 7번과 13번 단자의 배선이 스위치접점 이전에 차체에 접지 및 단락되었으므로 TCCU 커넥터를 분리한 후 멀티테스터의 레인지를 선택하여 차체와 배선이상 여부를 확인하면 된다. 반대로 스위치를 "ON" 시켜도 2.5 V 이상으로 계속 유지되면 TCCU 커넥터에서 스위치까지의 배선이 단선되었거나 스위치 접지선이 단선된 경우이다.

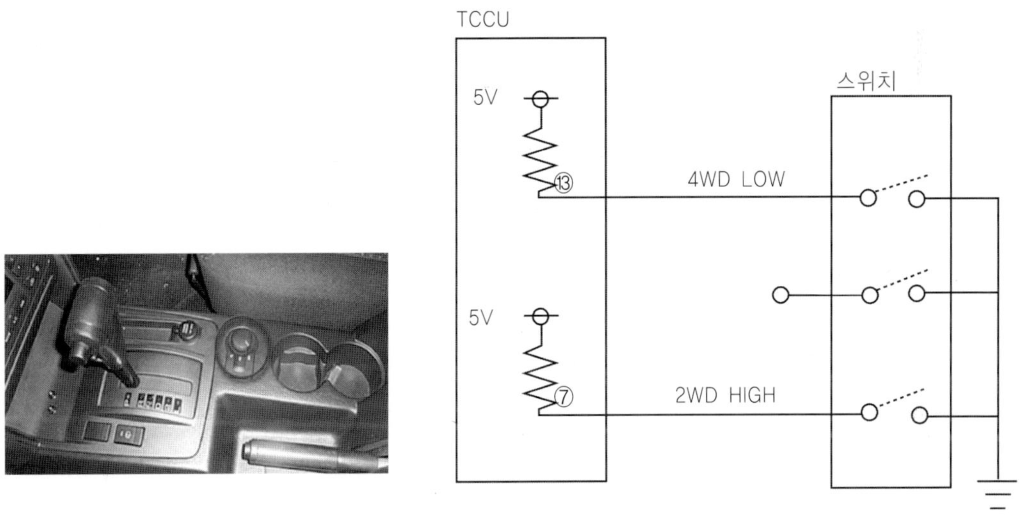

(a) (b)

[그림 14] 4WD 선택스위치

3.3. 풀타임 전자제어 4WD

3.3.1. 풀타임 전자제어 4WD의 개요

풀타임 구동방식은 상시 4WD를 의미하나 원할 때 center differential을 잠글 수 있고 도로의 요청에 따라 전륜과 후륜의 구동비를 제어할 수 있다. 뒷바퀴 구동 자동차에서 사용하는 TOD(torque on demand)방식과 앞바퀴 구동 자동차에서 사용하는 ITM(interactive torque management system)방식으로 나누어진다.

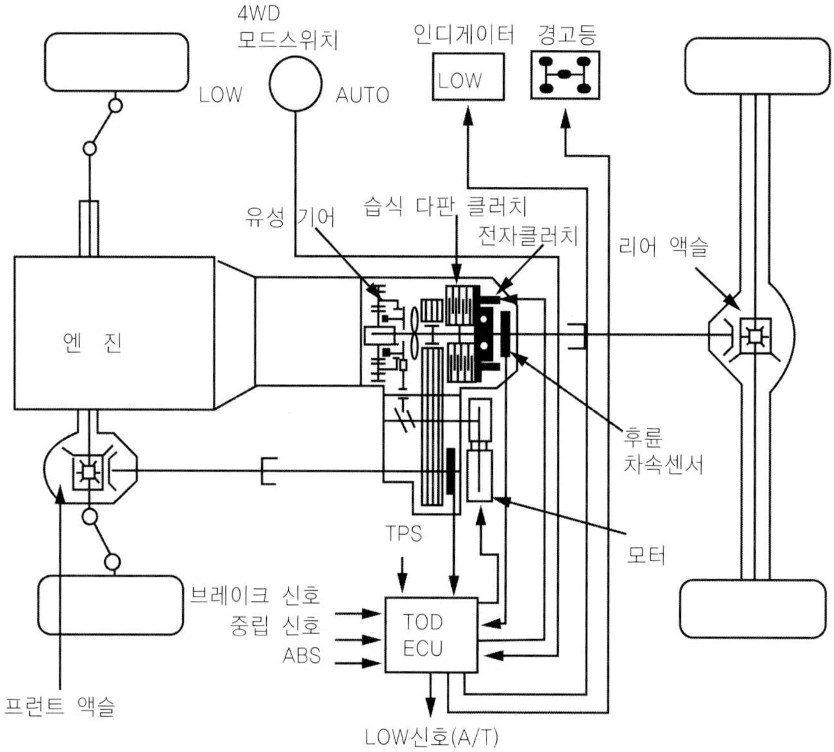

[그림 15] 풀타임 4WD 구성도

3.3.2. TOD(torque on demand)방식

TOD방식은 풀타임 4WD이며, 보그 워너(brog warner)사의 등록상표이다. 기존의 풀타임 4WD는 기관의 동력을 변속기를 통해 트랜스퍼 케이스로 오일과 기계장치를 이용하여 앞바퀴와 뒷바퀴로 분배하는 것이 주요 임무였다.

반면 TOD 트랜스퍼 케이스는 4WD ECU를 통해 앞바퀴와 뒷바퀴로 최적의 동력을 분배한다. 즉, 일률적으로 앞바퀴와 뒷바퀴에 동력을 분배하는 것이 아니라 도로조건이나 자동차 주행상태에 따라 앞바퀴와 뒷바퀴로의 동력 분배를 0 : 100~50 : 50까지 자동적으로 수시로 변경된다.

일반적으로 포장도로에서 중·저속으로 주행할 때는 "뒷바퀴 구동"상태(이론상 뒷바퀴로 100%의 동력이 전달되고 앞바퀴로는 동력이 전달되지 않음)로 주행하다가 뒷바퀴의 미끄럼이 검출되면, 적당한 양의 동력이 앞바퀴로도 전달된다. 4WD ECU는 트랜스퍼 케이스의 스피드 센서로부터 앞·뒷바퀴의 회전속도를 입력받고, 기관 ECU로부터 기관의 출력상태에 대한 정보를 받아 분석하여 그 값에 따라 전자 다판 클러치(electro magnetic clutch)의 압착력을 변화시킨다.

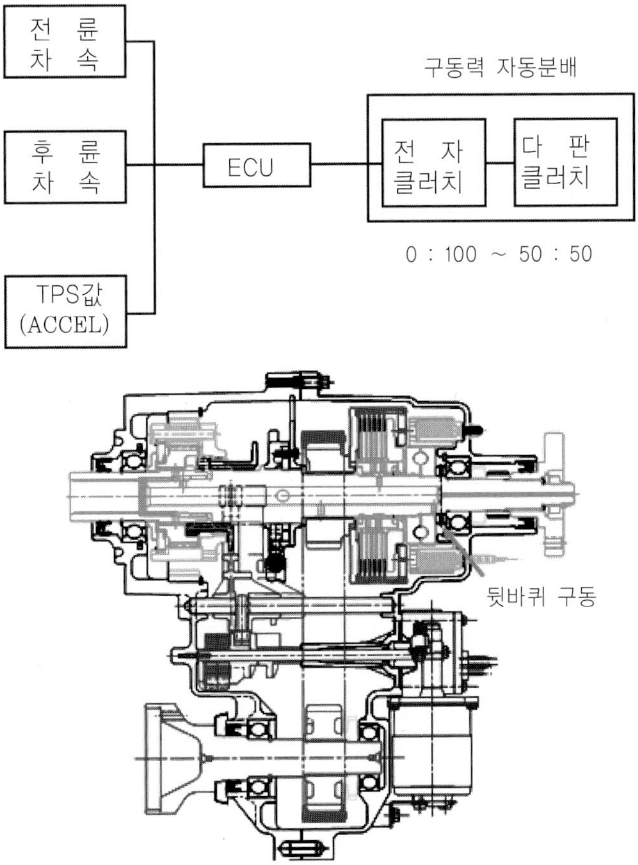

[그림 16] TOD의 구동력 자동분배도

전자 다판 클러치의 압착력이 변화되면 앞 추진축이 구동되고, ECU로 보내지는 입력 값에 따라 앞바퀴로의 동력이 변화한다. 4WD ECU로 보내져 분석된 주행속도, 기관 출력상태, 바퀴의 미끄러짐 비율 등의 정보에 따라 전자 다판 클러치의 압착력이 조절된다. 즉 압착력이 변화될 때 압착력이 크면 동력이 많이 전달되고, 압착력이 작으면 클러치의 미끄러짐 비율이 커지기 때문에 작은 동력이 전달되므로 입력신호에 따라 적절한 동력이 앞바퀴로 분배된다.

[1] 도로조건에 따른 앞 · 뒷바퀴 동력분배

(1) 포장도로에서 중 · 저속으로 주행할 때

기존의 파트타임 트랜스퍼 케이스를 설치한 자동차에서는 정지된 상태에서 조향 휠을 왼쪽 또는 오른쪽으로 돌린 후 출발하면, 자동차가 멈칫멈칫하며 걸리는 타이트 코너 브레이킹(tight corner braking)이 발생하는데, TOD장치에서는 이 현상이 일어나지 않고, 뒷바퀴 구동 주행이 가능하다.

(2) 포장도로에서 고속으로 주행을 할 때

포장도로에서 고속주행을 할 때는 뒷바퀴가 구동바퀴가 되며(약 85%), 옆면에서 부는 바람 또는 빗길에도 안전한 접지를 유지하도록 앞바퀴에도 구동력(약 15%)이 분배된다.

(3) 마찰계수가 낮은 도로에서 코너링을 할 때

비포장도로, 눈길, 빙판길, 진흙길 등에서 코너링 할 때 필요한 동력을 앞바퀴에도 분배한다. 앞바퀴에 동력(약 30%)이 분배되면 도로면의 접지력이 상대적으로 높아지며, 자연스러운 핸들링이 가능하다.

(4) 마찰계수가 낮은 도로에서 등판주행 또는 출발할 때

비포장도로, 눈길, 빙판길, 진흙길 등에서 등판주행 또는 출발을 할 때에는 필요에 따라 50 : 50의 동력을 앞·뒷바퀴에 분배하여 4WD 최대 접지력과 구동력을 발휘할 수 있다.

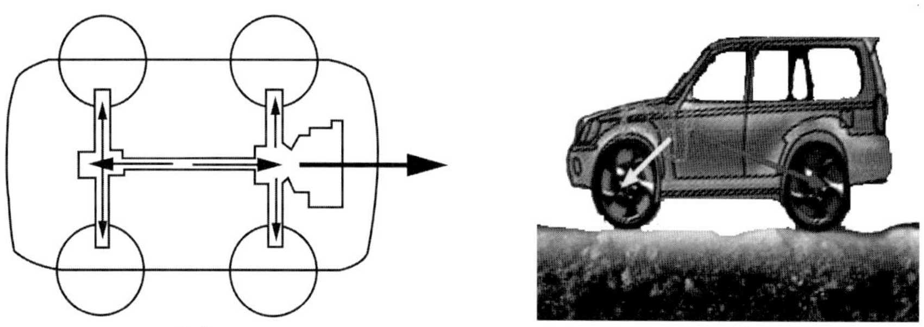

(a) (b)

[그림 17] 4WD 자동차의 주행특성

[2] TOD방식의 장점

① 동력이 앞바퀴와 뒷바퀴로 분배되므로 4WD상태에서도 연료소비율이 향상된다.

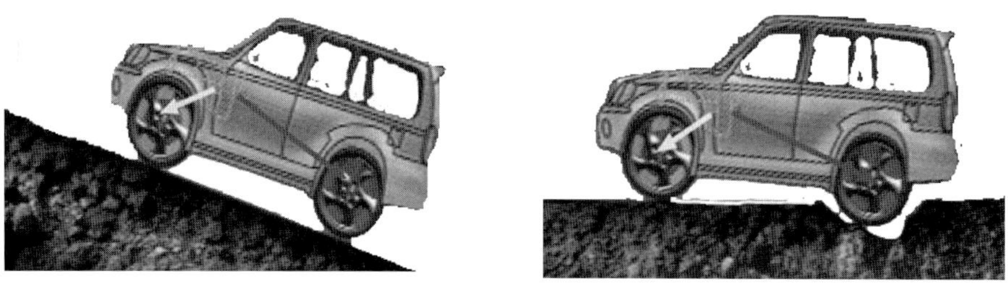

(a) (b)

[그림 18] TOD 4WS 자동차의 장점

② 동력이 앞바퀴와 뒷바퀴로 조건에 따라 적절히 분배되므로 각 바퀴가 최적의 접지력을 발휘한다. 이것은 최적의 주행성능 유지, 코너링 할 때 안정성유지, 브레이크를 작동할 때 효율향상 등의 효과가 있음을 의미한다.
③ 도로면 변화에 따른 반응이 신속하다.
④ 기존의 장치보다 경량화가 가능하다.
⑤ 내부 구조가 간단하다.
⑥ 4WD ECU에 의해 자동 제어되므로 작동이 쉽고, 편리하다.
⑦ 비포장도로 및 포장도로에서의 직진안정성 및 주행성능이 우수하다.
⑧ 주행 중 자동차 핸들링이 우수하다.
⑨ ABS와 연계 및 조화가 쉬워 ABS의 작동이 효과적이다.

[3] TOD 전자제어장치의 기능 및 작동

(1) TOD방식의 선택모드

TOD방식은 AUTO 및 LOW 2가지 모드가 있다. AUTO는 일반적으로 사용되는 모드이며, 기어비율은 1 : 1로 된다. LOW는 기존의 풀타임 트랜스퍼 케이스와 같고, 앞·뒷바퀴에 50 : 50의 동력을 분배시켜 4WD상태에서 최대의 구동력을 발휘하도록 한다. 이때의 기어비율은 2.48 : 1이다.

(2) AUTO모드를 선택하였을 때

TOD방식은 클러치의 메커니즘을 전자로 제어하여 앞뒤 추진축의 출력 회전속도를 검출하고, 그 차이가 설정된 값 이상일 경우 초과된 속도를 미리 계산한 후 이에 상응하는 동력을 마그네틱 클러치(EMC)를 통해 앞바퀴로 전달한다. 앞뒤 추진축의 회전속도는 홀 센서(hall effect sensor)를 통해 검출하며, 검출된 신호는 4WD ECU로 보내진다. 앞뒤 추진축의 초과된 회전속도 차이에 따른 다양한 전류량에 의해 트랜스퍼 케이스 마그네틱 클러치 코일이 활성화된다.

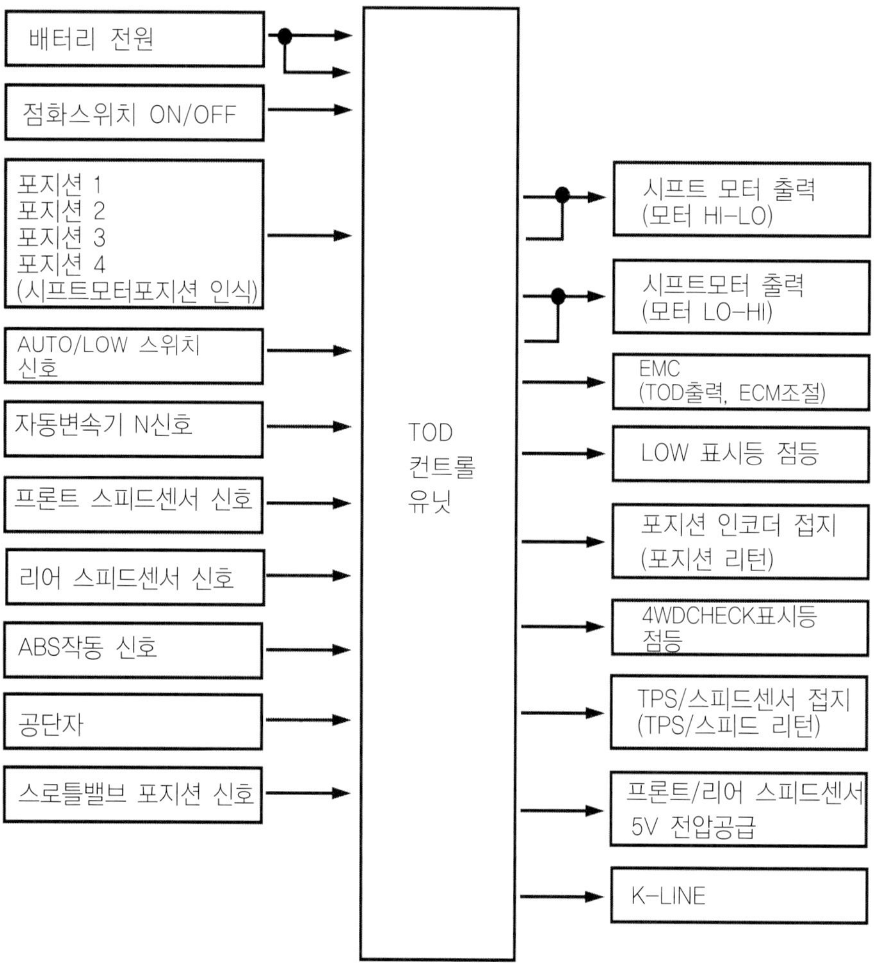

[그림 19] TOD 전자제어 입 · 출력도

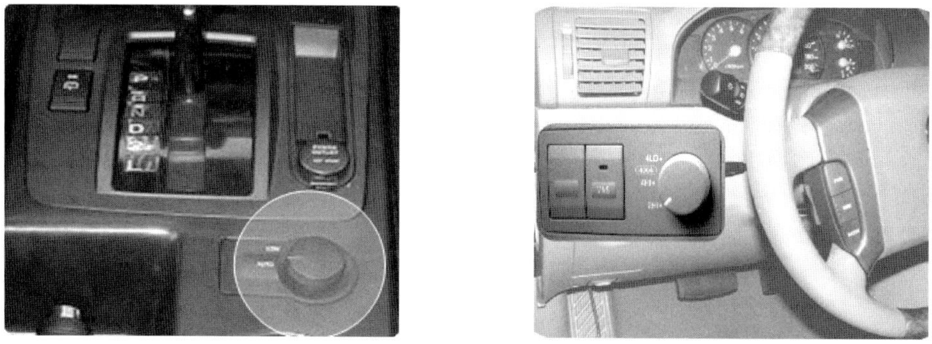

(a) (b)

[그림 20] TOD스위치 설치위치

(3) LOW 모드를 선택하였을 때

모드스위치를 "LOW" 로 선택하면, 4WD 저속상태로 선택된다. 이때 추진축의 회전력은 1 : 1에서 2.48 : 1로 변환된다.

(4) 시프트 모터

트랜스퍼 케이스의 시프트 모터는 트랜스퍼 케이스 뒤쪽에 설치되어 있다. 시프트 모터는 로터리 헬리컬 캠을 구동한다. 모드 선택스위치에서 구동위치를 "LOW" 로 선택하면, 헬리컬 캠이 "AUTO" 에서 "LOW" 위치로 회전하면서 시프트 포크가 2.48 : 1의 감속위치로 된다.

[그림 21] 시프트모터의 설치위치

(5) 트랜스퍼 케이스

TOD 트랜스퍼 케이스는 "AUTO" / "LOW" 스위치 조작과 시프트 모터의 전기적 작동에 의해 변속기에서 보내준 동력을 앞 · 뒷바퀴로 분배한다. 뒷바퀴 구동모드에서 변속기로부터의 동력은 트랜스퍼 케이스의 입력축(input shaft)을 통해 뒤쪽의 출력축(output shaft)으로 전달된다. 전달된 동력은 추진축을 통해 뒷바퀴로 전달되고, "AUTO" / "LOW" 로의 변환은 HI-LO 칼라(collar)가 감소되는 방향으로 작동하여 시프트 포크가 출력축(output Shaft)의 앞 유성기어와 결합되어 수행된다.

따라서 입력축으로 부터 전달된 동력은 유성기어의 선 기어를 통해 앞 유성기어를 회전시키고, 앞 유성기어는 출력축에 물려 LOW상태로 구동된다.

[그림 22] 트랜스퍼케이스의 구조

(6) 뒤 스피드센서(rear speed sensor)

뒤 스피드센서는 홀효과를 이용한 센서(hall effect sensor)이며, 30개의 잇수를 가진 휠의 회전에 따라 0~5 Vdc의 방형파(square wave)를 발생시킨다. 잇수가 30개인 휠은 트랜스퍼 케이스 내부에 설치되어 있으며, 뒤 추진축과 결합되어 있다. 뒤 추진축이 회전하면 1회전 당 휠의 잇수 만큼의 스피드센서 펄스신호가 발생하게 된다. 즉, 뒤 추진축이 1회전하면 30개의 스피드센서 펄스신호가 발생하게 된다.

(7) 앞 스피드센서(front speed sensor)

앞 스피드센서는 뒤 스피드센서와 같으며, 앞 추진축과 결합되어 있다.

(8) 마그네틱 클러치(EMC : electromagnetic clutch)

마그네틱 클러치는 도로조건 및 자동차의 주행상태에 따라 요구되는 양 만큼의 동력을 앞 추진축으로 보내기 위해 사용된다.

3.3.3. ITM(interactive torque management)방식

ITM방식의 4WD는 주로 앞바퀴 구동 자동차 즉 ON ROAD용 자동차에서 사용하는 상시 4WD이며, TOD방식과 함께 풀타임 4WD라고 부른다. TOD방식에서 설명한 트랜스퍼 케이스 형식과는 달리 매우 간단한 장치로 구성되어 있다. ITM방식의 장점은 향상된 견인력과 커브 길을 주행할 때의 안정성 및 그 밖의 주행 안정성이 크다.

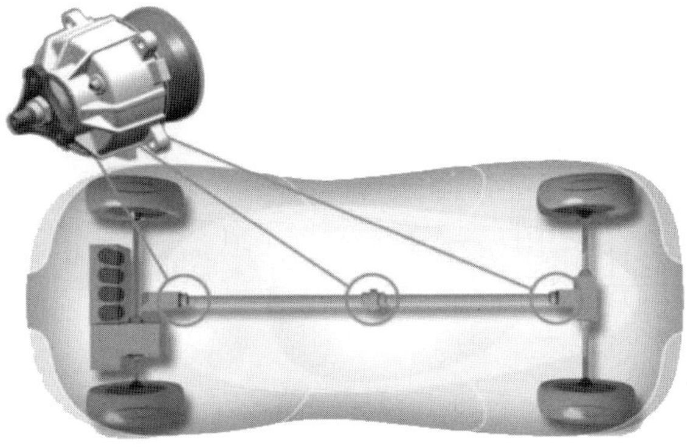

[그림 23] ITM방식의 4WD

[1] ITM방식의 작동개요

앞바퀴 구동 자동차의 자동변속기에서 뒷바퀴 쪽으로 동력을 인출하는 트랜스퍼 케이스를 거친 동력은 추진축으로 전달되고 추진축과 종감속기어 사이에 설치된 ITM에서 전기적으로 동력을 전달하면 4WD가되고 동력을 차단하면 2WD로 작동한다.

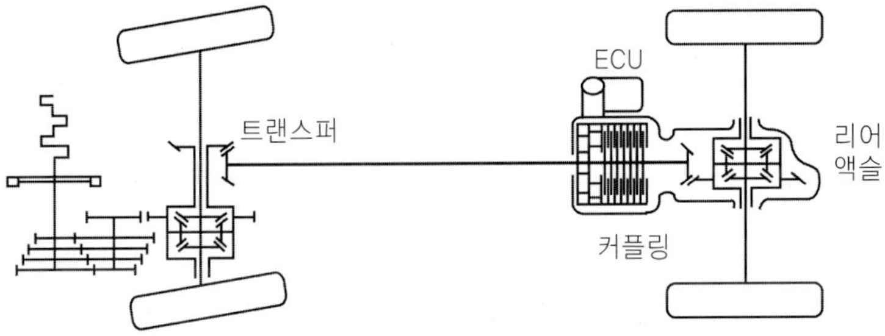

[그림 24] ITM작동 개요도

[2] ITM방식의 작동원리

ITM ECU가 4WD 작동영역을 판단하면 ITM에 설치된 마그네틱 클러치(EMC) 코일을 작동시켜 ITM 내의 클러치판을 압착시킨다. 이로 인해 추진축으로부터 전달된 동력이 뒤 종감속기어를 거쳐 뒷바퀴로 전달된다.

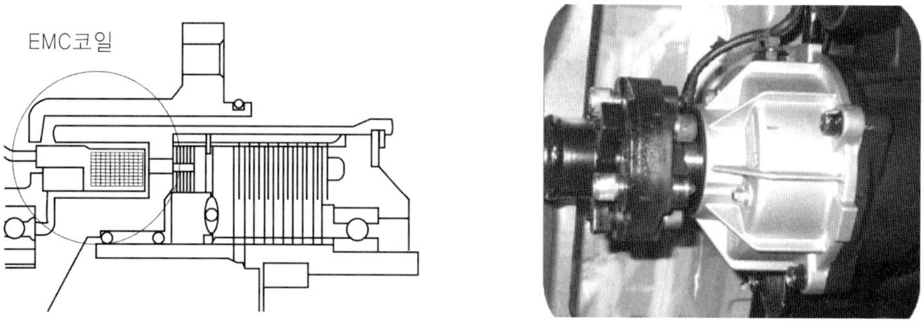

(a) (b)

[그림 25] ITM 내의 EMC코일

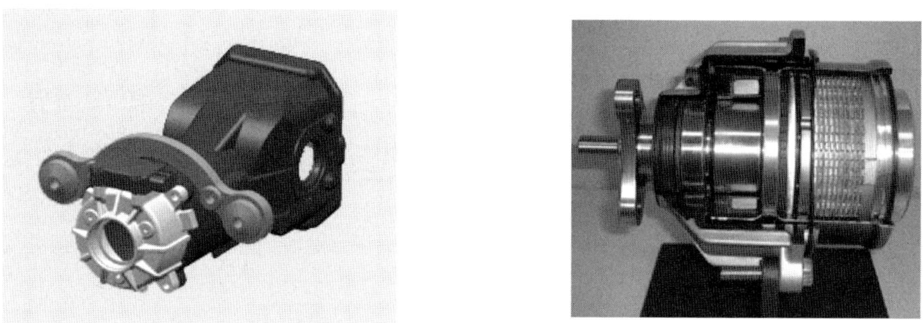

(a) (b)

[그림 26] ITM 내부 구조도

[3] ITM의 전자제어 입·출력 구성도

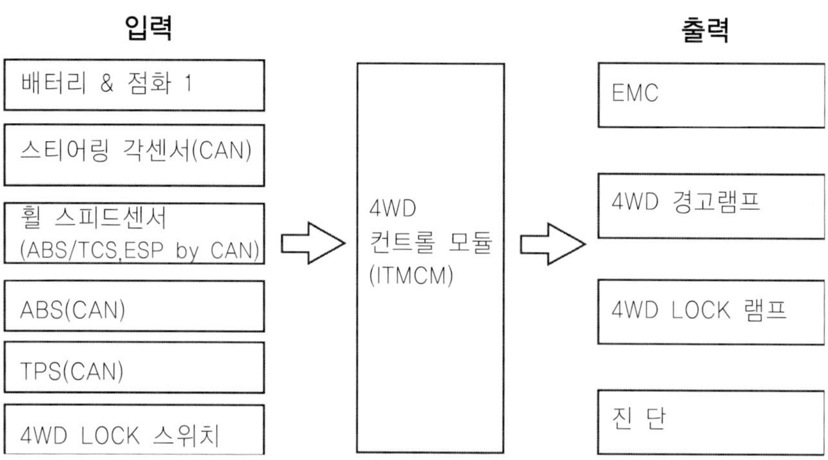

[그림 27] ITM 전자제어 입 · 출력도

(1) 조향 휠 각속도 센서

조향 휠 각속도 센서는 조향 휠의 조향정도를 파악하여 커브 길을 주행할 때 4바퀴의 구동력을 조절하여 안정된 선회가 가능하도록 유도한다. 조향 휠 각속도 센서를 설치한 목적은 4WD 상태로 코너링을 할 때 발생하는 타이트 코너 브레이킹 현상을 방지하기 위함이다(타이트 코너 브레이킹이란 코너링 할 때 바퀴가 끌리면서 일어나는 제동현상을 말한다).

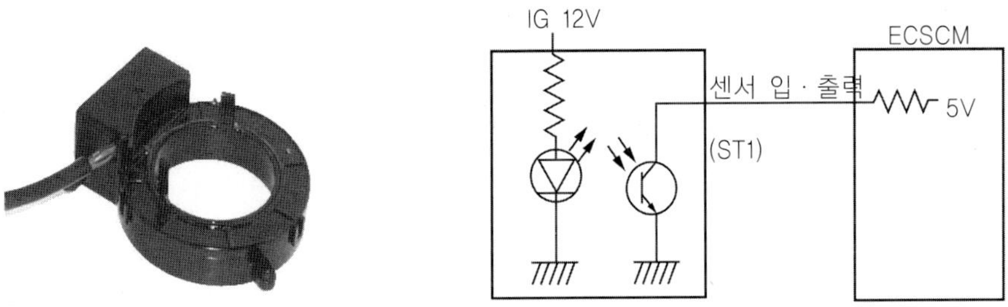

[그림 28] **조향휠 각속도 센서**

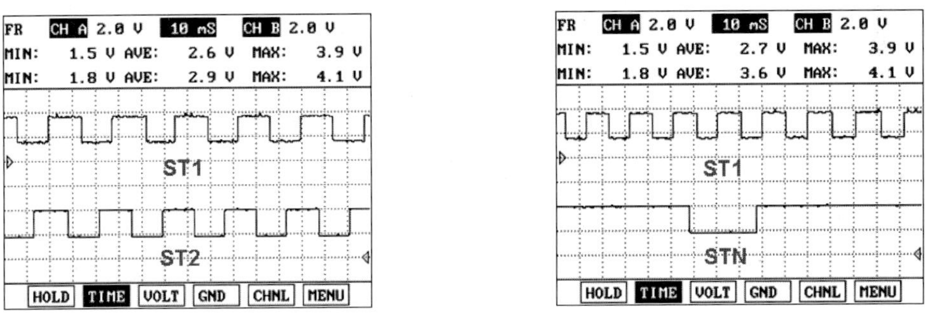

(a) (b)

[그림 29] **조향휠 각속도센서 출력파형**

조향 휠 각속도 센서는 조향각도의 정도와 조향속도를 검출하여 제어에 활용되며, 전압수준은 하이(high) 신호가 약 4.0V이고, 로우(low) 신호가 약 1.5V 정도이다.

(2) 휠 스피드 센서

휠 스피드 센서는 각 바퀴의 회전속도를 검출하여 ITM ECU로 보내준다 4WD제어의 핵심신호 중 하나이다. 휠 스피드 센서에서 비정상적인 신호가 출력되면 4WD를 제어할 때 문제가 발생한다. 그리고 ABS가 작동할 때 ITM작동이 오버랩 될 수 있으므로 CAN 라인을 통해 ABS 작동여부의 신호를 입력받는다. 만약 동시 작동조건이라면 ABS제이가 우선한다.

[그림 30] 휠 스피드센서 설치위치

(3) CAN 데이터

ITM ECU는 CAN라인으로부터 스로틀 위치센서(TPS) 값과 ABS 작동여부 신호를 입력받는데, 먼저 스로틀 위치센서의 신호는 운전자의 가속의지를 확인하여 제어에 활용한다. 또 ABS 작동여부 신호는 4WD 제어와 ABS 제어가 동시에 이루어질 것에 대비하여 신호를 입력받는다(우선 신호는 ABS).

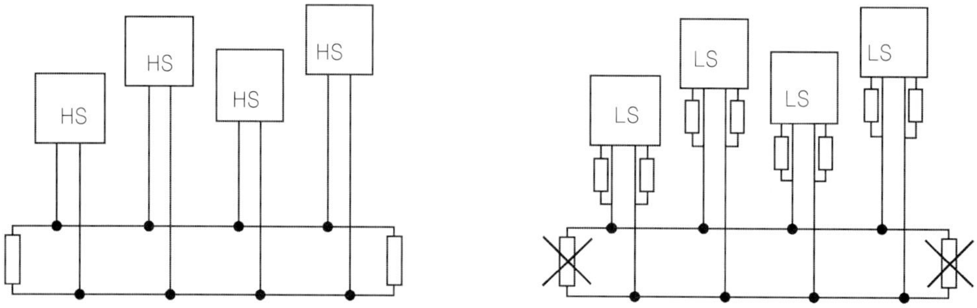

(a) 높은 속도 (b) 잘못 - 관대한

[그림 31] CAN통신 작동상태도

(4) 4WD 록(LOCK) 스위치

자동차가 습지대에 빠졌거나 그 밖에 상시 4WD가 필요할 경우 이용하는 스위치이며, 이 스위치를 ON하면 상시 4WD로 동작한다. 4WD LOCK 스위치를 ON한 상태로 고속으로 주행하면 자동으로 록이 해제된다.

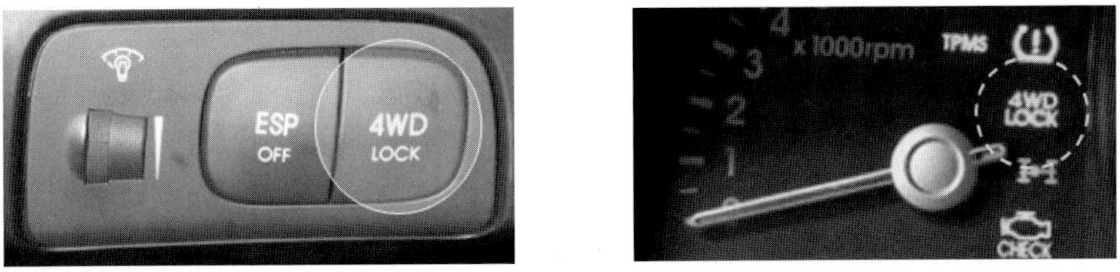

(a) 4WD LOCK 스위치 (b) 4WS LOCK 램프

[그림 32] 4WD의 LOCK 스위치

(5) 마그네틱 클러치(EMC) 코일 출력제어

ITM ECU는 ITM 작동조건이 각종 센서로부터 입력되면 마그네틱 클러치 코일을 듀티 제어(duty control)하여 4WD를 제어한다. 듀티 비율이 증가하면 구동력 분배비율도 커지고 듀티 비율이 낮아지면 구동력 분배비율도 함께 작아진다.

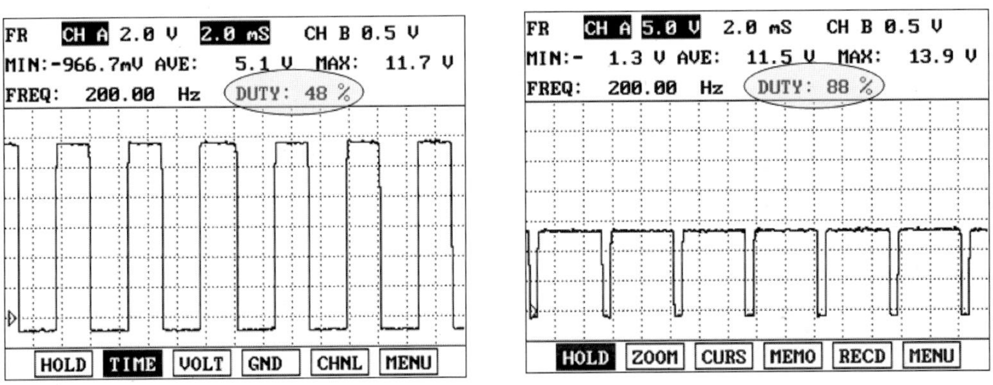

(a) (b)

[그림 33] EMC코일 듀티제어 파형

01. 전자제어 4WD 개요를 설명하시오.

02. 4WD 종류를 설명하시오

03. 파트타임 전자제어 4WD를 설명하시오

04. TOD 전자제어장치의 기능 및 작동을 설명하시오.

05. ITM방식의 전자제어 입·출력을 설명하시오.

06. 전자제어 4WD와 일반 4WD의 특징을 설명하시오.

07. 풀타임 4WD의 특징을 설명하시오.

08. 4륜 구동방식의 장단점을 설명하시오.

Chapter 04

자동차 전자제어 주행 안정장치

04 자동차 전자제어 주행 안정장치

4.1. 자동차 전자제어 주행 안정장치의 개요

전자제어 주행 안정장치는 자동차를 운행할 때 안정적인 주행을 유도하기위한 장치이며, 주로 주행 중과 제동상태에서 많은 역할을 한다. ABS(anti lock brake system)는 휠 스피드 센서(wheel speed sensor)의 정보를 ECU(electronic control unit)에서 입력 받아 자동차가 주행 중 제동할 때 최적의 상태가 되도록 유도한다. 또 전자적으로 뒷바퀴 유압을 제어하는 EBD(electronic brake force distribution)제어로 인하여 기계방식에 비해 보다 정확하고 안정된 제어가 가능해졌다.

특히 노약자나 여성 운전자의 제동력 부족을 보완해주는 BAS(brake assist system)를 통해 한층 강화된 자동차의 안정성을 느낄 수 있다. 또 TCS(tract ion control system)는 자동차 주행 중 커브 길을 선회하거나 급가속을 할 때 자동차의 구동바퀴 쪽에서 발생하는 미끄러짐을 억제하여 도로면과의 로드홀딩(road holding)을 높여 안정된 주행과 선회주행을 유도한다.

예전에는 기관의 회전력을 강제로 낮추어 전체적인 출력을 낮추는 방법을 사용하였으나 최근에는 ABS와의 통합제어로 효율성을 더욱 높였다. 또 TCS의 제어를 예전에는 흡입공기량을 제한하여 간접적으로 기관 회전력을 낮추어 구동력을 감소시키는 방법을 사용하였으나 최근에는 미끄러지고 있는 바퀴에 강제로 브레이크 유압을 작용시켜 직접적으로 미끄러지는 것을 억제하는 방법을 사용한다.

그리고 기관의 회전력을 낮추는 방법은 통신라인을 통해 정보를 교환하여 기관에서 점화시기를 늦추는 방법을 사용한다. 또 보다 적극적인 안정장치의 필요성이 요구되므로 최근에는 능동적 안정장치가 출현하였는데 이것이 VDC(vehicle dynamic control)이다. VDC는 운전자의 의도와 관계없이 자동차의 자세가 변화하거나 위험상황에 직면하면 ECU 스스로가 유압펌프를 구동하여 필요한 브레이크 유압을 형성하여 위급상황에 맞게 제어하여 긴박한 상황에서 자동차의 안전을 확보한다.

주행 중 조향 휠을 급하게 조작이나 커브 길을 선회할 때 언더 스티어링(under steering) 상황이나 오버 스티어링(over steering)상황에서 자동차 스스로가 능동적으로 현재의 상황을 탈피하기 위한 제어를 실행한다. 예전에는 주행 안정장치가 각각 독립적으로 설치되었으나 현재는 각각의 장치들이 통합으로 제어된다.

4.2. ABS(anti lock brake system)

4.2.1. ABS의 개요 및 사용목적

[1] ABS의 개요

자동차가 주행 중 브레이크 페달을 밟으면 디스크와 패드(드럼과 라이닝)사이의 마찰에 의하여 바퀴의 회전속도는 자동차의 주행속도보다 낮아져 바퀴와 도로면 사이에서 미끄럼이 발생하려고 하지만 바퀴와 도로면사이의 마찰력이 미끄럼을 방지하여 자동차의 진행방향과 반대방향으로 작용되는 제동력으로 자동차의 주행속도를 감속시킨다. 즉 제동이란 바퀴와 도로면사이의 마찰력이 바퀴와 도로면의 미끄럼을 방지하여 제동력에 의해 낮아진 바퀴의 회전속도에 의하여 자동차의 주행속도를 감소시키는 것이다.

그러나 과도한 제동력이 발생하면 바퀴의 회전속도가 급격히 감소되어 자동차 주행속도와의 차이가 일정 한도를 초과하게 된다. 이러한 바퀴의 회전속도와 자동차의 주행속도가 일정 이상으로 차이가 발생하면 바퀴와 도로면 사이의 마찰력으로는 이 속도차이를 줄일 수 없게 된다. 그러므로 바퀴는 제동력에 의하여 바퀴와 도로면 사이에서 미끄럼이 발생하고 이 미끄럼의 발생정도와 비례하여 제동효과가 떨어진다.

과도한 제동에 의하여 바퀴와 도로면 사이의 미끄럼 비율(slip ratio)이 증가하면 바퀴로 자동차의 진행방향으로 작동하는 관성력 전달이 작아져 바퀴의 회전속도 감속이 급격하게 빨라진다. 따라서 바퀴와 도로면사이의 미끄럼에 의하여 바퀴는 회전이 정지되고 자동차는 관성에 의해 주행하는 상태가 되는데 이런 현상을 바퀴의 고착(lock ing)현상이라 한다. 이와 같이 바퀴가 고착되는 상황에서는 조향 휠(steer ing wheel)을 조작하여도 운전자의 의지대로 조향이 되지 않아 장애물을 피하거나 안정된 제동을 할 수 없는 위험한 상태가 된다.

[2] ABS의 사용목적

ABS는 anti skid brake system 또는 anti lock brake system의 약어이며, 자동차 바퀴의 회전속도를 검출하여 그 변화에 따라 제동력을 제어하는 방식으로 어떠한 주행 조건에서도 바퀴가 고착(lock)되지 않도록 유압을 제어하는 장치로 항공기, 기차에서 먼저 실용화되었다.

ABS는 자동차에 급속히 보급되고 있는 안전 제동제어 장치로 도로면의 상태에 따라 제동력을 스스로 조절한다. 즉, 도로면, 바퀴 등의 조건에 관계없이 항상 최대 마찰계수를 얻도록 하여 자동차 바퀴가 미끄러지지 않도록 하여 방향 안정성 확보, 조종 안전성 유지, 제동거리의 최소화를 추구하는 장치이다. 자동차가 직진으로 주행할 때 한쪽 도로면이 미끄러운 경우 브레이크 페달을 밟으면 미끄러운 도로면에 놓여 있는 바퀴가 먼저 고착되어 자동차 앞부분이 정상적인 도로면으로 회전하여 스핀현상이 생긴다.

그러나 ABS가 설치된 자동차는 바퀴가 고정되지 않으므로 제동 중 스핀현상도 없고 제동거리도 짧아진다. 또 미끄러운 노면을 선회하면서 제동할 때 정상적인 조향성능을 유지하면서 선회한다. 그리고 급제동을 할 때 바퀴가 고착되어 자동차는 선회방향으로 회전하여 스핀현상을 발생하지만 ABS를 설치한 자동차는 바퀴가 고착되지 않도록 제동력을 제어하므로 정상적인 조향성능을 유지하면서 선회한다.

[3] ABS의 역사(발달과정)

(1) 1908년 J.E .Francis

기차(汽車)가 주행 중 강력한 제동을 걸면 바퀴가 고정되어 레일 위에서 미끄러지면서 마찰이 발생하여 바퀴가 평탄해지는 플랫(flat)현상이 발생한다. 플랫현상에 의하여 바퀴가 원활하게 회전하지 못하여 소음과 진동이 발생한다. 이러한 플랫현상을 방지하는 장치를 고안하여 시험한 결과 제동거리가 짧아진다는 사실을 알게 되었다.

(2) 1936년 독일의 Robert Bosch社(ABS에 관한 특허 취득)

각 자동차 바퀴에 부착된 전자석 회전센서(sensor)와 브레이크 유압을 조절하는 솔레노이드밸브의 조합으로 구성되어있다. 브레이크 유압이 상승하여 바퀴가 고정되면 센서의 출력이 0으로 되어 솔레노이드밸브가 작동하여 오리피스를 닫아 유압을 낮추도록 작동한다. 유압이 낮아져 바퀴가 다시 회전하기 시작하면 다시 유압을 상승시켜 브레이크가 작동되도록 한 것이다.

(3) 2차 세계대전 중 비행기용 ABS

비행기가 착륙할 때 바퀴에 브레이크를 과도하게 걸면 바퀴가 고정되어 바퀴가 심하게 마모되고 파열의 위험이 발생하였다. 또 활주로가 동결되어 있으면 미끄러져 비행기가 착륙할 때 스핀할 가능성이 있어 이를 방지하기 위하여 제2차 세계대전 말기인 1945년에 ABS개발을 시작하였다.

(4) 보잉 B-47에 Hydro Aire사의 ABS

이 장치는 펄스제어(pulse control)에 의해 ON/OFF시켜 센서가 바퀴의 고정되기 시작하는 것을 검출하면 솔레노이드밸브에 의해 유압을 낮추어서 바퀴가 회전하도록 하고, 다시 유압을 상승시키는 방법을 반복하여 제어하는 방식이다(보잉사 비행기에 최초적용).

(5) 1950년대 말~1960년대 초 Good Year사와 Hydro Aire사

브레이크 유압을 0에서 최대까지 ON, OFF하여 제어하는 것이 아니라 바퀴의 감속에 대응하는 유압을 단계적으로 제어하기 위하여 초보적인 컴퓨터를 장착하였다.

이 컴퓨터의 사용이 ABS의 성능개선에 큰 공헌을 하게 되었다.

(6) 1966년 Harry Ferguson사

1965년 무스탕 V-8에 4바퀴 구동과 ABS를 설치하여 디트로이트에서 시승회를 가져 격찬을 받았다.

(7) 1968년 초 Kelsey Hayer사에서 뒤 2바퀴)제어 ABS생산

이 장치 "Sure-Track"이라 부르며, 1969년형 포드사의 링컨 컨티넨탈 마크 Ⅲ와 선더버드에 옵션으로 설치되었으며, 1971년 제너널 모터社 앞바퀴 구동방식 자동차에 "True Track", "Track Master"라는 명칭의 Read용 ABS를 설치하였다. 이 뒷바퀴 제어 ABS는 앞바퀴가 고정되는 경우에는 조향성능을 상실하지만 뒷바퀴의 브레이크가 ABS 제어되므로 차체가 스핀을 일으키는 것을 방지하여 방향성을 유지하도록 한 것이다.

4.2.2. ABS의 기능

[1] 조향 안정성 유지

주행 중 급제동을 할 때 ABS가 설치되지 않은 경우의 자동차에서 일어나는 대부분 교통사고의 원인은 조향성능을 상실하기 때문이다. 그 이유는 바퀴가 브레이크 유압에 의해 고착되면서 도로면과의 마찰력을 상실하므로 조향 휠을 조작해도 운전자가 원하는 방향으로 진행되지 않는다.

따라서 바퀴와 도로면과의 적절한 마찰력이 요구되는데 이를 위해 바퀴가 고착되지 않도록 제어하여 원하는 마찰력을 얻는다. 따라서 이때는 운전자가 요구하는 대로 조향 성능을 유지할 수 있다.

[2] 제동 및 조향 안정성 유지

조향 안정성 유지와 비슷한 내용일수도 있지만, 안정된 자세로의 브레이크와 조향을 일컫는데, 2바퀴에 공급되는 유압을 정밀하게 제어하여 각 바퀴를 브레이크 할 때 회전 속도가 일정하다면 이것이 바로 가장 안정된 브레이크이다.

불안정한 브레이크이란 브레이크 페달을 밟았을 때 각 바퀴의 회전속도 차이에 의해 직진방향으로 브레이크가 작동되지 못하는 것을 말한다. 이를 방지하기 위해 ABS ECU는 각 바퀴의 회전속도를 휠 스피드 센서를 통하여 모니터링 하여 각 바퀴의 회전속도가 일치하도록 정확히 제어하므로 안정된 브레이크와 안정된 조향성능을 확보할 수 있게 된다.

[3] 제동거리 최소화

제동거리 최소화는 도로조건에 따라 약간 다르게 해석할 수 있는데, 즉 자동차의 안정된 자세와 관계없이 단순하게 브레이크 후 거리만을 측정한다면 일반적인 도로에서는 ABS를 설치하지 않은 자동차가 더 짧을 수 있다. 이 경우는 자동차의 안정된 자세는 기대하기 어렵다.

그러나 미끄러운 도로면이나 빗길의 경우에는 확실하게 ABS를 설치한 자동차가 우위에 있다. 이것은 안정된 자세를 동반하기 때문이다.

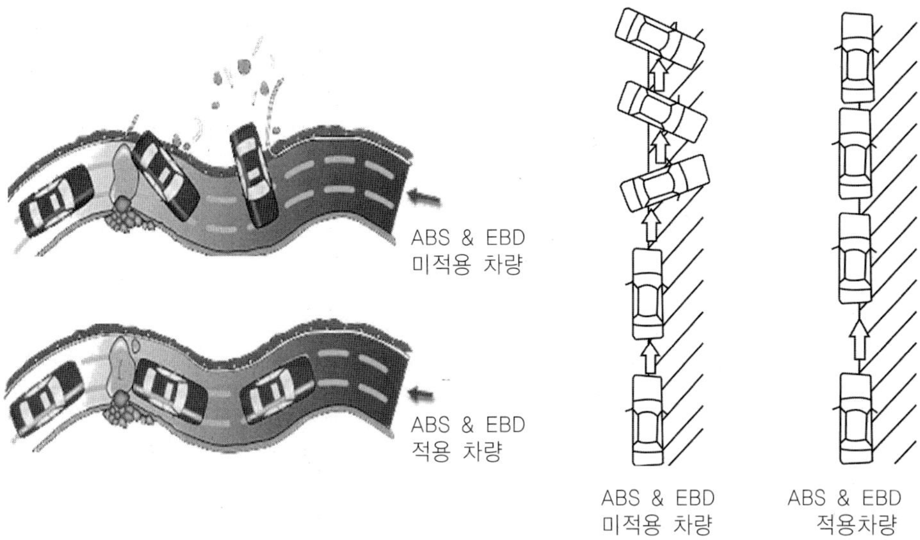

[그림 1] **ABS를 설치한 자동차와 설치하지 않은 자동차의 비교도**

4.2.3. ABS의 기본원리

[1] 브레이크 페달을 밟았을 때 자동차의 운동

주행 중 브레이크 페달을 밟으면 자동차에는 여러 가지 운동이 발생한다. 이때 이 운동에 대항하여 제어를 실시하여야만 안정된 브레이크 효과를 얻을 수 있다.

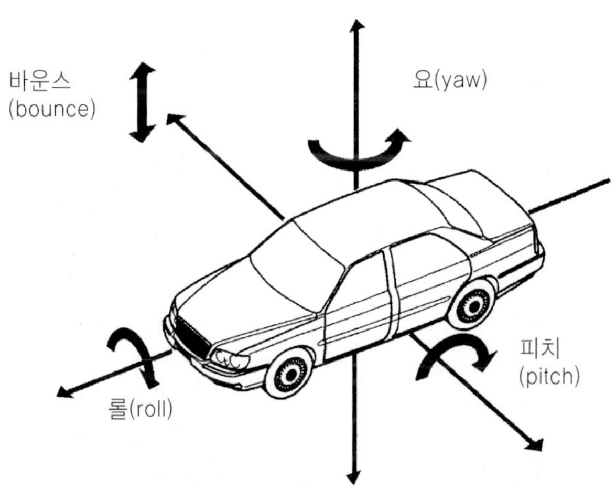

[그림 2] **제동할 때 자동차의 운동종류**

(1) 브레이크 페달을 밟았을 때 발생하는 힘

주행하고 있는 자동차에 적당한 브레이크가 작용하면 부드럽게 정지한다. 이것은 브레이크를 작동시키는 만큼 바퀴와 도로면 사이에서 자동차가 진행하는 방향과 반대방향으로 마찰력이 발생하기 때문이다. 이 마찰력을 제동력이라 한다. 이때 이 제동력에 관련되는 마찰계수를 브레이크 마찰계수라 한다.

브레이크 마찰계수가 클수록 제동력은 커져 자동차는 빠르게 그리고 짧은 거리에서 정지한다. 그리고 4개의 바퀴에 작용하는 제동력의 합과 그 크기가 같고, 방향이 반대인 힘을 관성력이라 한다. 제동력은 좌우바퀴에 대칭적으로 발생한다면 자동차는 진행방향을 유지하면서 정지하지만 좌우대칭이 아닌 경우에는 자동차를 무게중심 주위로 회전시키려는 모멘트가 발생하는데 이를 요잉 모멘트(yawing moment)라 한다.

[2] 미끄럼 비율(slip ratio)

ABS는 제동력이 최대가 되는 미끄럼 비율이 유지되도록 ABS ECU와 브레이크 장치가 각 바퀴의 회전속도를 조절하는 장치이다. 미끄럼 비율이 20%를 전후해서 마찰계수가 가장 높은 것을 알 수 있으며, ABS는 마찰계수가 가장 높은 미끄럼 비율영역에서 작동된다.

자동차가 100 km/h이고 브레이크로 인하여 바퀴 회전속도가 80 km/h라 하면 미끄럼 비율은 20%이다. 도로면 상태에 따라서 차이가 있지만 미끄럼 비율이 15~20%일 때 제동력이 최고가 된다.

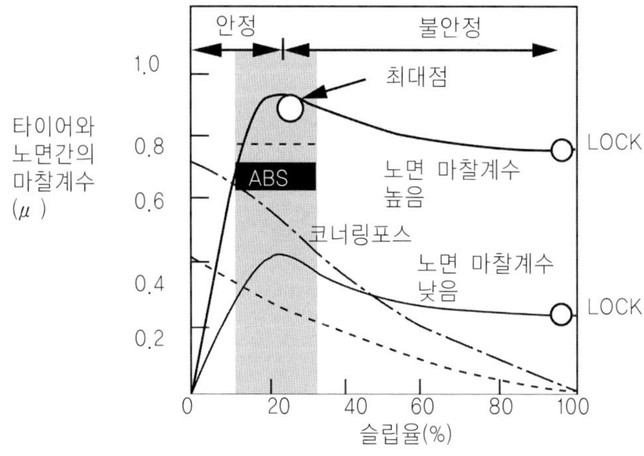

[그림 3] **바퀴와 도로면사이의 미끄럼 특성도**

[3] ABS의 제어방법

ABS 제어는 각종 도로면에서 최대 마찰계수를 주는 미끄럼 비율 부근에서, 바퀴 회전속도를 제어하고자 하는 것이다. 그 실현방법으로 바퀴가 고착될 때에는 바퀴 회전속도가 차체속도에 비해서 급격하게 저하하는 성질을 이용한다. 바퀴의 고착은 바퀴 회전속도와 차체속도의 차이로 판정한다. 차체 속도는 바퀴 회전속도에서 가상 차체 속도를 산출한다.

[4] ABS의 제어채널 종류

ABS는 4개의 바퀴를 제어하는데 뒷바퀴의 경우는 공동 제어하는 경우도 있으며, 4바퀴의 회전속도를 검출하여 4바퀴를 각각 제어하면 4센서 4채널이 되는 것이다.

(1) 4센서 4채널

[그림 4]와 [그림 5]에 나타낸 같이 4개의 센서와 4개의 제어채널을 가지고 있으며 각 바퀴를 개별적으로 제어하는 장치이다. 즉 브레이크 유압을 각 바퀴에 독립적으로 작용시키기 때문에 조향성능과 제동거리는 가장 우수하지만 비대칭 도로면(양쪽 바퀴가 놓여 있는 도로면의 마찰계수가 다른 도로면)에서는 방향안정성이 우수하지 못하다.

그 이유는 앞뒤 차축의 좌우바퀴에 작용하는 제동력이 다르므로 차체를 선회시키는 것과 같은 요 모멘트(yaw moment)가 크게 되기 때문이다. 따라서 대부분의 자동차는 4채널을 사용하더라도 자동차의 안정성을 위하여 뒷바퀴는 셀렉트 로우(select low)방식을 채택하고 있다.

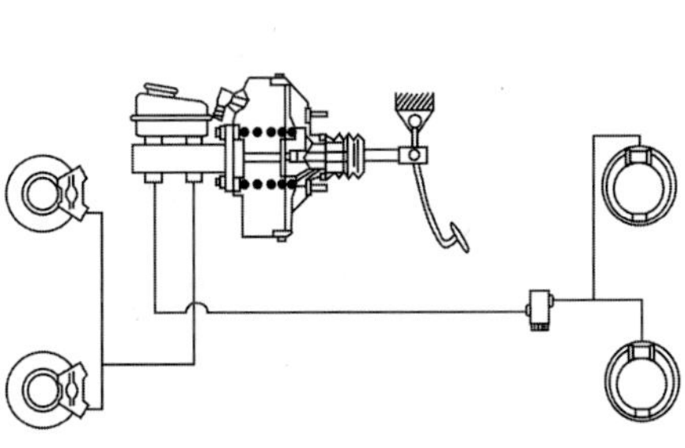

[그림 4] 4센서 4채널 앞 • 뒤 배관

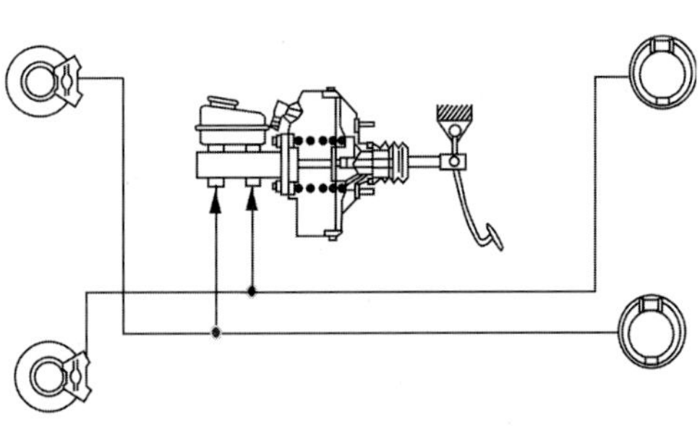

[그림 5] 4센서 4채널 H자 배관

(2) 4센서 3채널

4센서 3채널방식은 주로 앞 · 뒷바퀴 분배 배관방식(H형) 브레이크 라인을 사용하는 뒷바퀴 구동 자동차(FR)에서 주로 사용된다. 앞바퀴는 각각의 휠 스피드 센서 정보를 기초로 독립적으로 유압을 제어하지만 뒷바퀴는 각각의 휠 스피드 센서로부터의 정보를 통합하여 공통의 유압회로로 제어한다.

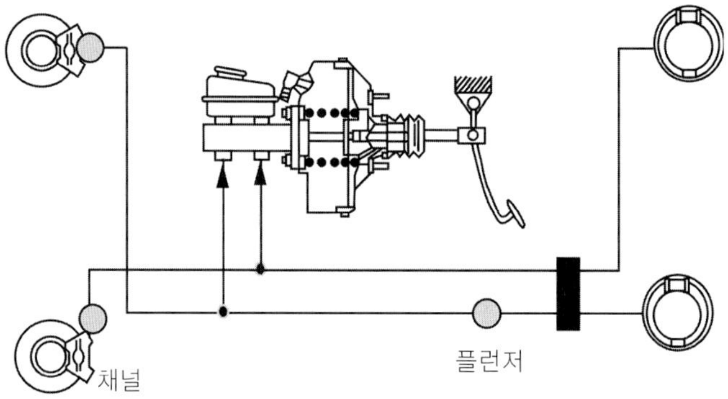

[그림 6] **4센서 3채널 X배관**

(3) 4센서 2채널

4센서 2채널방식은 X자형 배관 자동차의 간이장치이다. 앞바퀴는 독립적으로 제어되지만 뒷바퀴는 대각의 앞바퀴의 브레이크 유압이 프로 포셔닝밸브에서 일정한 비율로 감압된 상태로 전달된다. 또 비대칭 도로면에서 브레이크가 작동하면 높은 마찰계수에 있는 바퀴에서 발생하는 유압이 낮은 마찰계수에 있는 바퀴로 전달되므로 뒷바퀴가 고착된다.

한편 낮은 마찰계수에 있는 바퀴의 브레이크 유압은 낮기 때문에 높은 마찰계수에 있는 뒷바퀴를 고착시키지 못하므로 방향 안정성을 유지할 수 있다. 3채널, 4채널에 비하면 일반적으로 뒷바퀴의 제동력이 낮아 제동거리가 다소 길어지는 경향이 있으나 뒷바퀴의 미끄럼이 적어 안정성이 좋다.

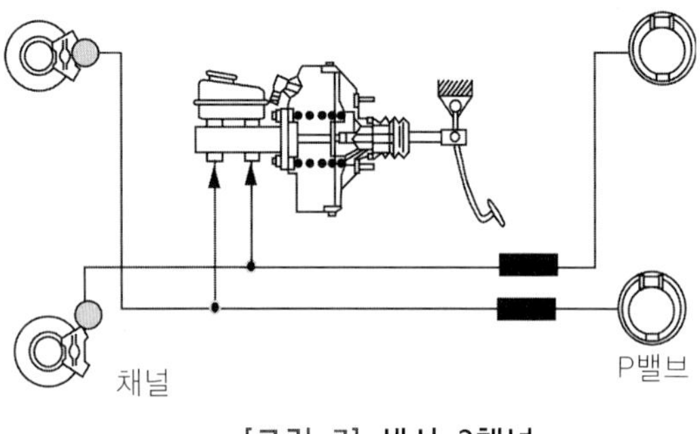

[그림 7] **센서 2채널**

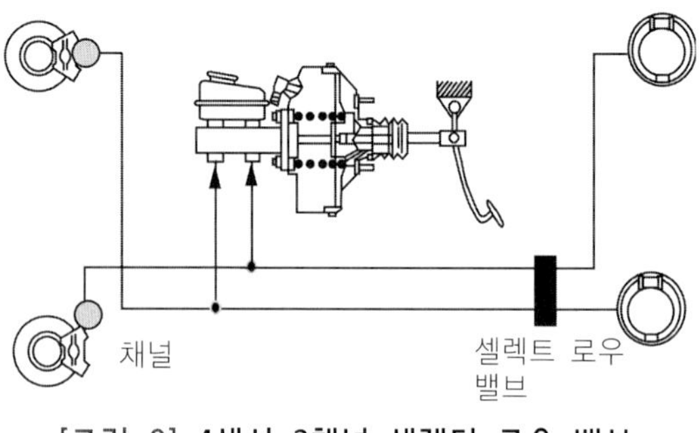

[그림 8] **4센서 2채널 셀렉터 로우 밸브**

(4) 3센서 3채널

3센서 3채널방식은 주로 앞·뒷바퀴 분배 배관방식(H형) 브레이크 라인을 사용하는 뒷바퀴 구동 자동차(FR)에 주로 사용된다. 앞바퀴는 각각의 휠 스피드 센서 정보를 기초로 독립적으로 유압을 제어하지만 뒷바퀴는 1개의 센서(주로 종감속기어의 링 기어 부분에 설치)의 정보를 통합하여 받아들이고, 1개의 공통 유압회로로 제어한다. 따라서 이 경우 뒷바퀴는 근사적으로 셀렉트 로우방식으로 제어된다.

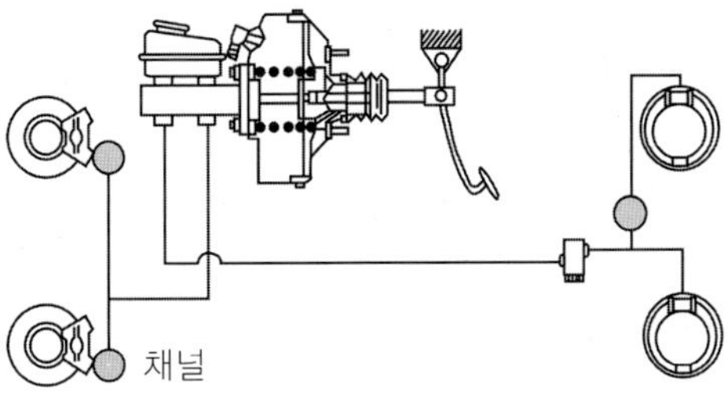

[그림 9] 4센서 3채널 앞·뒤 배관

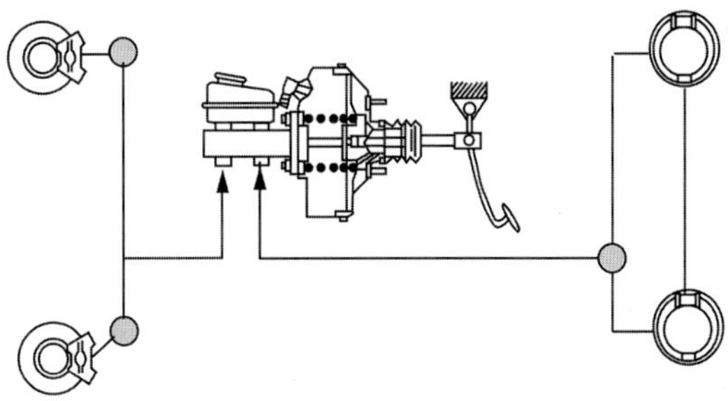
[그림 10] 3센서 3채널 방식

(5) 1센서 1채널

1센서 1채널방식은 앞·뒷바퀴 분배 배관방식(H형) 자동차에서 뒷바퀴만 제어한다. 앞바퀴 쪽에는 센서가 없으며, 뒷바퀴의 종감속기어 부분에 1개의 센서를 설치하여 뒷바퀴의 상태를 검출한다.

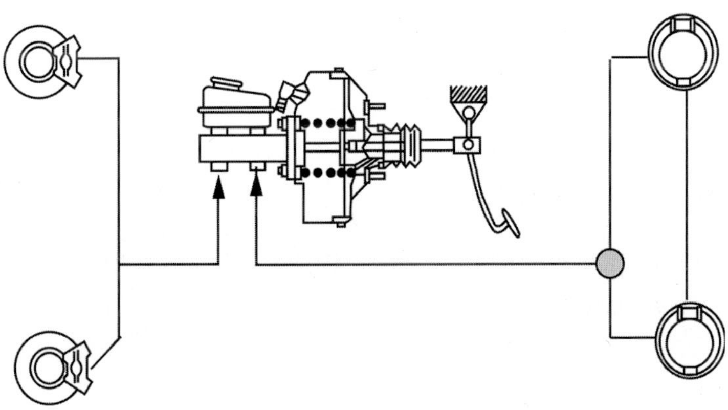
[그림 11] 1센서 1채널

급제동할 때 앞바퀴가 고착되면 조향 안정성을 얻을 수 없으며, 제동거리도 낮은 마찰계수의 도로면에서는 최적으로 제어를 하였을 경우에 비하여 늘어나는 단점이 있으나 균일한 마찰계수를 가지는 도로면에서는 방향 안정성을 얻을 수 있다.

4.2.4. ABS의 구성부품

ABS는 크게 바퀴의 회전속도를 검출하는 휠 스피드 센서, 각종데이터를 입력받아 연산하고, 하이드로릭 유닛(유압조절기 또는 모듈레이터라고도 부름)을 작동시키는 ABS ECU, ABS ECU의 신호로 유압을 제어하는 하이드로릭 유닛으로 구성된다.

ABS ECU는 주행 중 수시로 휠 스피드센서의 신호를 모니터링 한다. 이후 브레이크나 그 밖의 상황에서 휠 스피드센서 값에 변화가 발생하면 제어를 통해 하이드로릭 유닛의 각종밸브를 작동시켜 현재 브레이크 페달을 밟은 상태라면 감압 · 유지 · 증압 작용을 반복하여 바퀴가 고착되지 않도록 제어하는 기능을 수행한다. 또한 계기판에서는 ABS를 제어할 때와 고장일 경우에 각각 경고등을 통해 보여준다.

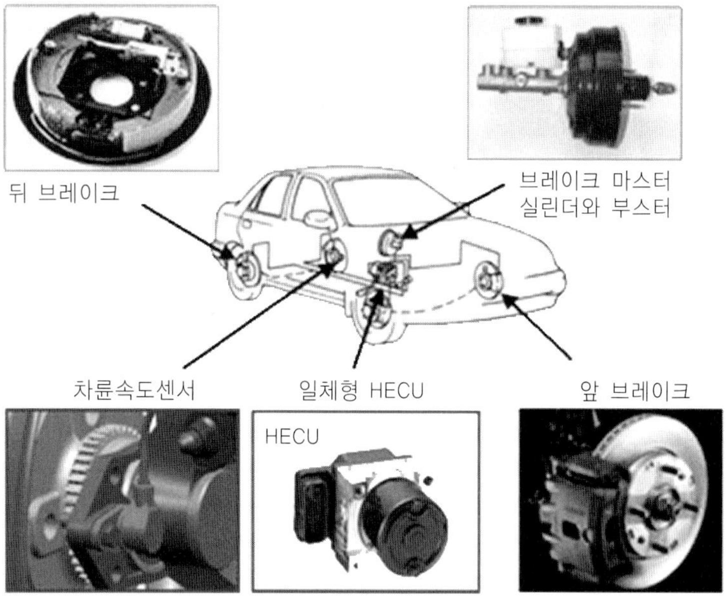

[그림 12] ABS의 구성부품

4.2.5. ABS 구성요소의 구조 및 작동원리

[1] ABS ECU

ABS ECU는 초기에는 독립적으로 설치되었으나 최근에는 유압을 발생시키는 하이드로릭 유닛과 일체로 구성되어 있다. ABS ECU는 휠 스피드센서의 신호에 의해 바퀴의 회전속도를 검출하고 바퀴의 회전상태와 함께 소정의 이론에 의해 바퀴의 상황을 예측하여 바퀴가 고착되지 못하도록 하이드로릭 유닛내의 솔레노이드밸브와 모터 등으로 작동신호를 보낸다. 즉 센서에 의해 4바퀴 각각의 회전속도 및 감속과 가속도를 연산하여 바퀴의 미끄러짐 상태를 판단하며, 이를 통하여 하이드로릭 유닛의 밸브 및 모터를 구동하여 증압 · 감압 및 유지시킨다.

또 스캐너와의 통신을 통하여 현재의 센서 정보와 고장관련 데이터를 볼 수 있다. 최근에는 스캐너를 통하여 ABS ECU에게 각각의 밸브나 모터를 직접 구동할 수 있는 액추에이터 테스트도 할 수 있는데 이 모든 것을 ABS ECU가 제어한다.

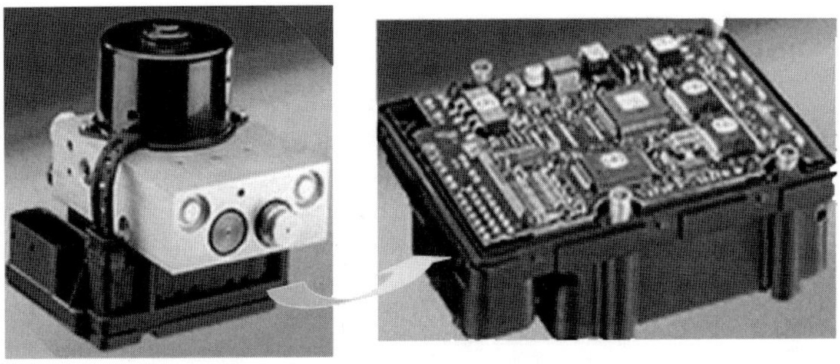

[그림 13] ABS ECU의 모습

[2] 하이드로릭 유닛(hydraulic unit)

기본적인 유압회로는 1차 회로와 ABS가 작동할 때 사용되는 2차 회로로 구성되어 있으며, 실제로 각 바퀴로 전달되는 유압을 제어하는 부품들의 집합체이다. 하이드로릭 유닛 내부에는 동력을 공급하는 부분과 밸브 등으로 구성되어 있으며, 유압은 모터에 의해 전달되고 펌프에 의해 공급된다.

휠 스피드 센서로부터 전달된 검출신호에 의해 ABS ECU가 연산작업을 하여 미끄러짐 상태를 판단하여 ABS 작동여부가 결정되면, ECU의 제어논리에 의하여 밸브와 모터가 작동되면서 증압 · 감압 · 유지 및 펌핑 등이 제어된다.

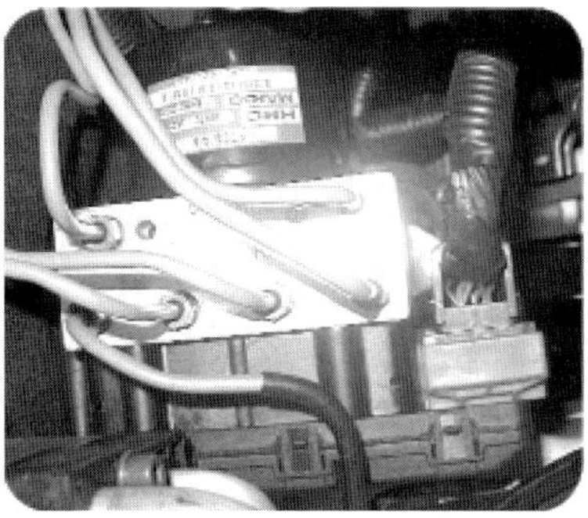

(a) (b)

[그림 14] **하이드로릭 유닛 모습**

(1) 하이드로릭 유닛의 내부구성

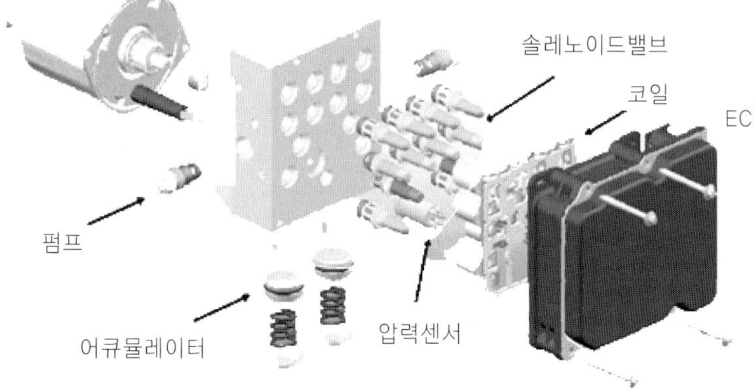

[그림 15] **하이드로릭 유닛 분해도**

1) NO(normal open) 솔레노이드밸브

NO 솔레노이드밸브는 통전되기 전에는 밸브통로가 열려 있는 상태를 유지하는 밸브이며, 마스터 실린더와 캘리퍼사이의 통로가 연결된 상태에서 통전이 되면 밸브통로를 차단시키는 밸브이다.

2) NC(normal close) 솔레노이드밸브

NC 솔레노이드밸브는 통전되기 전에는 밸브통로가 닫혀 있는 상태를 유지하는 밸브이며, 갤리퍼와 LPA(저압 어큐뮬레이터)사이의 통로가 차단된 상태에서 통전이 되면 밸브통로를 연결시키는 밸브이다.

3) LPA(low pressure accumulator)

LPA(저압 어큐뮬레이터)는 브레이크 유압이 과다하여 감압하는 경우 캘리퍼에서 NC 솔레노이드밸브를 통하여 dump된 오일을 저장하는 부품이다.

4) HPA(high pressure accumulator)

HPA(고압 어큐뮬레이터)는 펌프 모터에 의해 압송되는 오일의 소음 및 맥동을 감소시킴과 동시에 감압모드일 때 발생하는 브레이크 페달의 킥백(kick back)을 방지하기 위한 부품이다.

5) 펌프(pump)

펌프는 LPA(저압 어큐뮬레이터)로 dump되어 저장되어 있는 오일을 마스터 실린더 회로 쪽으로 펌핑 해내는(순환시키는)기능을 한다.

6) 펌프 모터(pump motor)

펌프 모터는 펌프를 구동시키는 전기모터이다.

[3] 모터

모터는 ABS가 작동할 때 ABS ECU의 신호에 의해 작동되며, 축과 베어링에 의하여 회전운동을 직선 왕복운동으로 변화시켜 브레이크 오일을 순환시킨다(펌핑).

(a)

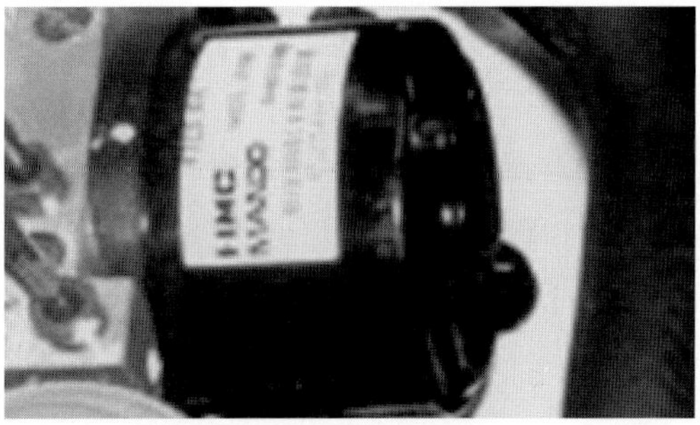

(b)

[그림 16] **하이드로릭 모터**

[4] 하이드로릭 유닛의 작동모드

하이드로릭 유닛의 작동모드에는 일반적인 브레이크 모드(normal braking mode), 감압모드(dump mode), 유지모드(hold mode), 증압모드(reapply mode) 등 4가지가 있다.

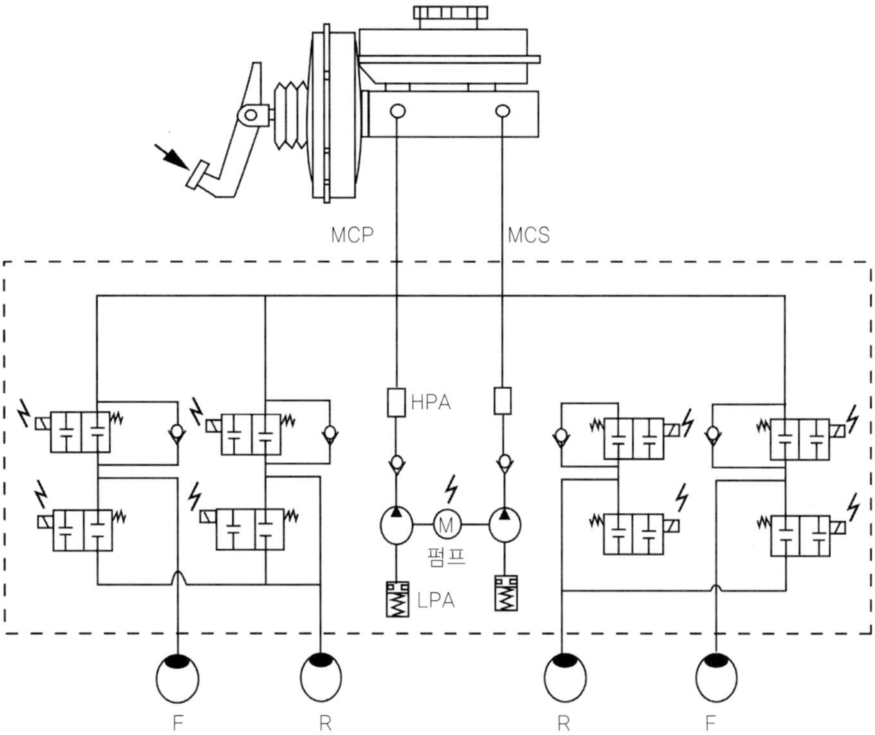

[그림 17] ABS 유압회로도

(1) 일반적인 브레이크 모드(ABS가 작동하지 않는 경우)

ABS가 설치된 자동차에서 바퀴의 고착현상이 발생하지 않을 정도로 브레이크 유압을 가하게 되면, 마스터 실린더에서 발생된 유압은 NO(normal open) 솔레노이드밸브를 통해 각 바퀴의 캘리퍼로 전달되어 브레이크 작용을 일으킨다. 더 이상 브레이크 작용이 필요 없을 때에는 브레이크 페달의 놓으면 각 바퀴의 캘리퍼에 있었던 브레이크 오일이 마스터 실린더로 복귀되면서 압력이 감소하게 된다.

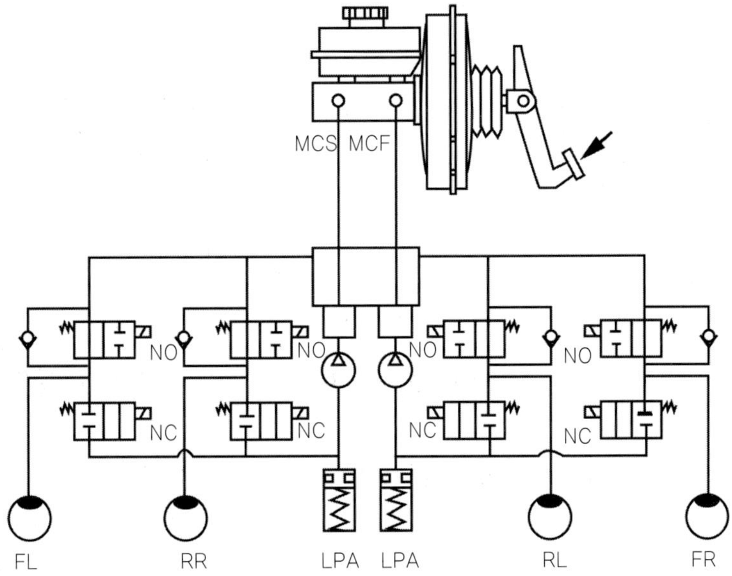

솔레노이드밸브	통전상태	밸브 개폐
NO(normal open)	OFF	OPEN
NC(normal close)	OFF	CLOSE

[그림 18] ABS가 작동하지 않을 때

(2) ABS 작동(감압)상태

ABS가 설치된 자동차에서 바퀴의 고착현상이 발생할 정도로 브레이크 유압을 가하면, 바퀴는 주행속도에 비해 급격하게 속도가 감소하므로 바퀴는 고착현상이 발생하려고 한다. 이런 상태에 이르면 ABS ECU에서는 하이드로릭 유닛으로 유압을 감소시키려는 명령을 전달한다.

즉, NO(normal open) 솔레노이드밸브는 통로를 차단시키고, NC(normal close) 솔레노이드밸브의 통로를 열어서 캘리퍼 내의 유압을 낮춘다. 이때 캘리퍼에서 방출된 브레이크 오일은 LPA(저압 어큐뮬레이터)에 일시 저장된다. LPA에 저장된 브레이크 오일은 모터가 작동함에 따라 작동되는 펌프의 토출에 따라 마스터 실린더로 다시 복귀한다.

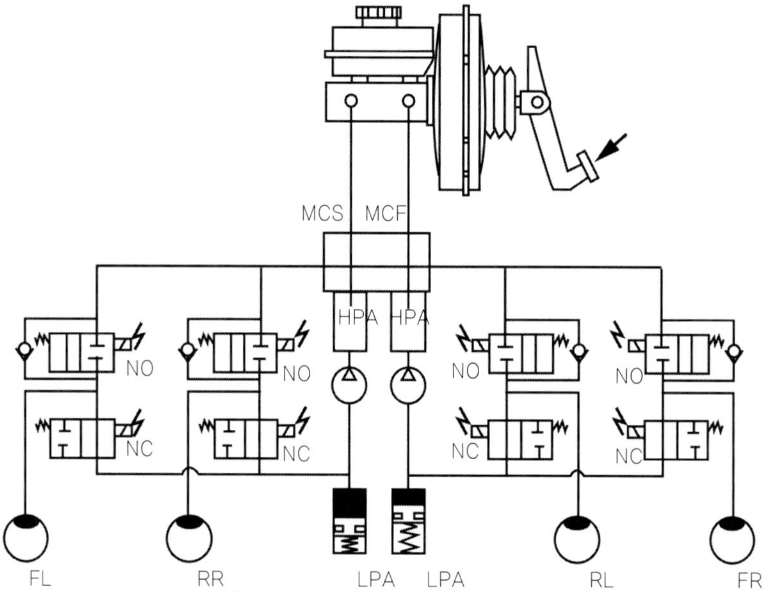

솔레노이드밸브	통전상태	밸브 개폐
NO(normal open)	ON	CLOSE
NC(normal close)	ON	OPEN

[그림 19] **감압상태**

(3) ABS 작동(유지)상태

감압 및 증압을 통하여 캘리퍼에 적정 유압이 작용할 때에는 NO 및 NC 솔레노이드 밸브를 닫아 캘리퍼 내의 유압을 유지시킨다. 이때는 캘리퍼에 유압이 그대로 유지되며, 마스터실린더 유압이 차단되므로 유압은 더 이상 상승되지 않는다.

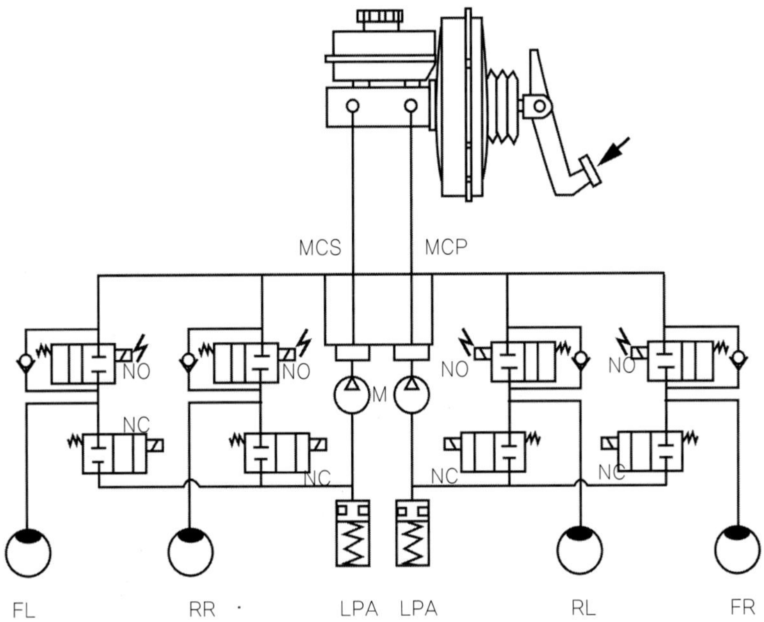

솔레노이드밸브	통전상태	밸브 개폐
NO(normal open)	ON	CLOSE
NC(normal close)	OFF	CLOSE

[그림 20] **유지상태**

(4) ABS 작동(증압) 상태

감압작동을 실시했을 때 너무 많은 브레이크 오일을 배출하거나 바퀴와 도로면 사이의 마찰계수가 증가하면 각 바퀴의 캘리퍼 유압을 증가시켜야 한다. 이 상태에서 ABS ECU는 하이드로릭 유닛을 통하여 캘리퍼 내의 유압을 증가시키려는 명령을 전달한다. 즉, NO 솔레노이드밸브는 통로를 열고 NC 솔레노이드밸브는 통로를 닫아서 캘리퍼 내의 유압을 증가시킨다.

감압작동에서 LPA에 저장된 브레이크 오일을 증압 상태에서는 모터를 계속 작동시켜 브레이크 오일을 토출시키며 이때의 브레이크 오일은 마스터 실린더 및 NO 솔레노이드 밸브를 거쳐 캘리퍼로 공급된다.

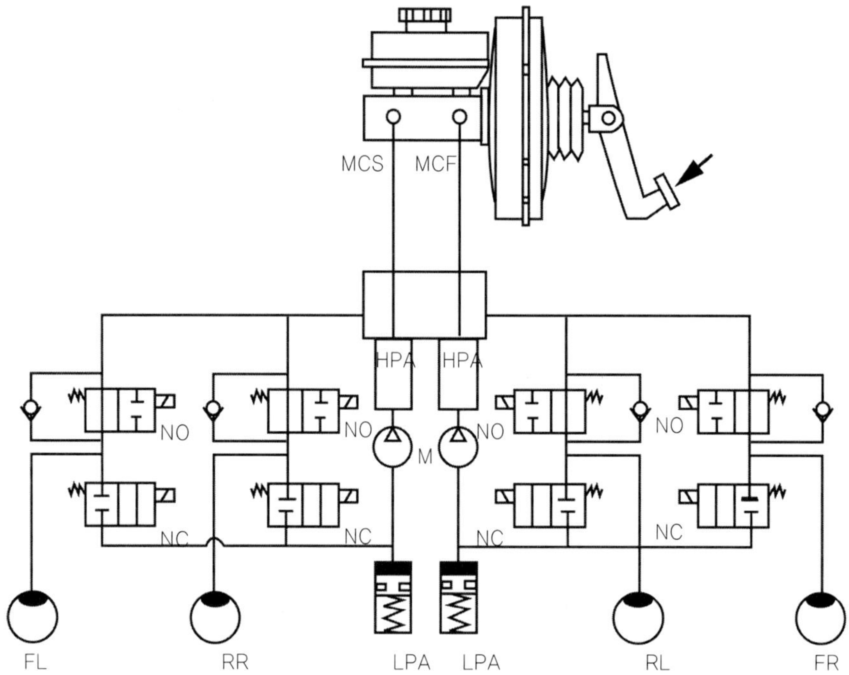

솔레노이드밸브	통전상태	밸브 개폐
NO(normal open)	OFF	OPEN
NC(normal close)	OFF	CLOSE

[그림 21] **증압상태**

[5] 휠 스피드 센서

휠 허브 또는 드라이브 샤프트에 있는 센서 로터는 휠 속도 센서의 자장을 단속한다. 휠 속도 변화에 따라 AC전압이 변화하며 이들 파장의 값을 ECU가 읽어 들여 4개의 개별 신호를 비교하여 제동 감속을 검출하고 이 신호를 이용하여 ABS 하이드로릭 유닛을 ECU가 제어하여 ABS가 작동하는데 사용된다.

휠 스피드센서는 각 차륜 각각의 속도 및 가감속도를 연산할 수 있도록 톤 휠의 회전에 의해 검출된 데이터를 항상 ECU로 전달하여 속도 및 가감속도를 검출한다.

(1) 휠 스피드 센서 종류

휠 스피드 센서의 종류에는 마그네틱 픽업 코일방식과 액티브 센서 방식이 있다.

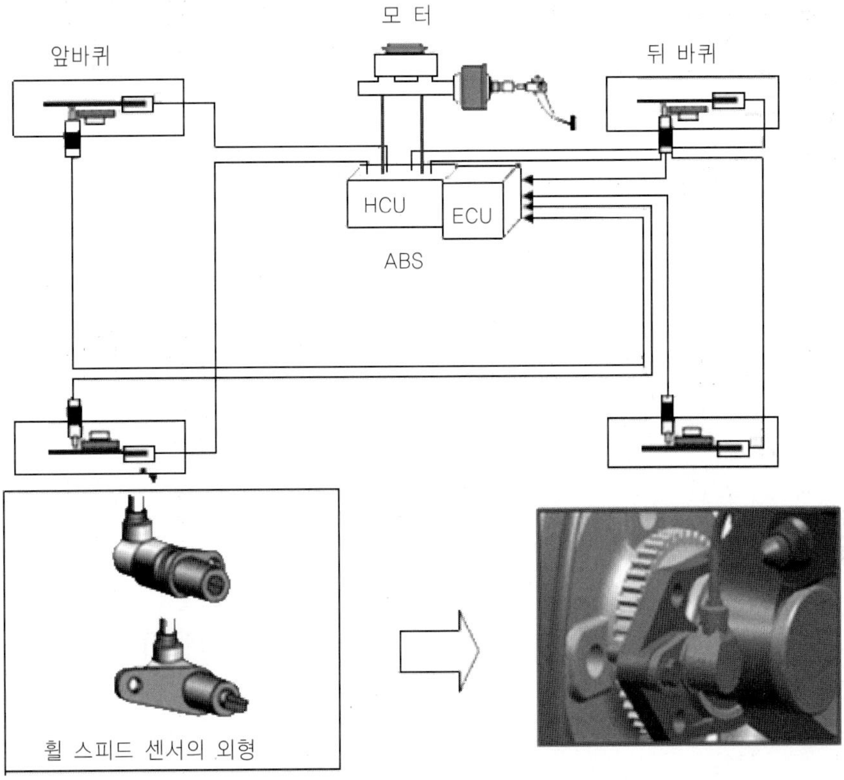

[그림 22] **휠 스피드센서의 구조**

1) 마그네틱 픽업코일 방식의 휠 스피드 센서

이 방식은 패시브(passive)센서 즉, 마그네틱 픽업코일방식을 이용한다. 예전의 ABS 휠 스피드센서로 사용하던 것으로 센서는 마그네트와 코일로 구성되어 있고 톤휠(tone wheel)에 0.2~1.1 mm 정도의 작은 간극을 두고 설치된다.

휠 스피드 센서는 전자유도 작용을 이용한 것이며, 영구자석에서 발생하는 자속이 톤휠의 회전에 의해 코일에 교류전압이 발생한다. 교류전압은 톤휠의 회전속도에 비례하여 주파수가 변화하며 이 주파수에 의해 4바퀴 각각의 회전속도를 검출한다.

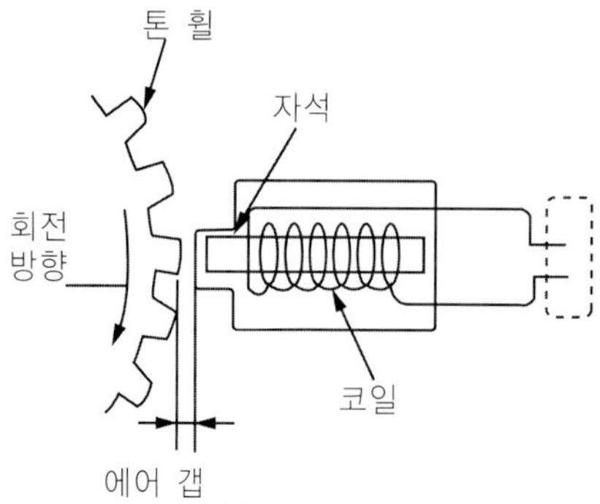

(a)

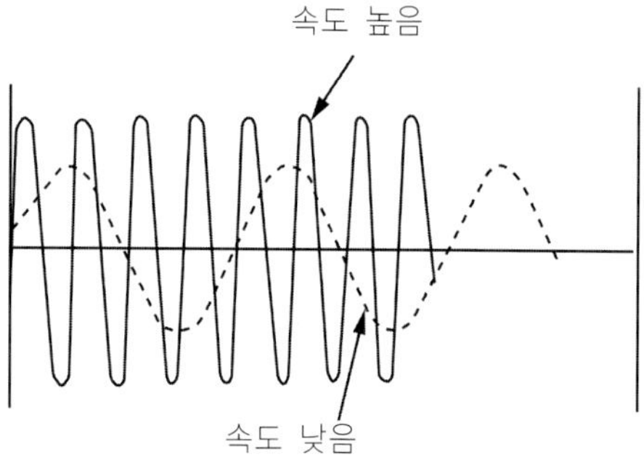

(b)

[그림 23] **마그네틱 픽업방식의 휠 스피드방식**

2) 액티브 센서방식의 휠 스피드 센서

액티브(active)센서는 홀 IC를 이용한 방식과 MR IC를 이용한 방식이 있다. 자동차 전자제어장치에서 홀 센서라 부르는 것이 바로 홀 IC를 이용한 회전속도 검출방식인데 홀 IC를 이용한 액티브 휠 스피드 센서는 2선으로 구성되어 있다.

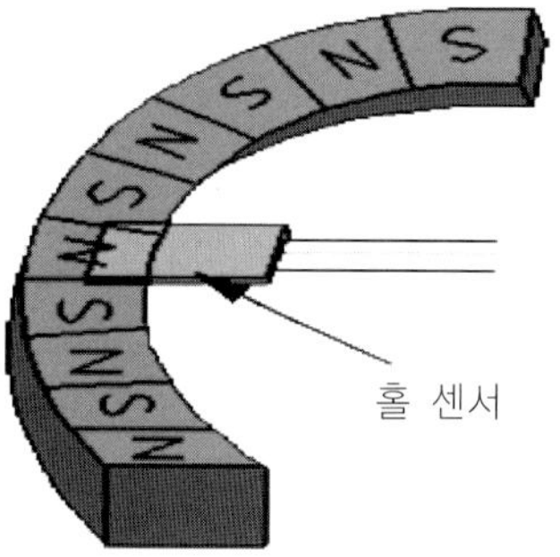

(a)

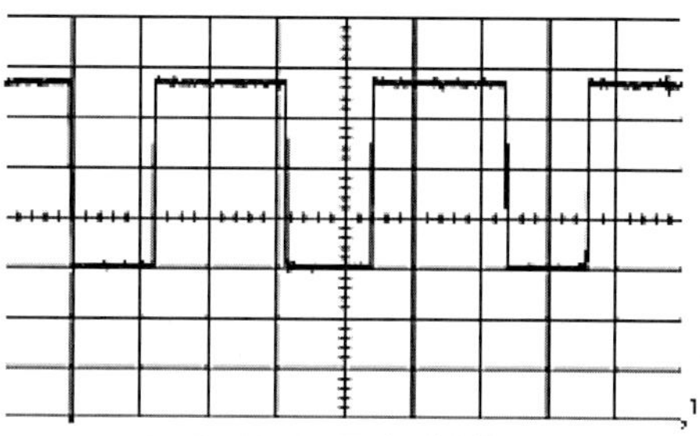

(b) 액티브 센서 출력

[그림 24] **액티브방식의 휠 스피드센서**

액티브 센서는 패시브센서에 비해 여러 가지 장점이 있다. 먼저 센서의 크기가 작고, 바퀴의 회전속도를 0 km/h까지도 검출이 가능하며. 간극의 변화에도 민감하지 않고 노이즈 내성도 우수하다. 그리고 패시브 센서의 출력형태는 아날로그 파형이나 액티브 센서의 경우는 디지털파형으로 출력된다.
원리는 반도체의 양 끝에 전류를 인가하고, 이와 수직방향의 자계를 인가할 경우, 반도체내에 전자이동이 편향되어 전위차가 발생한다.

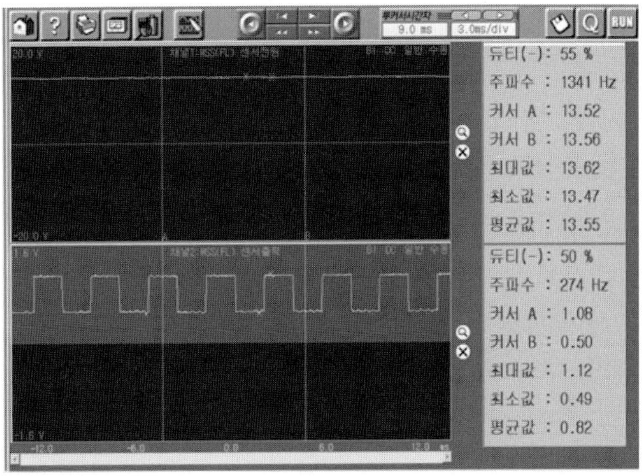

[그림 25] **액티브방식 휠 스피드센서 출력파형**

4.2.6. ABS의 고장진단

[1] ABS ECU 자기진단

ABS는 자동차 주행속도가 10 km/h 이내일 때 ABS가 작동되면서 자기진단을 한다. 즉, 솔레노이드밸브와 펌프 모터가 매우 짧은 시간동안 'ON' 되어 ABS기능을 점검한다. 또 평상시 점화스위치(IG) ON신호가 입력되면 수시로 ABS ECU는 장치를 점검하여 자기진단을 실시한다.

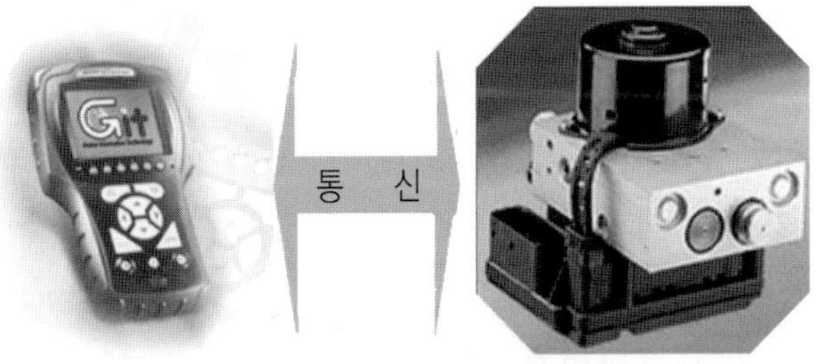

[그림 26] **ABS 고장진단 시스템**

이때 만약 고장이 검출되면 ABS 경고등이 점등되며 고장이 해결되면 ABS 경고등을 소등된다. 경고등이 점등된 경우는 스캐너를 이용하여 점검 후 코드 확인 후 관련부분을 정비한다.

[2] ABS 경고등 제어

기관 시동 후 ABS 경고등은 3초 동안 점등되었다가 점멸되며 기관 시동 후 즉시 경고등이 소등되지 않거나 3초 후에도 점등이 계속되는 경우에는 고장이다.

① 점화스위치를 ON하면 점등되어야 한다.

② 기관이 시동되면 정상인 경우에는 소등되고, 고장이 있으면 점등되어야 한다.

③ ABS에 고장이 발견되면 점등되어야 한다.

④ ABS ECU에 고장이 발생하더라도 점등되어야 한다.

⑤ ABS ECU 커넥터가 분리된 상태에서도 점등되어야 한다.

ABS 관련 경고등은 ABS 경고등과 다음 장에서 설명되는 EBD 경고등이 있다. 예를 들어 휠 스피드 센서 1개가 고장나면 ABS 경고등은 점등되지만 EBD 경고등은 점등되지 않는다. 따라서 뒷바퀴만 제동력이 제어되므로 ABS가 작동하지 못할 경우보다는 안정성을 확보할 수 있다.

[그림 27] 계기판 경고등 제어

ABS와 EBD 경고등이 동시에 점등되는 경우는 ABS ECU쪽 스위치를 상시 열림상태로 한다. 이에 따라 전압이 하이(high)가 공급되면 제너다이오드가 작동하여 트랜지스터(TR)가 구동되어 경고등은 둘 다 점등된다. 정상인 경우에는 이 스위치를 항상 ON시킨다. 따라서 전압이 접지로 흐르면서 경고등은 소등된다.

마지막으로 ABS 경고등만 점등되는 경우인데 이때 EBD는 소등되고 ABS만 점등되려면 특별한 장치가 필요하다. 그것이 바로 콘덴서(condenser)이다. 이 콘덴서에 의해 제어되는데 콘덴서가 충전되는 동안은 ABS CMRDL 하이(high)전압이 유지되어 경고등이 점등된다.

콘덴서가 완전히 충전되면 EBD쪽에 하이(high)전압이 가해져 점등될 수 있으므로 스위칭 동작을 통해 접지제어를 한다. 이와 같이 듀티 제어를 통해 ABS 경고등은 점등시키고 EBD는 소등 시킬 수 있다.

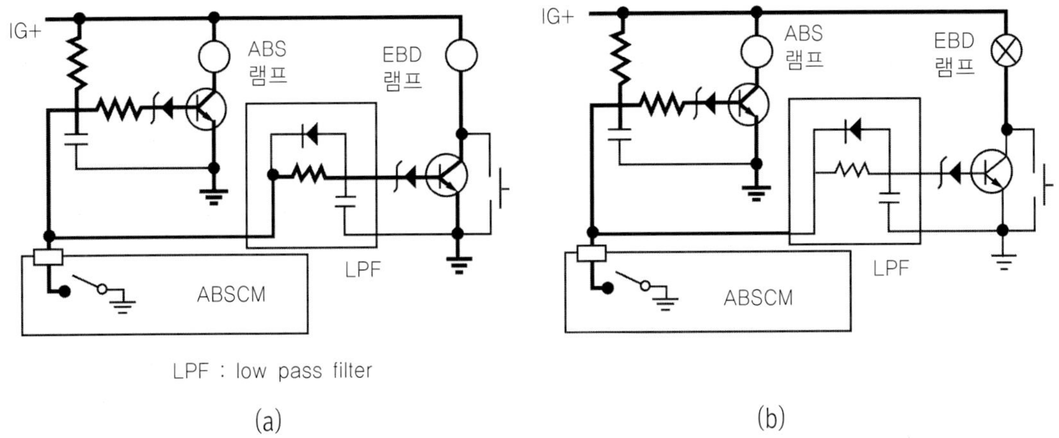

[그림 28] ABS경고등 제어도

[3] 림폼기능(페일 세이프)

ABS에서의 림폼기능은 ABS에서 고장이 발생하더라도 일반적인 브레이크는 작동하도록 하는 기능이다. 즉 전기적으로 기능이 차단된 경우는 기계적으로 유압이 형성될 수 있도록 한다.

4.3. BAS(brake assist system)

4.3.1. BAS의 개요

BAS는 브레이크 보조장치를 말하며, 자동차가 비상상태일 때 갑작스러운 브레이크 작동을 보정해 준다.

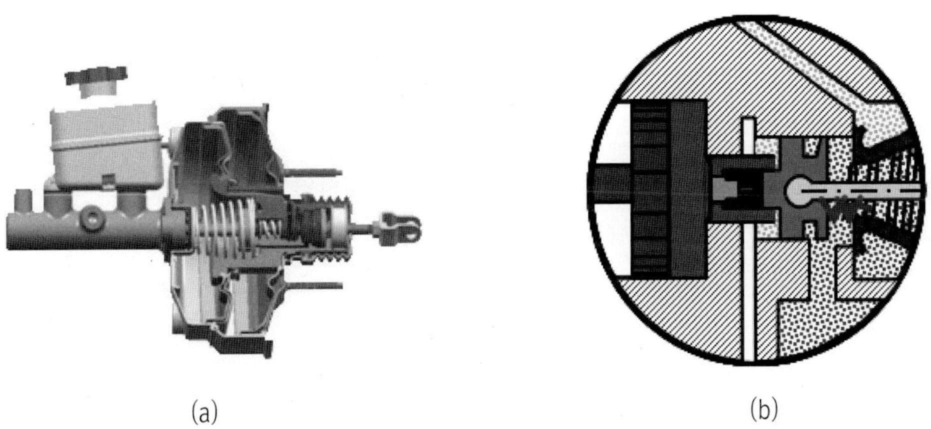

[그림 29] BAS의 구조도

이 장치의 개발은 운전자들이 급제동을 하더라도 브레이크 페달을 약하게 밟는 경향이 많다는 것에서 착안하여 자동차의 상태가 비상 브레이크 상태임을 파악하면 브레이크 진공 부스터의 모든 동력을 모아서 즉시 유압이 가해질 수 있도록 만든 것이다.

실험을 통해 BAS는 100 km/h로 주행 중 급브레이크를 하였을 때 제동거리를 73 m에서 43 m로 줄일 수 있었다고 한다. 현재 사용되는 BAS는 기계방식과 전자방식이 있으며 기계방식은 진공 부스터 안에 부품을 추가로 설치하였으며, 전자방식은 기존의 ABS/VDC에 소프트웨어만 추가하였다.

4.3.2. BAS의 사용목적

ABS를 설치한 자동차의 증가(1990년대 56% 장착률)와 더불어 사고방지효과가 미흡했고, 긴급한 상황에서는 충분한 제동력이 부족하였으며, 여성 운전자와 노약자 운전자의 증가로 인해 급하게 브레이크를 작동을 할 때 충분한 제동력을 확보하기 위한 장치가 필요하게 되었다. 따라서 BAS는 긴급한 상황에서 충분한 제동력을 확보하는데 그 목적이 있다.

[1] BAS의 장점 및 특징

(1) BAS의 장점

㉠ 일정한 힘 이하로 레이크 페달을 밟는 힘이 약할 때 추가적으로 배력이 발생한다.

㉡ 브레이크 페달을 밟는 힘이 부드럽다.

㉢ 2단계 배력비율이 발생한다.

(2) BAS의 특징

㉠ BAS는 ABS를 설치한 자동차에만 사용된다.

㉡ 일정한 페달 밟는 힘까지는 기존과 동일하다

㉢ 과도한 브레이크 사용에서는 빈번한 ABS작동이 나타날 수 있다.

㉣ 브레이크 효과는 기존과 같거나 또는 향상된다.

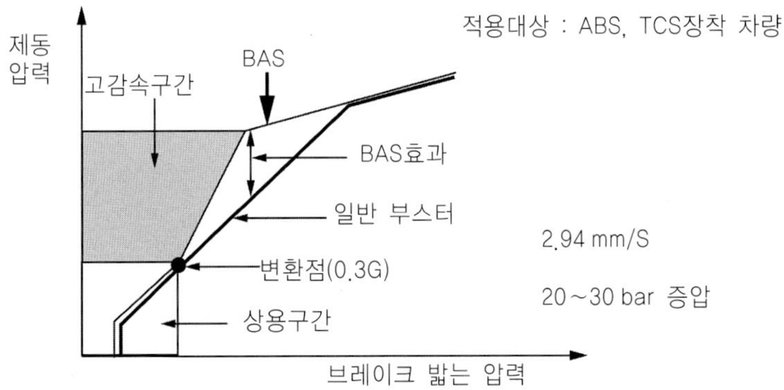

[그림 30] BAS의 출력 특성도

4.3.3. BAS의 종류

BAS는 기계방식과 전자방식으로 분류된다. 기계방식은 브레이크 부스터 내부에 설치되고 전자방식은 VDC에 소프트웨어를 추가한 것이다.

[1] 기계방식 BAS

기계방식 BAS는 기존에 진공 부스터에 추가로 진공라인을 설치한 것이라고 보면 된다. 즉 기존의 진공 부스터는 브레이크 페달을 밟기 전에는 진공 막을 사이에 두고 양쪽이 진공상태로 유지되다가 브레이크 페달을 밟으면 한쪽은 진공상태이고, 다른 한쪽은 대기가 통해 그 압력 차이에 의해서 브레이크에 배력효과를 준다.

기계방식 BAS의 경우는 1차로 배력이 된 후에 2차로 추가 배력효과를 주는 방식이다. 이렇게 압력 차이를 크게 유도할 수 있는 별도의 진공라인을 설치했기 때문이다. 이런 이유로 BAS를 2-비율 부스터(ratio booster)라 부르기도 한다.

(1) 기계방식 BAS의 구성부품

기계방식 BAS의 내부구조는 리액션 디스크(reaction disc), 진공밸브, 출력로드, 입력로드, 플런저 등으로 구성된다.

① 플런저 : 브레이크가 작동될 때 작용하여 대기실과 진공실을 차단하는 포핏밸브를 밀어 포핏밸브에 의해 진공실과 대기실을 차단시킨다.

② 입력로드 : 브레이크 페달을 밟으면 푸시로드가 밀리며, 이 푸시로드가 입력로드를 밀고, 입력로드가 플런저를 민다.

③ 출력로드 : 입력로드에 의해 밀린 푸시로드가 끝가지 밀리면 마스터 실린더에서 유압을 발생시키는데 일조 한다.

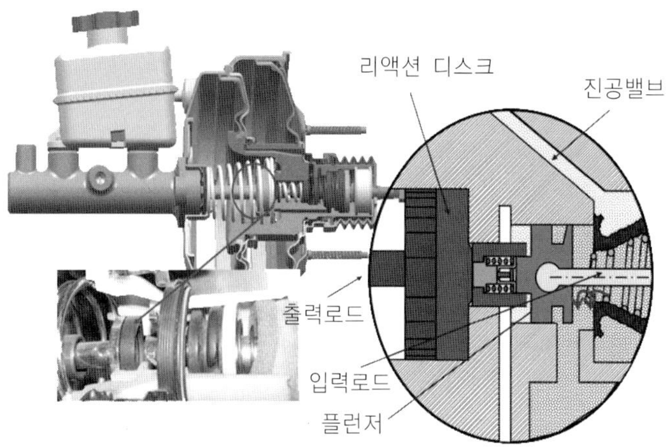

[그림 31] **계식 BAS의 내부구조도**

④ 리액션 디스크 : 브레이크 페달을 놓을 때 작용하여 복귀를 원활히 한다.
⑤ 진공밸브 : 브레이크가 작동할 때 진공실에 진공이 유입되지 않도록 차단한다.

[2] 전자방식 BAS

전자방식 BAS는 HBA(hydraulic brake assist)라고도 부르며, VDS를 설치한 자동차에서만 사용된다. 즉, 기존에 VDS작용을 활용한 것으로 운행 중 긴박한 상황에서 VDS 스스로 브레이크 유압을 만들어내어 해당 바퀴에 브레이크를 작용시켰지만, 전자방식 BAS는 운전자가 급브레이크를 작동시켰는데도 원하는 시간에 브레이크 유압이 측정되지 않으면 내부적으로 설치된 제동유압 감지센서에 의해 급제동 여부를 판단하여 급제동일 경우 ESP의 HECU가 제동유압을 강제적으로 급격히 상승시킨다. 그리고 유압 피드백은 압력센서로부터 모니터링 한다.

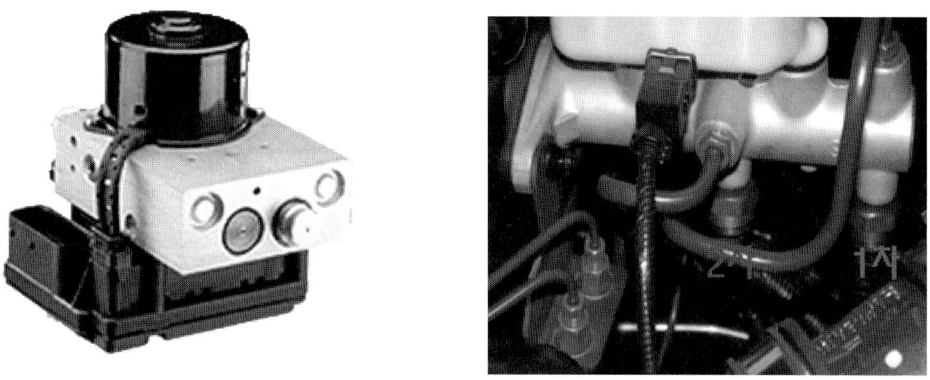

(a) ESP HECU (b) 압력센서

[그림 32] **전자식 BAS**

(1) 전자식 BAS의 효과

① 제동거리를 단축시킬 수 있다.

② 운전자별 제동거리 편차를 줄일 수 있다.

③ 급브레이크를 작동시킬 때 브레이크 유압이 증가한다.

④ 소프트웨어(software)만 추가하면 사용이 가능하다.

(2) 전자식 BAS 압력변화

① 급브레이크에 필요한 유압 : 80 bar

② BAS 진입조건 : 0.7 bar/ms의 기울기

③ 제어유압 : 40~80 bar

④ 증가 유압 : 150 bar

⑤ 일반운전자가 페달을 밟았을 때의 유압 : 100~150 bar

(3) BAS의 작동조건

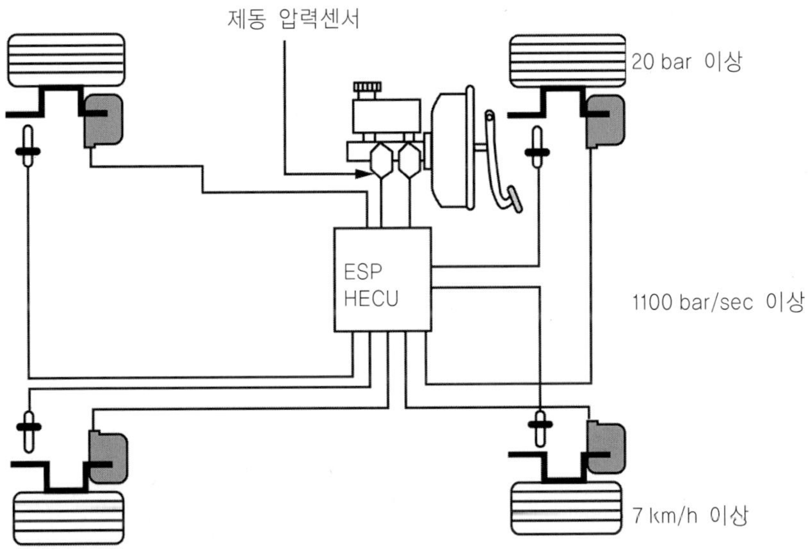

[그림 33] BAS의 작동조건

(4) 마스터실린더 압력센서

1) 압력센서의 기능

① ESP작동 중에 운전자의 브레이크 답력을 감지

② 예비 브레이크 압력을 조절

③ 작동압력 : 저속 7 km/h & 20 bar 이상

④ 최대 측정압력 : max 170 bar

⑤ 작동시 : 1100 bar/sec

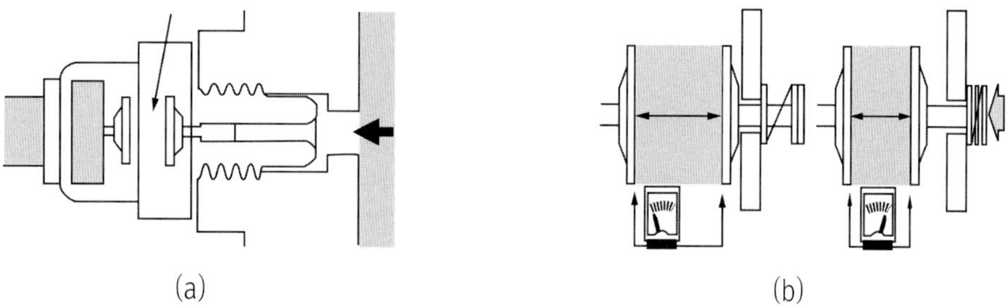

[그림 34] **마스터 실린더 압력센서**

2) BAS 시간변화에 다른 작동 그래프

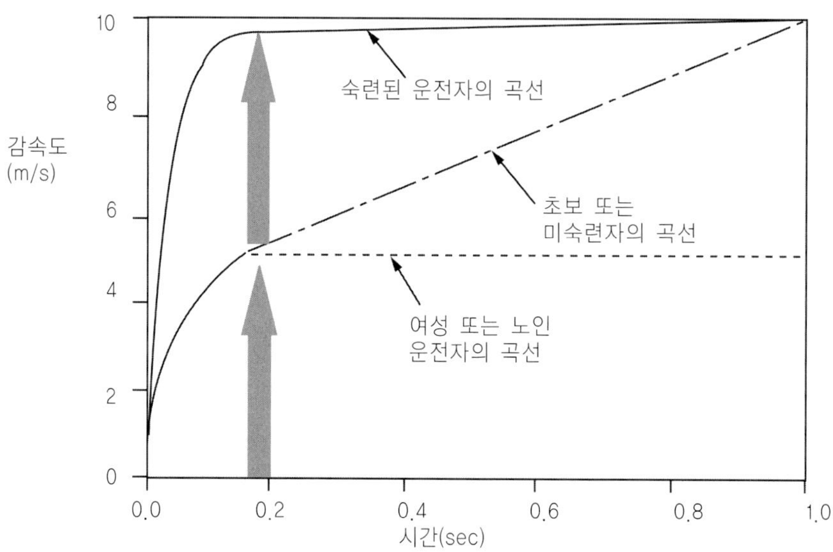

[그림 35] **BAS 특성 그래프**

4.4. EBD(electronic brake force distribution)

4.4.1. EBD의 개요

전자제어 제동력 배분시스템(EBD)이란 차량중량 변화에 따라 전류 및 후륜의 제동력 배분을 전자적으로 최적화하는 자동제어 시스템이다.

브레이크가 작동할 때 바퀴의 하중(wheel load)은 적재화물의 무게, 적재함에 화물이 적재된 위치, 자동차의 무게중심, 제동감속도 등의 복합적인 작용에 의해 앞쪽으로 밀리게 된다. 따라서 직진주행 중에 브레이크를 작동시키면 앞바퀴의 하중은 커지고, 뒷바퀴의 하중은 가벼워진다. 또 커브 길을 주행하면서 브레이크를 작동시키면 추가로 커브 길의 바깥쪽 바퀴는 하중을 더 받고 안쪽 바퀴는 하중을 적게 받는다. 따라서 대부분의 자동차들은 중간정도의 부하(load)와 중간정도의 제동 감속도에서 최적의 브레이크 상태가 되도록 한다.

EBD는 급브레이크를 작동 할 경우 자동차의 무게중심이 앞쪽으로 이동하기 때문에 앞바퀴보다 뒷바퀴가 먼저 브레이크가 작동된다. 이로 인해 뒷바퀴가 먼저 고착(lock)되어 미끄럼 비율이 급격히 증가하며, 자동차의 무게중심이 진행방향과 정확하게 중심에 위치하지 못하므로 무게가 편중되어 있는 쪽으로 자동차 뒤쪽이 스핀(spin)현상을 일으킨다. 따라서 급브레이크를 작용할 때 앞바퀴보다 뒷바퀴가 먼저 고착되어 자동차가 스핀 하는 것을 방지하기 위하여 프로포셔닝밸브(proportioning valve)가 설치되어 있다.

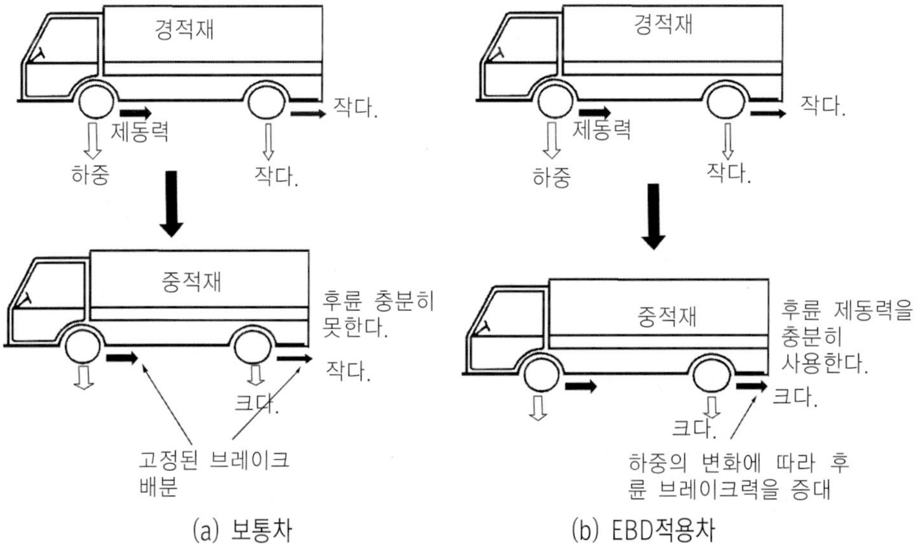

[그림 36] EBD의 작동도

그러나 그 작용이 미약하기 때문에 브레이크 유압을 전자적으로 제어하여 급브레이크를 작동할 때 스핀을 방지하는 장치가 EBD이다. 또 전자제어라는 의미는 기존 ABS제어에서 뒷바퀴만을 독립제어 한다고 이해하면 된다. 따라서 만약 ABS가 고장이 나더라도 EBD제어가 가능하므로 50% 정도의 ABS제어할 수 있다.

[1] 프로포셔닝밸브(P밸브)

프로포셔닝밸브는 급브레이크가 작동할 때 앞·뒤 브레이크의 균형력을 향상시키기 위하여 사용되며, 브레이크 페달을 약할게 밟았을 때에는 작동하지 않는다.

싱글 프로포셔닝 밸브(single proportioning valve)는 앞·뒷바퀴 분리형에, 투 프로포셔닝 밸브(two proportioning valve)는 4바퀴 분리형에서 주로 사용된다. 프로포셔닝밸브는 뒷바퀴로 향하는 파이프에 연결되어 있으며, 마스터 실린더 부근 또는 마스터 실린더에 접속되어 있다. 이 밸브의 설치목적은 높은 브레이크 유압이 발생할 때 앞바퀴 브레이크의 유압 상승속도보다 뒷바퀴 브레이크의 유압 상승속도를 느리게 하기 위한 것이며, 이 현상은 어떤 특정 값(split point)의 유압에 도달한 시점 이후에 발생한다. 이 분리점(split point)은 자동차의 무게, 브레이크의 기본 크기(wheel brake base dimension), 브레이크 설계 등에 의해 결정된다.

프로포셔닝밸브는 뒷바퀴의 고착이 앞바퀴보다 먼저 발생하는 것을 방지하여 미끄러질 때 자동차가 방향성을 상실하는 것을 방지한다.

[2] LSPV(load sensing proportioning valve)

이 밸브는 변동적인 무게에 대해 뒷바퀴의 브레이크 유압을 자동적으로 제어해주는 것이며, 무게에 의한 차체의 높이 변화를 검출하여 스프링으로 밸브를 조정한다. 즉, 무게가 가벼울 때에는 낮은 압력, 무거울 때에는 높은 압력의 유압을 뒷바퀴로 공급한다.

[3] LSRV(load sensing regulator valve)

바퀴가 미끄러지기 시작하면 횡력(side force)이 감소하고 앞바퀴가 고착되면 조향성능을 상실한다.

그리고 뒷바퀴가 먼저 고착이 되면 자동차의 스핀의 확률이 높기 때문에 이를 방지하기 위해 실제 제동력 배분을 이상 제동력 배분과 비슷하게 고착 시작점을 높인다. 제동력 배분의 조정에는 앞바퀴에 브레이크 유압 조절밸브를 설치하고 공차와 적차의 하중차이가 큰 트럭의 하중 변화에 대해 조정 시작점이 변화하는 LSRV를 사용하는 경우가 많다.

4.4.2. EBD의 필요성

주행 중 급브레이크를 할 때 뒷바퀴가 빠르게 고착되는 것을 방지해 주기 위해 프로포셔닝밸브, LSPV, LSRV 등을 사용하여 자동차의 스핀발생을 방지한다. 그러나 이 밸브들은 기계적인 장치이므로 이상적인 뒷바퀴의 유압분배를 실현하지 못한다. 또 브레이크 라이닝 및 패드의 마찰재료 산포에 따라 각 바퀴에 발생되는 제동력에 차이가 발생한다.

그리고 프로포셔닝밸브, LSPV, LSRV 등은 고장이 발생하였을 때 운전자가 알 수 없기 때문에 급브레이크를 작동하였을 때 스핀이 발생할 수 있다. 이런 이유로 EBD가 필요하며, 급변하는 자동차 시장에서 안정된 즉 신뢰성이 검증된 장치를 요구하고 있다.

(a) 휠센서　　(b) ABS ECU　　(c) 유압밸브

[그림 37] **EBD제어 개념도**

EBD제어는 브레이크가 작동할 때 각 바퀴의 회전속도를 휠 스피드센서로 검출하고, 미끄럼 비율을 연산하여 뒷바퀴의 미끄럼 비율을 앞바퀴보다 항상 작게 하거나 같게 하여 뒷바퀴의 브레이크 유압을 연속적으로 제어함으로서 스핀현상을 방지하고 브레이크 성능이 향상시켜 제동거리를 단축시킨다.

4.4.3. EBD의 작동원리

EBD는 프로포셔닝 밸브의 기능을 대신하여 뒷바퀴만 제어한다. ABS ECU는 브레이크 페달을 밟았을 때 뒷바퀴 휠 스피드센서를 파악하여 앞바퀴보다 회전속도가 감소하면 고착을 방지하기위해 뒷바퀴의 브레이크 유압을 적절히 제어한다.

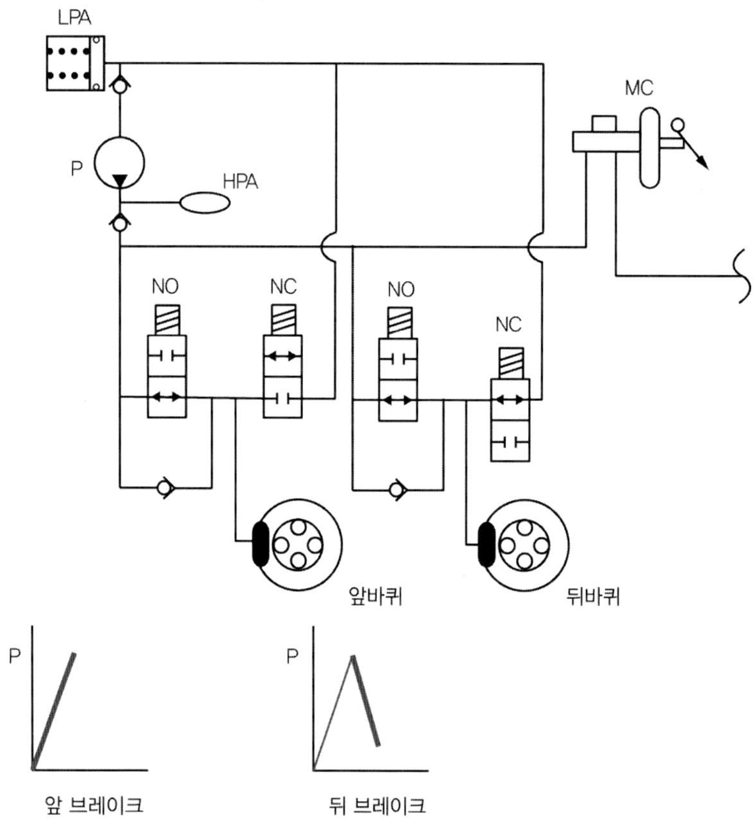

솔레노이드밸브	NO	ON
	NC	ON
펌프 모터		OFF

※ 리어밸브만 작동

[그림 38] **EBD 유압회로 구성도**

4.4.4. EBD 앞·뒷바퀴 제동력분배

ABS ECU는 각 바퀴의 휠 스피드 센서 정보를 파악하여 이상제동력 곡선에 맞추어 각각의 유압을 안정적으로 제어한다. EBD가 설치된 자동차와 설치되지 않은 자동차의 뒷바퀴에 공급되는 브레이크 유압에는 차이를 발생한다. 즉 컷인(cut in) 압력이 더 높아진다는 것이 그만큼 제동안정성이 향상된다는 의미이다.

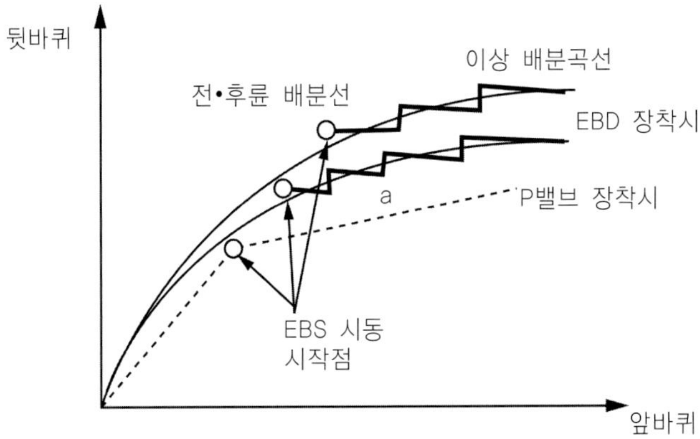

[그림 39] **앞 · 뒷바퀴 제동력 분배도**

4.4.5. EBD의 경고등 제어

EBD 경고등은 점화스위치를 ON으로 하였을 때, 주차 브레이크 스위치가 ON일 때(주차 브레이크 당긴 상태), 브레이크 오일이 부족할 때, EBD계통이 불량 때, ECU 커넥터를 분리하였을 때 점등된다.

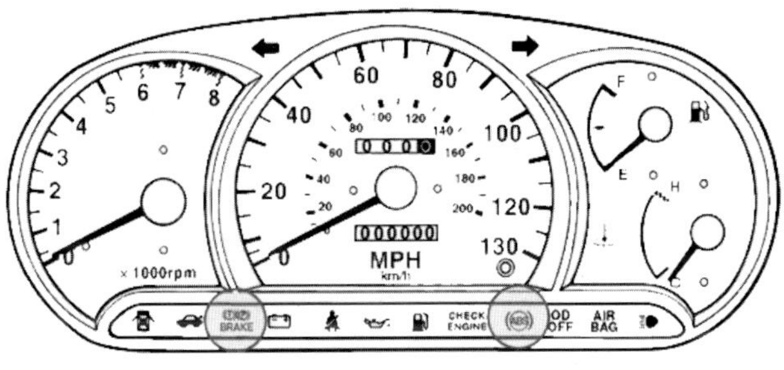

[그림 40] **EBD 경고등**

4.4.6. 경고등 점등방법

ABS와 EBD 경고등이 동시에 점등되는 경우는 ABS ECU쪽 스위치를 상시 열림(normal open) 상태로 하면 전압이 하이(high)가 걸리면서 제너다이오드가 작동하여 트랜지스터가 구동되어 경고등은 둘 다 점등된다.

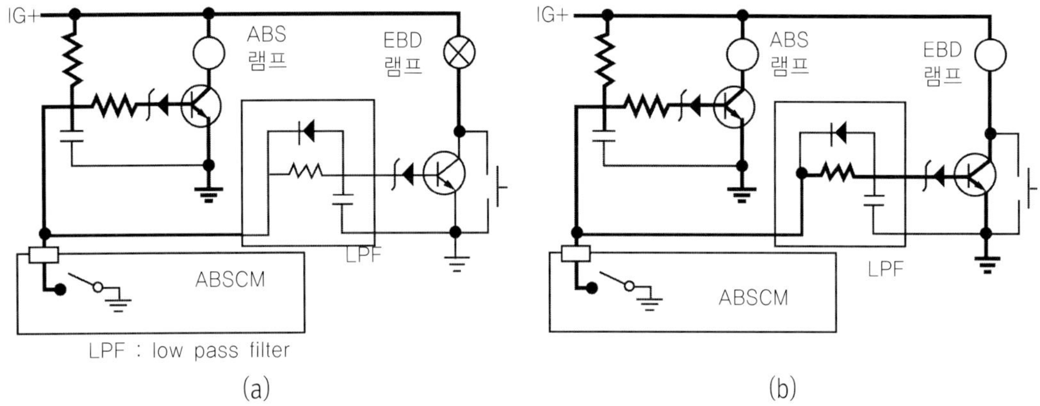

[그림 41] ABS/EBD경고등 점등방법

이때 정상인 경우는 이 스위치를 항상 ON시킨다. 이때 전압이 접지 쪽으로 흐르면 경고등은 모두 소등된다. 마지막으로 ABS 경고등만 점등되는 경우인데 이때 EBD는 소등되고 ABS만 점등되려면 특별한 장치가 필요한데 이때 콘덴서를 이용한다. 콘덴서가 충전되는 동안은 ABS쪽에 하이전압이 유지되어 경고등이 점등된다. 콘덴서가 완전 충전되면 EBD쪽에 하이전압이 가해져 점등 될 수 있으므로 스위칭 동작을 통해 접지제어를 한다.

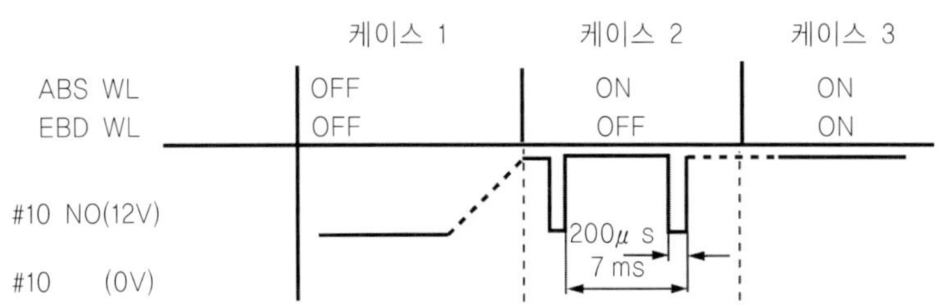

[그림 42] ABS ECU 경고등 듀티 제어도

4.5. TCS(traction control system)

4.5.1. TCS의 사용목적

TCS는 구동력 제어장치를 말하는데, 자동차 주행 중 구동력에 의해서 발생할 수 있는 상황을 ECU로 제어한다. 구동력은 클수록 좋지만 자동차가 출발할 때 구동력이 너무 크면 바퀴에서 미끄럼이 발생하며, 이로 인해 출발지연 및 바퀴 마모 등과 같은 비효율적인 문제가 발생한다. 또 커브 길을 선회할 때에도 마찬가지 인데 선회할 때 가속을 하면 구동력이 커지면서 바퀴에 미끄럼이 발생하므로 바퀴와 도로면 사이의 마찰력이 저하되면서 자동차는 안정된 선회가 어렵게 된다.

그리고 눈길이나 빗길을 주행할 때 마찰력 상실로 한쪽 바퀴가 미끄럼을 일으키면 출발이 어렵게 된다. 이런 상황에서 TCS가 작동하면 상황을 벗어날 수 있다. 구동력을 저하시킬 수 있는 방법은 여러 가지가 있다. 기관의 회전력 자체를 낮추는 방법과 바퀴에 브레이크를 작용시키는 방법이 있다. 예전에는 기관으로 흡입되는 공기량을 제한하여 기관의 회전력을 낮추었지만 최근에는 기관 ECU가 점화시기를 늦추어 기관 회전력을 낮춘 후 바퀴에 브레이크를 작용시키는 방식이 선호되고 있다. 흡입공기량을 제한하는 방법은 별도의 장치를 구성해야하며, 효과가 브레이크 방식보다 떨어지기 때문이다.

TCS의 효과는 빙판 도로에서 급가속 할 때 예를 들면 앞지르기를 할 때 명확하게 나타난다. 앞지르기를 할 때에는 가볍게 조향 휠을 조작하면서 가속페달을 밟고 조향 휠의 조작에 의한 불안정한 상태를 거쳐 앞서가는 자동차를 따라가면서 다시 가속에 의하여 원래의 차로로 되돌아오는 과정으로 TCS가 없는 자동차의 경우에는 바퀴의 공전에 의하여 안정성을 잃게 되고 또 추진력의 부족으로 인하여 앞지르기를 하는데 긴 거리를 필요로 한다.

그러나 TCS를 설치한 자동차는 같은 도로면에서 옆방향의 미끄럼이 적으며, 짧은 거리에서 앞지르기가 가능하다. 또 TCS가 작동하면 계기판의 램프나 부저 등에 의하여 미끄러지기 쉬운 위험한 도로면을 주행하고 있는 것을 운전자에게 알려 주어 운전자에게 대처할 수 있도록 하는 예방역할도 한다.

4.5.2. TCS의 종류

[1] ETCS(engine intervention traction control) & 흡입공기량 제한방식

ETCS는 기관의 회전력을 감소시켜 구동력을 제한하는 방식으로 1990년대에 주로 사용하던 방식이다. 이 방식은 TCS와 ABS가 분리된 형식이므로 브레이크를 제어하기 어려웠다. 현재 사용하고 있는 TCS도 브레이크 제어와 함께 기관 점화시기 제어인 EM(engine management)제어를 실행하지만 흡입공기량 제어는 실행하지 않는다.

(1) 점화시기 지각제어

기관 ECU가 TCS와 통신을 통해 점화시기를 지각하여 기관회전력 감소시킨다.

(2) 흡입공기량 제한제어

메인 스로틀밸브 제어방식과 보조 스로틀밸브 제어방식 등 2가지가 있는데 기관으로 유입되는 흡입공기량을 제한하여 기관 회전력을 감소시켜 TCS기능을 수행한다.

[2] BTCS(brake traction control system)

BTCS는 구동바퀴 즉 미끄럼이 발생하는 바퀴에 브레이크 유압을 작용시켜 구동력을 저하시키는 방법으로 TCS효과가 EM방식에 비해 우수하다.

[3] FTCS(full traction control system)

FTCS은 최근에 가장 많이 사용하는 방식으로 TCS에서 미끄럼이 발생한다고 판단하면 기관 ECU에게 통신을 통해 점화시기 지각을 요구하고 또, TCS는 하이드로릭 모터를 구동하여 브레이크 유압을 형성하여 미끄러지고 있는 바퀴에 브레이크를 작동시켜 미끄럼을 억제한다. FTCS의 장점은 부품 수를 감소(통합)시킬 수 있어 제작비용을 줄일 수 있고, 효과적인 제어가 가능하다. ABS와 TCS의 통합제어로서 가장이상적이다.

4.5.3. TCS의 기능 특성 및 제어

[1] TCS의 기능 특성

① 미끄러운 노면에서 발진 및 가속할 때 미세한 가속페달 조작이 필요 없으며, 주행성능을 향상시킨다(미끄럼 제어).

② 일반적인 도로면에서 선회 가속할 때 운전자의 의지대로 가속을 보다 안정되게 하여 주행성능을 향상시킨다(트레이스 제어).

③ 가속페달의 조작빈도를 감소시켜 선회능력을 향상시킨다(트레이스 제어).

④ 미끄러운 노면에서 뒤 휠 스피드센서로 검출한 차체속도와 앞 휠 스피드 센서로 검출한 구동바퀴의 회전속도를 비교하여 구동바퀴의 미끄럼 비율이 적절하도록 감소시켜 주행성능을 향상시킨다.

⑤ TCS OFF모드의 선택으로 TCS를 설치하지 아니한 자동차와 동일하게 작동시켜 스포티한 운전 및 다양한 운전영역을 제공한다.

[2] TCS 작동원리

(1) 바퀴 미끄럼과 구동비율

1) 미끄럼 비율에 관련되는 힘

구동력은 바퀴와 도로면과의 사이에서 미끄럼현상에 의해 발생되며, 바퀴에 구동력을 전달시켜 자동차를 가속한 경우 주행속도를 유지하고 있는 상태에서의 정도의 차이는 있지만 미끄럼이 발생한다고 볼 수 있다. 그리고 자동차가 주행할 때 바퀴가 도로면에 대하여 미끄러지고 있는 상태이면 바퀴의 회전속도와 접지점 속도와는 속도차이(미끄러짐 속도)가 발생한다.

[그림 43] **바퀴의 미끄럼과 구동력**

2) 미끄럼 비율

바퀴의 회전속도에 대한 미끄러짐 속도비율 즉 미끄럼속도/바퀴 회전속도로 나타내며, 공식으로는(구동바퀴 회전속도 - 자동차 실제 주행속도/구동바퀴 회전속도 × 100)이다.

3) 미끄럼 비율과 구동력, 횡력의 관계

① 구동력

미끄럼 비율이 0일 때는 전혀 발생하지 않으며, 미끄럼 비율이 비례하여 증가하다 미끄럼 비율을 15~20% 정도에서 최대가 되어 그 이상 미끄럼 비율이 증가하면 반대로 전하된다.

② 횡력

미끄럼 비율이 0일 때 최대가 되며, 미끄럼 비율이 증가함에 따라 저하된다.

③ 미끄럼 비율제어

미끄럼 비율의 제어가 가능하다면 큰 구동력을 얻는 경우에는 미끄럼 비율이 20% 정도이며, 큰 코너링 포스를 얻는 경우에는 미끄럼 비율이 0%일 때이다. 즉 TCS는 기관출력을 자동으로 제어하는 것으로 미끄럼 비율을 최적으로 제어하여 주행 및 선회성능을 높여주는 장치라 할 수 있다.

(2) TCS의 작동원리

1) 미끄럼 제어

미끄럼 제어는 ABS 작동원리와 같이 바퀴의 미끄럼 비율을 제어하여 바퀴의 구동 및 횡력을 자동차의 운전상황에 대응하여 최적의 상태로 제어한다. 자동차가 주행할 때 바퀴에는 가속으로 인한 구동력과 회전에 의한 횡력이 발생한다.

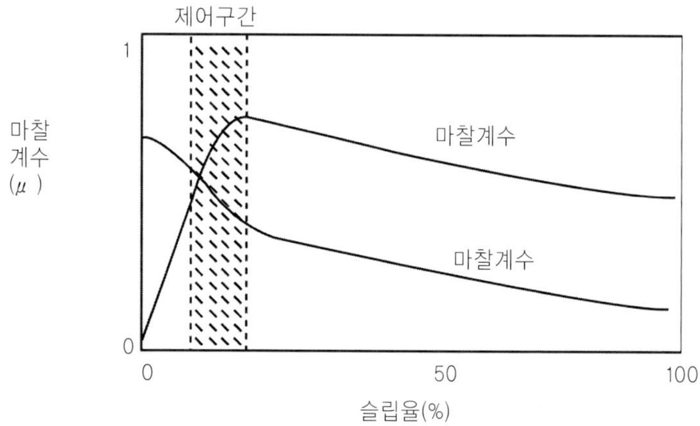

[그림 44] **미끄럼 제어영역**

4.5.4. TCS의 구성

[1] MELCO EMS방식(90년대에 사용하던 방식)

이 방식은 처음 TCS가 보급되었을 때 사용하던 방식으로 기관 점화시기 지각제어와 흡입공기량 제한방식을 이용하는 것이다. TCS 작동영역에서 스로틀밸브를 닫아서 흡입공기량을 제한하여 기관의 회전력을 감소시켜 TCS효과를 얻는다.

(1) MELCO EMS방식의 구성 회로도

기관 ECU와 자동변속기 TCU가 서로 통신을 하여 기관에는 점화시기 지각요구를 자동변속기에는 현재의 변속단계로 고정을 요구한다.

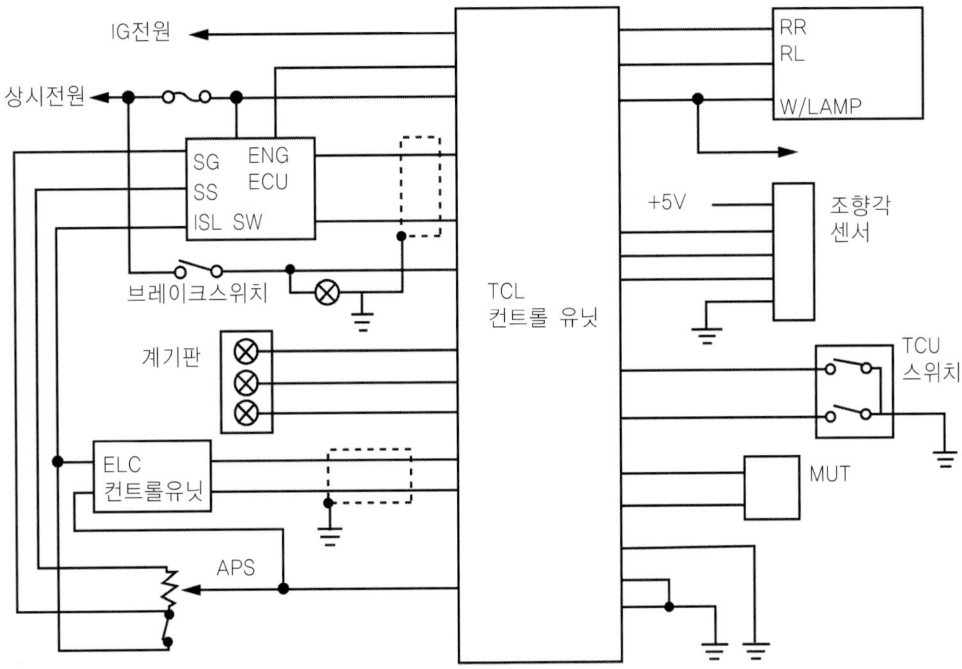

[그림 45] MELCO EMS방식의 TCS 시스템

(2) MELCO EMS방식의 작동원리

이 방식은 특이하게 TCS의 작동을 기관 ECU가 작동시킨다. TCS ECU는 각종 센서나 그 밖의 제어기구로부터 받은 정보를 연산하여 최종적으로 기관 ECU로 통신을 통해 전달하면 기관 ECU는 진공 솔레노이드밸브와 통기 솔레노이드밸브를 작동시켜 TCS기능을 수행한다.

기관 서지탱크에서 공급받는 진공을 진공 솔레노이드밸브에 의해 진공 액추에이터로 전달하면 진공 액추에이터가 작동한다. TCS를 제어할 때에는 진공 솔레노이드밸브와 통기 솔레노이드밸브가 동시에 작동하는데 통기 솔레노이드밸브를 설치한 목적은 원활한 작동을 유도하기 위함이다.

만약 진공 솔레노이드만 단독으로 작동한다면 원활한 작동이 어려워진다. 그러나 대기를 공급하는 통기 솔레노이드를 작동시켜 안정된 작동이 가능한 해진다. 한편 TCS ECU는 가속페달 위치센서(APS) 값과 스로틀 위치센서(TPS) 값을 비교하여 현재 제어가 정상적으로 이루어지는지를 피드백 받는다.

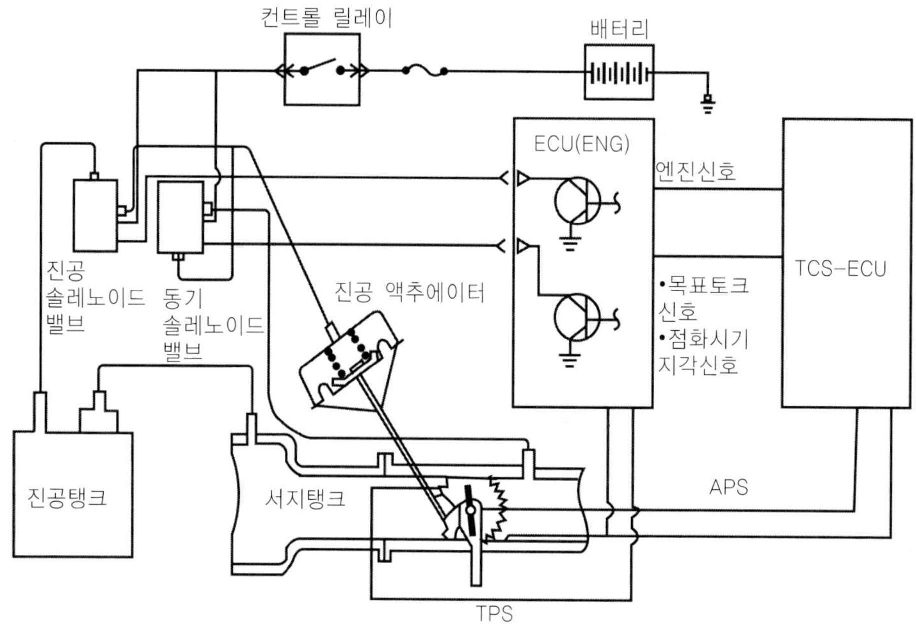

[그림 46] MELCO EMS방식의 TCS 작동도

[2] HELLA방식

이 방식도 1990년대 일부 자동차에서 사용하던 것으로 MELCO EMS방식과의 차이점은 간접 스로틀밸브 제어방식이다. MELCO EMS방식의 경우는 흡입공기량을 제한하기 위해 메인 스로틀밸브를 직접구동하여 흡입공기량을 제어하였으나 HELLA방식의 경우는 메인 스로틀밸브와 별도의 보조 스로틀밸브를 설치하여 흡입공기량을 제어한다.

(1) HELLA방식의 입 · 출력도

HELLA방식의 입력부분으로는 TCS ON/OFF 스위치의 신호가 입력되고 브레이크 신호를 통해 현재 브레이크가 작동 중인지를 확인한다. 또 4개의 휠 스피드센서 신호를 받아 미끄럼 비율을 연산한다. 그리고 스로틀 위치센서(TPS)의 값을 받아 스로틀밸브 위치 값과 비교하여 현재의 제어상태를 피드백 받는다.

출력부분은 기관 비동기 분사신호를 ECU에게 보내 제어시점을 알려주고 보조 스로틀밸브로 (+)와 (−) 각각 듀티제어 신호를 출력한다.

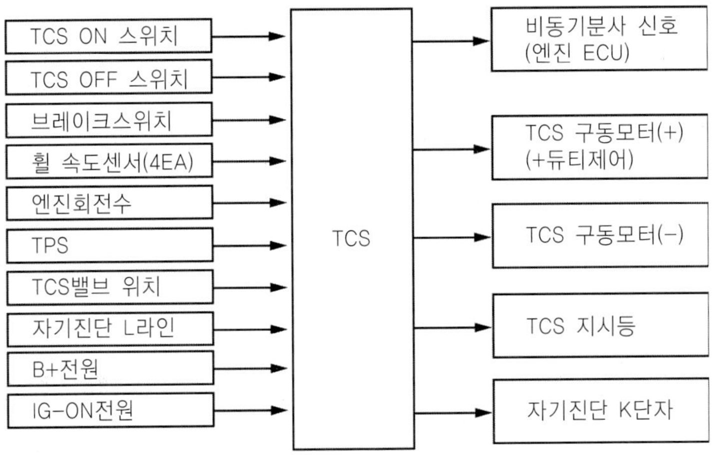

[그림 47] HELLA방식의 TCS

(2) HELLA방식 구성 회로도

이 방식은 기관과 ABS로부터 일부정보를 직접통신을 통해 입력받고 모든 제어를 TCS ECU가 단독적으로 수행한다. 기관으로부터는 스로틀 위치센서(TPS)값, 부하 금지 신호, 기관 회전속도 등을 입력받고, ABS로 부터는 4바퀴의 회전속도 신호를 받는다.

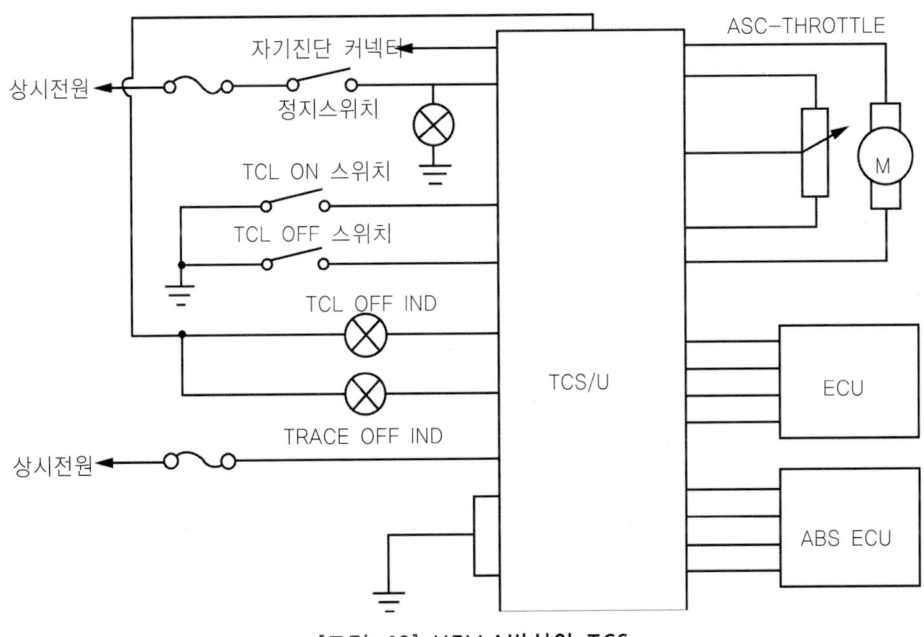

[그림 48] HELLA방식의 TCS

(3) FTCS(full traction control system)

최근 2000년대 이후에 사용되는 방식으로 기관 제어와 브레이크 제어를 동시에 수행한다. 앞에서 설명한 방식과 다르게 장치들이 간소화 되었으며, 성능은 더욱 우수해졌다. TCS는 자동차 주행정보를 분석하여 현재 TCS 제어영역으로 판단되면 통신을 통해 기관 ECU에게 점화시기 지각을 요구하고 자동변속기 쪽에는 현재 변속단계 고정을 CAN통신을 통해 요구한다. 한편 하이드로릭 유닛의 모터와 솔레노이드밸브를 구동하여 미끄러지고 있는 바퀴 쪽에 브레이크 유압을 공급한다. 그리고 운전자가 TCS스위치를 OFF하면 TCS기능은 정지하여 ABS기능과 그 밖의 기능만 수행한다.

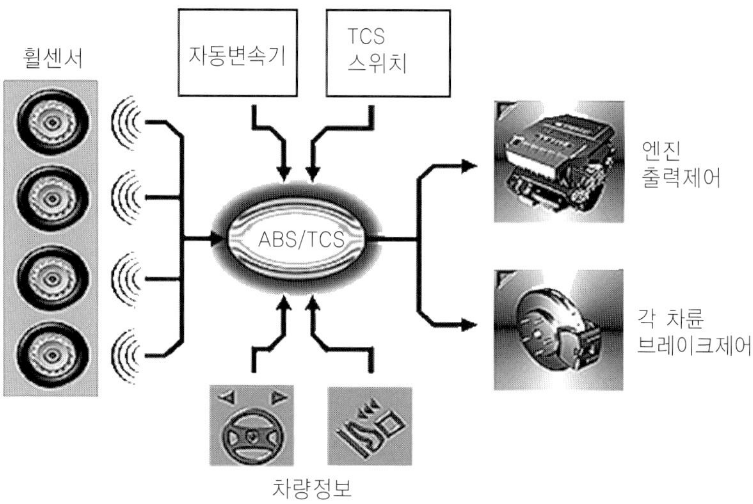

[그림 49] FATC방식의 구성도

4.5.5. TCS의 구성요소 및 작동원리

(1) TCS 입 · 출력도

입력신호는 전원이 공급되고, 4바퀴로부터 휠 스피드 센서가 입력되어 미끄럼 비율은 연산하는 데이터로 쓰인다. 또 운전자가 TCS 선택스위치 OFF여부를 선택스위치로부터 입력받고 현재 브레이크가 작동상태인지 여부를 브레이크스위치를 통해 입력받는다. 출력부분은 하이드로릭 모터와 TCS 관련 솔레노이드밸브, TCS 관련 지시등, CAN통신으로 구성된다.

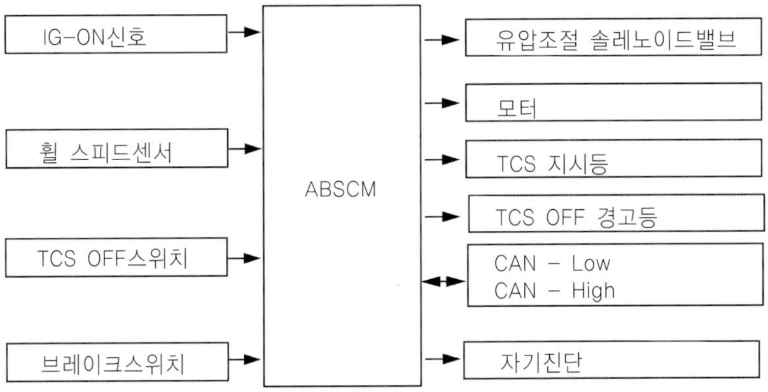

[그림 50] **TCS 관련 입·출력도**

(2) 휠 스피드센서

휠 스피드센서는 ABS, EBD, TCS제어의 핵심신호로 이용되는데 구동바퀴인 앞바퀴와 피동바퀴인 뒷바퀴의 회전속도를 정밀 연산하여 TCS기능을 수행한다.

(a) (b)

[그림 51] **휠 스피드 센서**

(3) TCS 선택스위치

운전자가 TCS기능을 ON/OFF 선택할 수 있도록 하는 스위치이며, 스위치를 누를 때마다 ON과 OFF가 반복된다. TCS를 OFF시킨 경우에는 ABS와 EBD만 작동한다.

[그림 52] **TCS 선택스위치**

(4) 하이드로릭 유닛

1) 하이드로릭 유닛 분해도

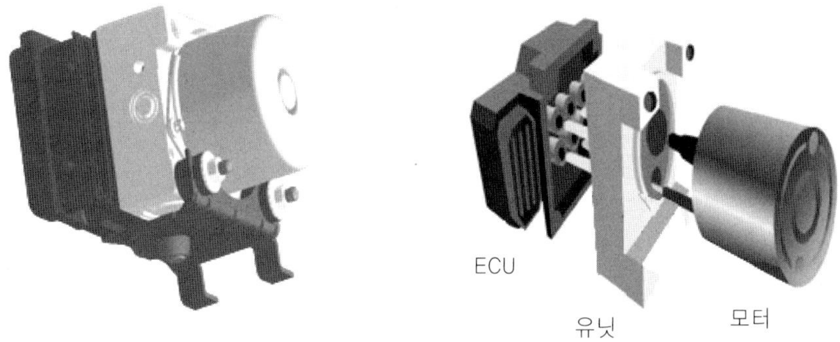

[그림 53] **하이드로릭 유니트 분해도**

2) 하이드로릭 유니트 내부 유압회로도

일반 ABS와 달리 TC(traction control)밸브가 설치되어 있으며, TC밸브가 작동하면 유압은 펌프를 거쳐 고압 어큐뮬레이터를 거쳐 바퀴로 공급된다.

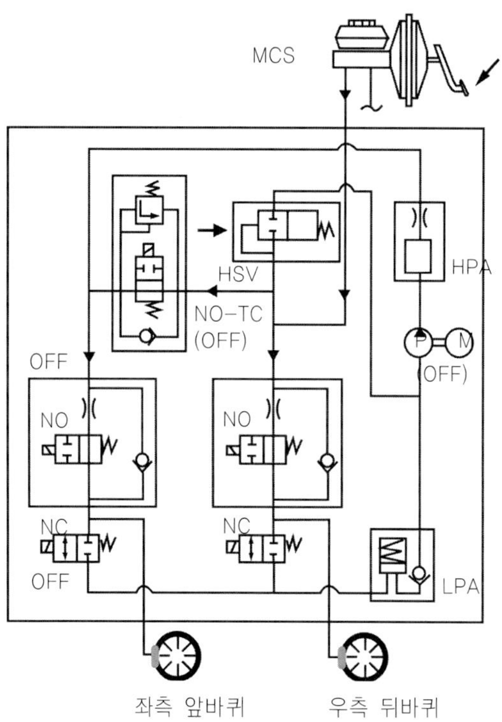

솔레노이드밸브	NO	OFF
	NC	OFF
모터		OFF
TC밸브		OFF

[그림 54] **하이드로릭 유닛 내부 유압 회로도**

① TCS 증압 모드일 때의 유압 회로도

구동바퀴 쪽에서 미끄러짐이란 신호가 휠 스피드 센서로부터 입력되면 TCS는 TC밸브를 ON으로 하고 구동바퀴 쪽에 NC(normal close)/NO (normal open) 밸브를 OFF제어한다. 이때 마스터 실린더의 유압은 모터를 거쳐 고압 어큐뮬레이터에 저장된 후 각 미끄러지고 있는 바퀴로 전달된다. 이때는 유압이 증압되어 미끄러지고 있는 바퀴에 브레이크를 작용시킬 수 있다. 또 마스터 실린더에서의 유압이 X자 형태로 공급되므로 피동바퀴 쪽인 뒷바퀴는 NO밸브를 ON으로 하여 차단한다.

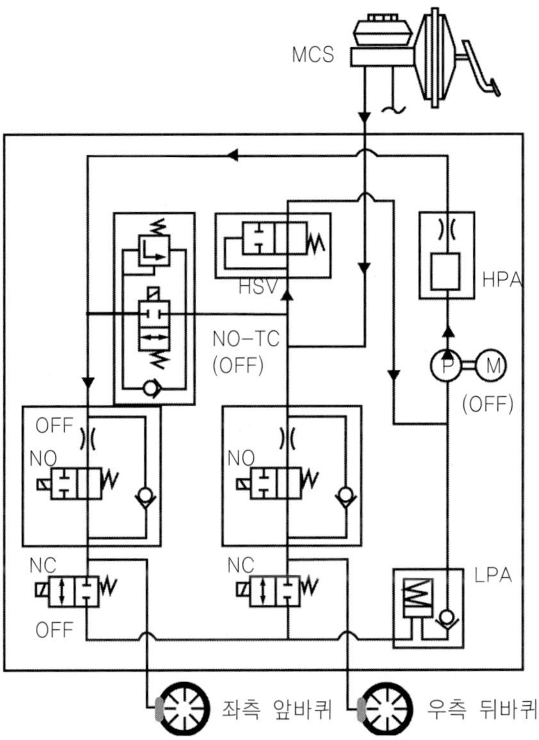

솔레노이드밸브	NO	OFF
	NC	OFF
모터		ON
TC밸브		ON

[그림 55] TCS 증압모드일 때의 유압회로도 작동

② TCS 유지모드일 때의 유압회로도

구동바퀴의 미끄럼이 완화되어 현재 공급되고 있는 유압이면 충분하게 TCS제어할 수 있다고 판단되면 유지 모드로 진입한다. 이때는 펌프와 TC밸브 및 NO밸브는 계속 ON으로 하여 고압 어큐뮬레이터로 부터의 유압을 차단하고 NC밸브는 OFF하여 현재의 브레이크 유압이 계속해서 해당 바퀴로 공급되도록 유도한다.

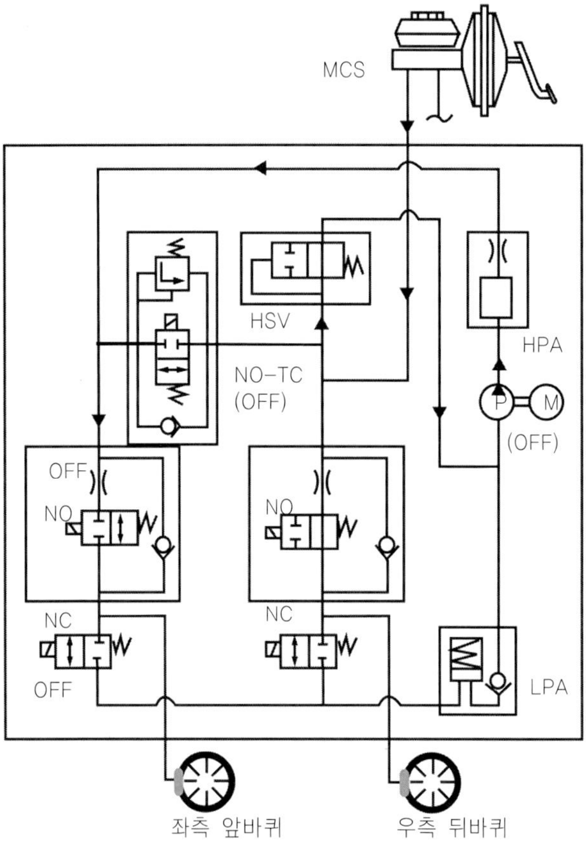

솔레노이드밸브	NO	OFF
	NC	OFF
모터		ON
TC밸브		ON

[그림 56] TCS 유지모드일 때의 유압회로도 작동

③ TCS 감압모드일 때의 유압회로도

바퀴의 회전속도를 증가하여야 한다고 판단하면 유압을 감압시켜 브레이크 유압을 낮추어야 한다. 이때 바퀴에 가해지는 유압을 해제하여 저압 어큐뮬레이터 쪽으로 순환시켜야한다. 이에 따라 바퀴에 가해지던 브레이크 유압이 해제되면서 바퀴의 회전속도가 다시 증가하게 된다. 이때는 거의 TCS 해제모드라고 보면 된다. 이때 모터와 TC밸브를 각각 ON으로 하여 오일을 순환시키는데 작용하고, NC와 NO밸브 역시 각각 ON되어 바퀴에 유압을 공급 쪽과 해제 쪽 2곳으로부터 각각 분리되므로 브레이크 유압이 전혀 영향을 주지 못하도록 한다.

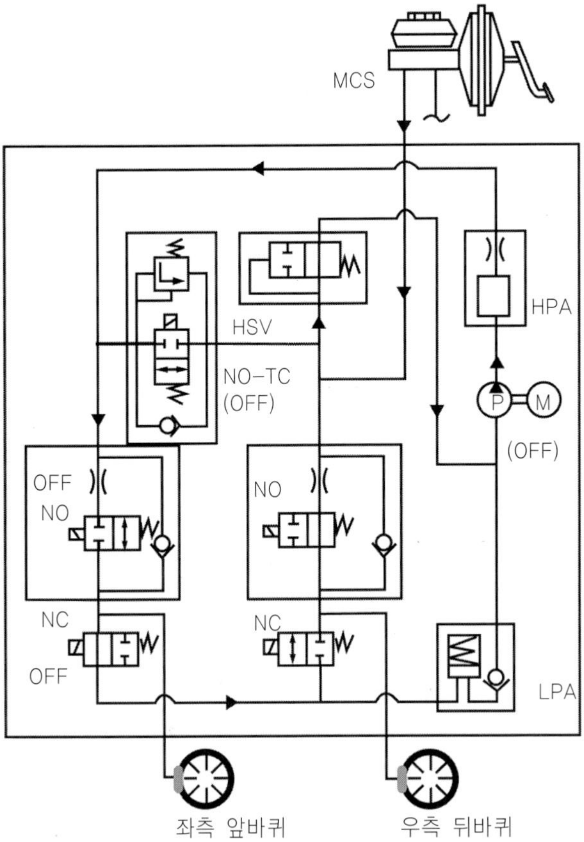

솔레노이드밸브	NO	ON
	NC	ON
모터		ON
TC밸브		ON

[그림 57] TCS 감압모드일 때의 유압회로도 작동도

(5) TCS 경고등 제어

1) TCS 경고등 기능

TCS에는 작동등과 TCS OFF등이 있는데 TCS작동 등은 TCS가 작동할 때 점등되는 지시등이고, TCS OFF등은 운전자가 TCS를 OFF로 선택하였을 때와 TCS 계통에 문제가 발생하면 운전자에게 경고하기 위한 경고등으로서 점등한다.

[그림 58] TCS 경고등

2) 경고등 점등조건

① TCS제어 때 3Hz로 점멸된다.

② 점화스위치를 ON으로 한 후 3초간 점등된다.

③ TCS에 고장이 발생하였을 때 점등된다.

④ TCS 선택스위치 OFF하면 TCS OFF 경고등이 점등된다.

⑤ 그 밖의 경우에는 소등된다.

3) 경고등 제어방법

[그림 59]는 ECU 내부에 TCS 경고등 점등회로이다. 선택스위치를 ON하면 전압이 낮아져 제너다이오드를 구동할 수 없으므로 경고등은 소등된다. 반대로 선택스위치를 OFF로 하면 전압이 높아져 제너다이오드를 동작시켜 TCS 경고등을 점등시킨다.

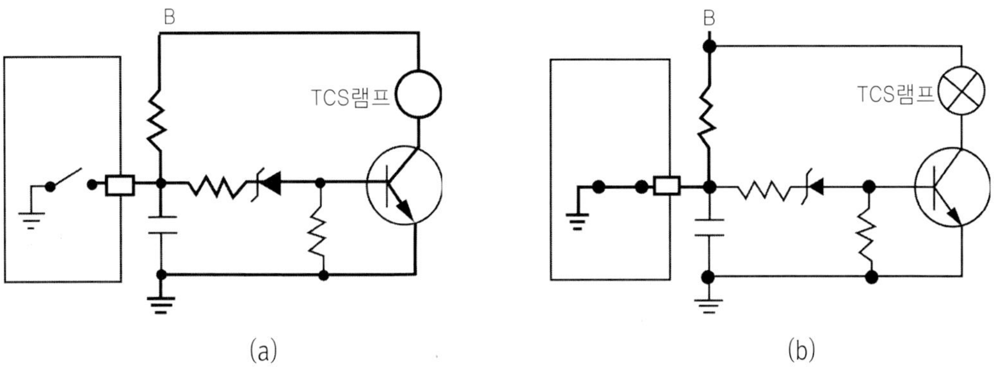

[그림 59] TCS 경고등 제어방법

(6) CAN 통신정보

CAN정보는 기관 ECU와 자동변속기 TCU 그리고 TCS가 각각 수행한다. TCS기능을 수행하기 위해서는 기관과 자동변속기간 서로 보조를 맞추어가며 실행되어야 한다. 기관 회전력 감소요구 신호는 TCS가 기관 ECU에게 변속단계 고정요구 신호는 TCS가 TCU에게 요구한다. 반면, 자동변속기에서도 기관 ECU에게 변속의 원활을 기하기 위해 회전력 감소 요구 신호를 보낸다.

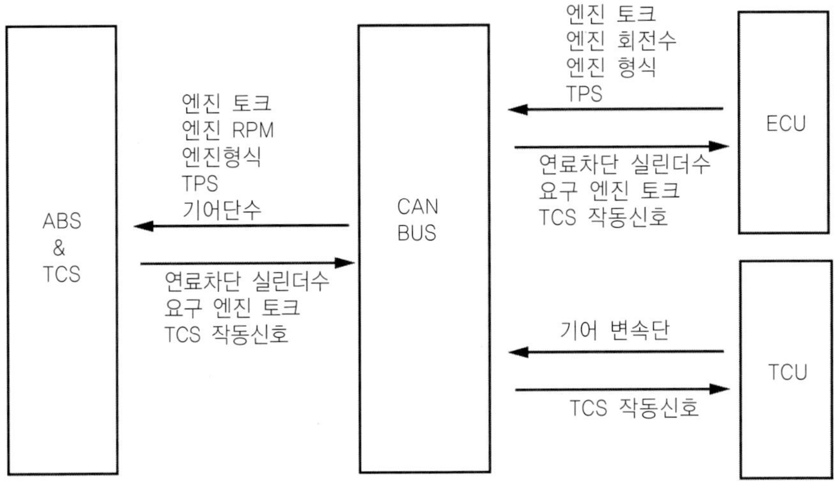

[그림 60] TCS의 관련 CAN 통신정보

4.6. VDC(vehicle dynamic control)

4.6.1. VDC의 개요

VDC는 ABS와 TCS제어를 비롯하여 요 모멘트 제어와 자동 감속기능을 포함하여 자동차의 자세를 제어하는 장치이다. 기존의 자동차에서는 요잉(yawing)을 제어를 할 수 있는 장치가 설치되어 있지 않았다.

ECS(electronic control suspension)의 경우는 롤링(rolling), 피칭(pitching) 및 바운싱(bouncing)제어를 통해 주행 중 발생되는 진동을 억제하여 자동차의 안전을 확보하였으나 코너링(cornering)을 할 때 발생되는 언더 & 오버 스티어링(under & over steering)에 대한 제어를 할 수 없다.

그러나 VDC는 자동차의 요 모멘트(yaw moment) 제어를 통해 언더/오버 스티어링을 제어함으로서 자동차의 스핀(spin)을 억제하여 보다 안정된 주행성능을 확보할 수 있는 안전한 장치이다. 즉 VDC란 자동차의 미끄럼을 검출하여 운전자가 브레이크를 작동시키지 않아도 자동적으로 각 바퀴의 브레이크 유압과 기관 출력을 제어하여 안전성을 향상시킨다.

VDC는 EBD제어, ABS제어, TCS제어 기능을 포함하고 있으며, 요 모멘트 제어와 자동 감속제어를 함께 수행한다. VDC는 스핀 또는 언더/오버 스티어링 등의 발생을 억제하여 이로 인한 사고를 미연에 방지하는 장치로 자동차에 스핀이나 언더 또는 오버 스티어링이 발생하면 이를 검출하여 자동적으로 안쪽 바퀴나 바깥쪽 바퀴에 브레이크를 작동시켜 자동차의 자세를 제어하여 안정된 상태를 유지하며, 스핀 한계직전에서 자동

감속하며, 이미 스핀이 발생한 경우에는 각 바퀴별로 제동력을 제어하여 스핀이나 언더 오버 스티어링의 발생을 미연에 방지하여 안정된 운행을 하도록 도와준다.

VDC는 ABS 및 TCS에 요레이터 & 횡 가속도 센서, 마스터 실린더 압력센서를 추가한 것으로 차속센서, 조향 휠 각속도 센서, 마스터 실린더 압력센서로 부터 운전자의 조정 의도를 판단하고, 요레이터 & 횡 가속도 센서로 부터 차체의 자세를 계산하여 운전자가 별도로 브레이크 페달을 밟지 않아도 4바퀴를 개별적으로 자동으로 브레이크를 작동시켜 자동차의 자세를 제어하여 모든 방향에 대한 안전성을 확보한다.

4.6.2. VDC의 기능

[1] VDC의 제어이론

(1) 자동차에서 발생하는 진동

자동차에서 발생되는 주요 진동은 크게 4가지로 나눌 수 있는데 롤링, 피칭, 바운싱, 요잉 등이다.

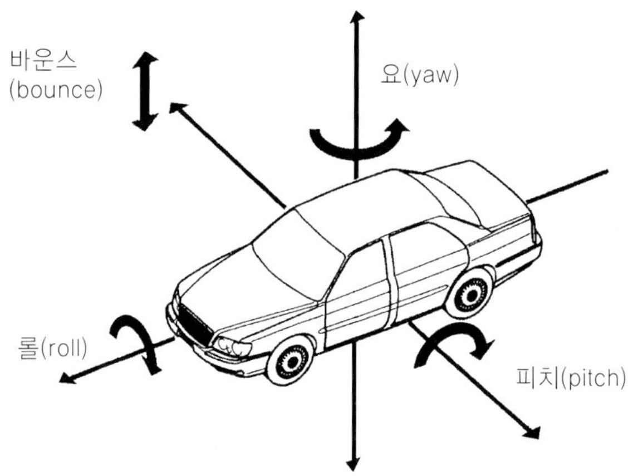

[그림 61] **자동차의 진동종류**

롤링, 피칭, 바운싱은 ECS에서 제어하고 있으나 요잉은 제어하지 못한다. VDC에서는 자동차의 중심을 기준으로 자동차의 앞뒤 부분이 좌우로 이동되려는 요 모멘트를 제어한다.

1) 요 모멘트(yaw moment)

커브 길을 선회 주행할 때 안쪽 바퀴 또는 바깥쪽 바퀴 쪽으로 이동하려는 힘이 발생하여 오버 스티어링과 언더 스티어링과 같은 횡력(drift out) 등이 발생하여 주행할 때와 선회할 때에 주행 안전성이 저하된다. VDC는 요 모멘트가 발생하면 브레이크를 제어하여 반대방향에 요 모멘트를 발생시켜 자동차의 주행안전성 및 선회 안전성을 향상시킨다.

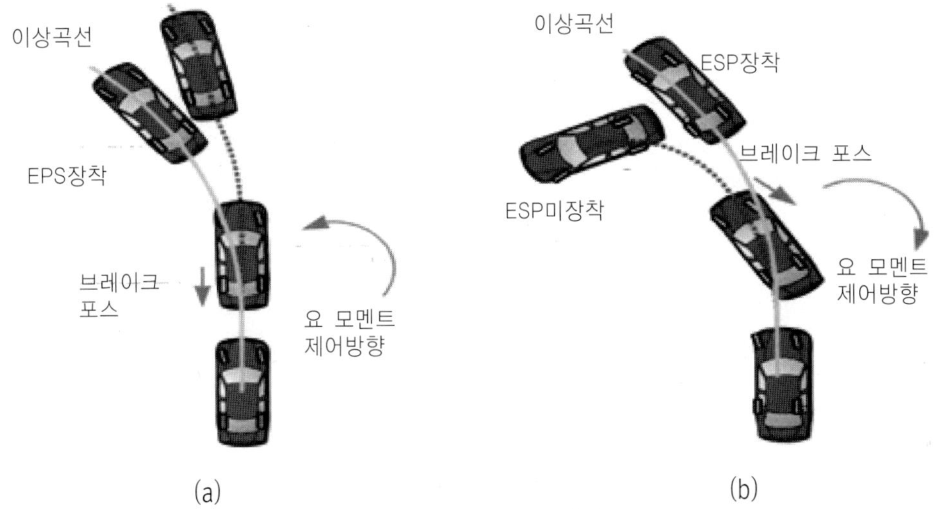

[그림 62] **요 모멘트 발생도**

2) **언더, 오버 스티어링**(under & over steering)

오버 스티어링은 운전자가 의도한 목표라인보다 안쪽으로 자동차가 선회하는 것을 말한다. 오버 스티어링이 발생하는 원인은 뒷바퀴에 원심력이 작용하기 때문이며, 일정한 조향각도로 선회하는 도중에 뒷바퀴가 바깥쪽으로 미끄러져 접지력을 잃었을 때 발생한다. 그리고 뒷바퀴가 미끄러진 상태이므로 스핀현상으로 이어지기 쉽고 가속할 때 기관의 동력이 도로면에 충분히 전달되지 않아 구동력도 떨어진다.

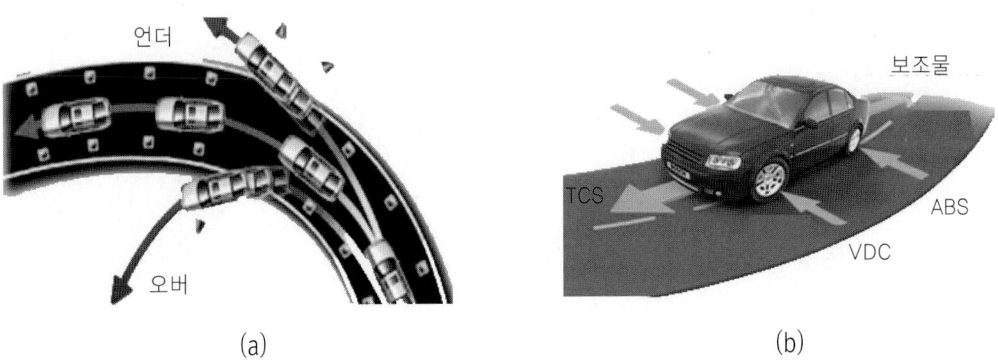

[그림 63] **언더, 오버 스티어링 현상**

언더 스티어링은 운전자가 의도한 목표라인보다 바깥쪽으로 자동차가 벗어나는 경향을 말한다. 조향 휠을 지나치게 돌리거나 과속, 브레이크 잠김 등이 원인이며, 앞바퀴에 원심력이 작용하면, 일정한 조향각도로 회전을 하려 해도 앞바퀴가 접지력을 잃고 바깥쪽으로 미끄러진다. 언더 스티어링이 심하면 코너를 돌지 못하고 도로 밖으로 튀어나가는 경우도 있다.

자동차에는 직진성능을 향상시키기 위해 약간의 언더 스티어링으로 설정되어 있다. 또 오버 스티어링은 자동차가 주행속도를 높이면 원주 안으로 파고드는 성질이며, 언더 스티어링은 주행속도를 높이면 원주 밖으로 향하는 성질이고, 주행속도를 높여도 정확하게 원주 위를 주행하는 성질을 뉴트럴 스티어링(neutral steering)이라 한다. 또 처음에는 언더 스티어링이었던 것이 나중에 오버 스티어링으로 변화하거나, 처음에는 오버 스티어링이였던 것이 언더 스티어링으로 바뀌는 것을 리버스 스티어링(reverse steering)이라 한다. 즉, 언더 스티어링은 자동차가 코너링할 때에 운전자의 생각보다는 밖으로 밀려 나가 도로 바깥쪽으로 벗어나려는 것이고, 오버 스티어링은 그 반대로 안쪽으로 파고드는 즉 뒤쪽이 밖으로 밀려 돌아가는 경우이다.

(2) 물체의 운동

1) 등속 원운동

물체에 외부의 힘이 작용하면 모양이 변화하거나, 운동의 제2법칙에 따라 속력이나 운동방향이 변한다. 이때 물체의 운동방향에 수직인 힘은 운동방향을 변화시키고, 평행한 힘은 물체의 속력을 변화시킨다.

평행한 힘의 성분이 없고 수직인 성분이 일정할 때 물체는 등속 원운동을 한다. 그리고 원의 중심방향으로 작용하여 물체의 운동방향을 바꾸는 힘을 구심력이라 한다.

(a) (b) (c)

[그림 64] 물체의 운동현상

2) 원운동과 구심력

운동방향에 평행한 힘의 성분은 원을 따라 움직이는 물체의 속력을 더 빠르거나 느리게 한다. 이때 수직인 힘, 즉 구심력이 일정하다면 원 궤도의 반지름이 변한다. 속력이 더 빨라지면 반지름은 커지고, 느려지면 반지름은 작아진다.

따라서 원 궤도의 반지름이 일정하려면 물체의 속력에 따라 구심력도 달라져야 한다. 길이가 일정한 실에 돌멩이를 매달고 속력을 바꾸면서 돌려보자. 이때 돌멩이에 작용하는 구심력은 실의 장력이다. 천천히 돌리면 실이 느슨해지고, 빨리 돌릴수록 팽팽해진다. 그러므로 반지름이 일정하다면, 속력이 빠를 때 구심력이 더 크다.

3) 선속력와 각속력

물체가 단위시간당 움직인 거리를 알면 물체의 속력을 구할 수 있다. 하지만 원운동에서는 단위시간당 변화한 중심각도의 크기를 빠르기의 척도로 삼으면 유용하다. 이를 각속력이라 하고, 이와 구분하기 위해 접선방향으로의 속력을 선속력이라고 부른다. 선속력을 v, 원의 반지름을 R, 각속력을 ω 라 하면, $v= R \times \omega$ 가 성립한다.

4.6.3. VDC의 구성 및 작동원리

[1] VDC의 제어방식에 따른 분류

현재 사용 중인 VDC는 크게 2가지 방식으로 분류할 수 있는데, 먼저 유압 부스터 방식의 VDC와 진공부스터를 이용하는 VDC방식이 있다. 대부분의 자동차에 진공 부스터를 이용한 VDC가 이용된다.

(1) 유압 부스터 방식의 VDC

유압 부스터 방식(hydraulic booster type)의 VDC는 진공 부스터 대신 유압 부스터를 사용한 것이다. 즉, 브레이크 배력장치인 부스터를 유압모터를 이용한 것이다. 기존의 진공 배력장치의 경우에는 기관의 가동이 정지되면 기능이 중단되는 결점이 있다. 이에 비해 유압 부스터는 기관의 가동여부와는 관계없이 축전지(battery)만 정상이면 항상 브레이크의 배력작용이 가능하다.

그러나 축전지가 방전되면 배력작용이 중단되며, 또 축전지 계통에 고장이 발생하여도 배력작용이 불가능하므로 위험할 수도 있다. 이런 결점을 보완하기 위하여 수시로 부스터 압력을 점검하고 만약 압력에 문제가 발생하면 부저로 경보를 한다. 그리고 계기판에 관련 경고등을 점등하여 경보하기도 한다. 이 방식은 기존의 ABS, EBD, TCS기능을 포함해 VDC기능까지 통합 제어한다.

(a) 유압부스터

(b) VDC ECU

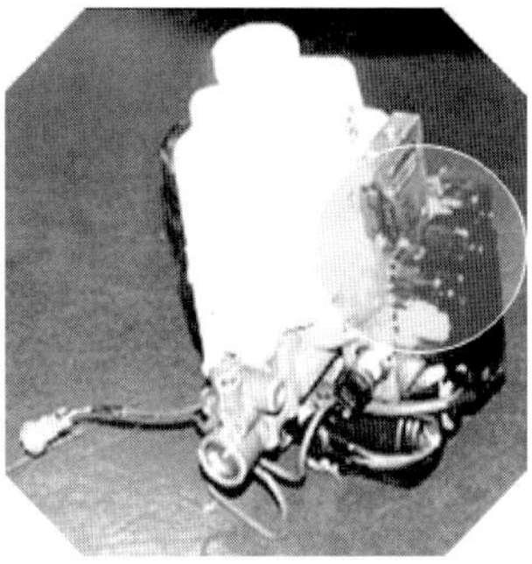

(c) 하이드로릭 유닛

[그림 65] **유압부스터 방식의 VDC**

1) 유압 부스터 방식 VDC 입·출력 구성도

유압 부스터 방식의 입력부분은 바퀴의 회전속도를 검출하기 위한 휠 스피드센서, 조향 휠의 조향각도를 검출하기 위한 조향 휠 각속도 센서가 있다. 조향 휠 각속도 센서의 신호는 요 모멘트를 제어할 때 언더·오버 스티어링을 판단하고자 할 때 사용된다. 또 자동차의 비틀림을 검출하기 위한 요-레이트 센서(yaw rate sensor)와 횡력(drift out) 검출하기 위한 G-센서가 있다. 또, 마스터실린더(M/C)에서 토출되는 유압을 검출하기 위한 마스터실린더 압력센서, 가속페달의 조작 정도를 검출하기 위한 가속페달 위치센서(APS)가 있다.

ABS를 제어할 때 참조신호인 브레이크스위치 및 TCS제어를 해제하기 위한 TCS OFF스위치도 필요하다. 출력부분은 하이드로릭 유닛(H/U)과 유압 부스터 유닛(H/B)의 솔레노이드밸브로 전압을 출력한다. 또, 유압 부스터 유닛의 유압모터를 제어하기 위해 VDC ECU에서 전압을 출력하며 VDC릴레이를 직접 제어한다.

TCS제어를 위해 기관 ECU와 자동변속기 TCU가 서로 통신을 하며, TPW(타이어 공기압력 경보)를 포함한 ABS, TCS, VDC 경고등을 제어한다.

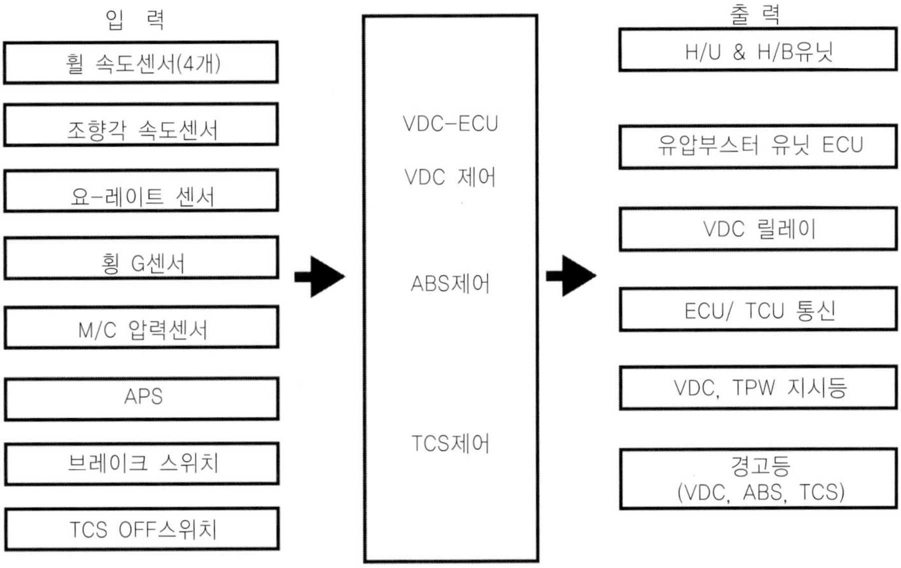

[그림 66] **유압 부스터 방식의 VDC 입 · 출력도**

2) 유압 부스터 방식 VDC 구성부품의 기능

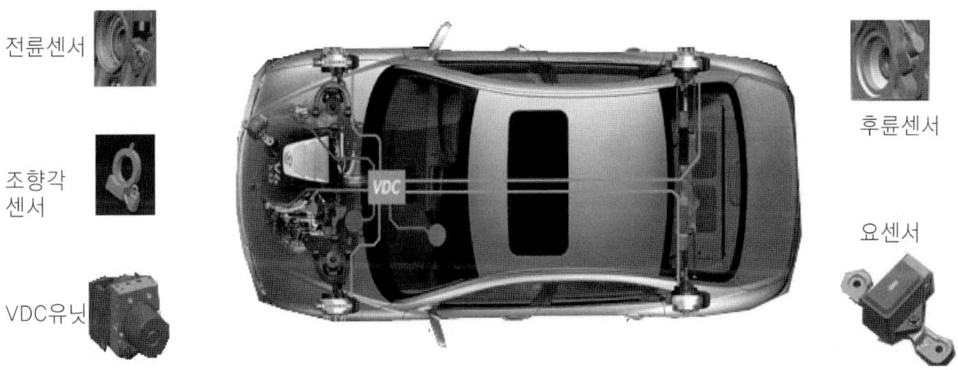

[그림 67] **유압 부스터 방식 VDC 구성부품의 설치위치도**

① 조향 휠 각속도 센서

조향휠 각속도 센서는 조향 휠의 조향각도와 조향방향 그리고 조향속도를 VDC ECU로 입력한다. VDC ECU는 이 신호를 기준으로 언더 또는 오버 스티어링을 판단한다. 만약 조향 휠을 많이 돌렸는데도 요-레이트 센서로 부터 비틀림 신호가 적게 들어오면 언더 스티어링으로 판단하고, 조향 휠을 적게 돌렸는데 요-레이트 센서 값이 크게 입력되면 오버 스티어링이라 판단한다.

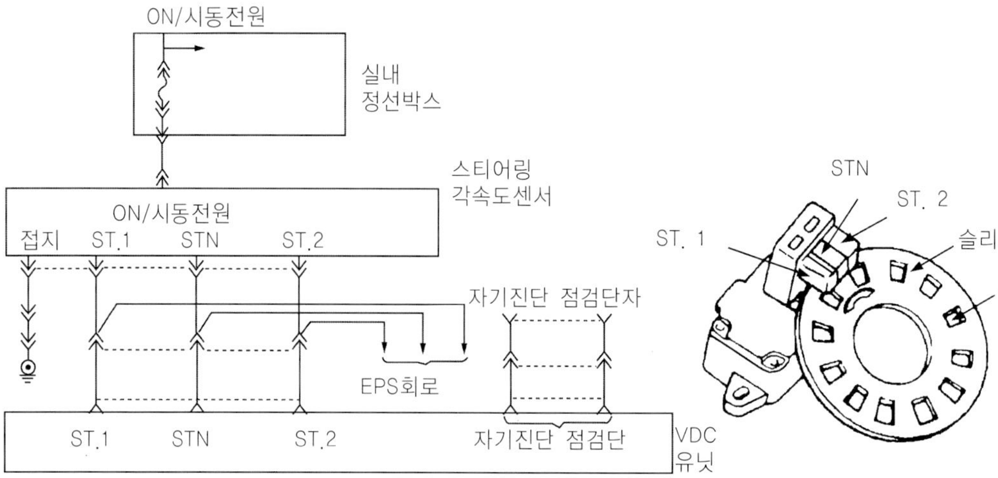

[그림 68] **조향 휠 각속도 센서**

② 요-레이트 센서(yaw rate sensor)

요-레이트 센서는 자동차의 비틀림을 검출하는 센서이며, 선회를 하는 경우나 그 밖의 비틀림이 있을 경우 반응한다. 언더 스티어링의 경우는 자동차가 비틀림이 적은 상태이며, 이때는 요-레이트 센서의 출력 값에 변화가 적다. 반대로 오버 스티어링인 경우는 자동차가 많이 비틀린 경우이므로 요-레이트 센서의 출력 값이 높게 출력된다. 이 신호를 기준으로 VDC ECU는 요 모멘트 제어를 실행한다.

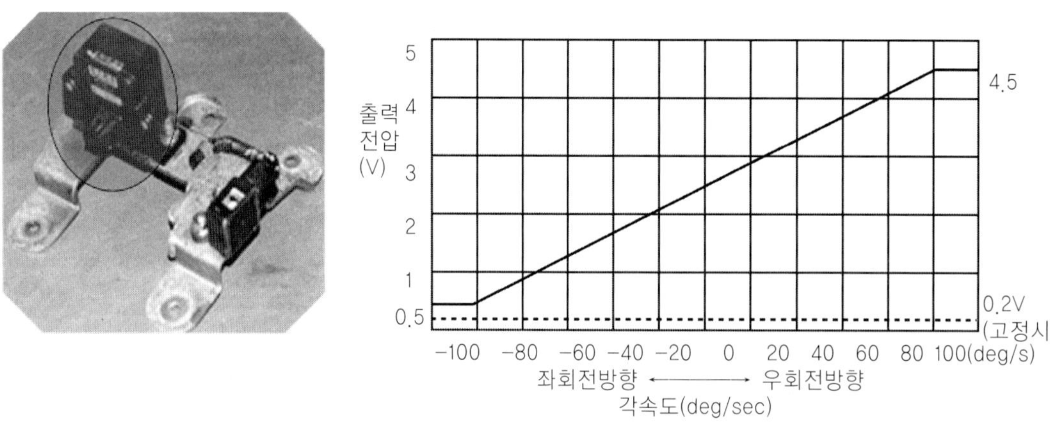

[그림 69] **요 레이트센서 및 출력 특성도**

③ G-센서

G센서는 자동차의 횡력을 판단하여 VDC ECU로 입력한다. VDC ECU는 현재 자동차의 횡력이 얼마인지를 판단하여 VDC제어에 참조한다.

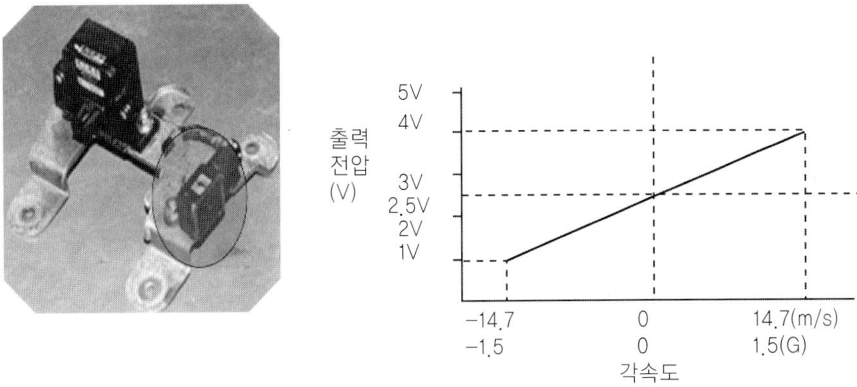

[그림 70] **G센서 시스템**

④ 유압 부스터(H/B) 및 유압 부스터 유닛(H/B UNIT)

유압 부스터에는 고압을 만들어내는 고압모터와 펌프가 설치되며 배력에 필요한 고압을 저장하는 어큐뮬레이터가 설치된다. 또 유압을 검출하기 위한 마스터 실린더 압력센서가 설치되며 내부에는 고·저압 압력스위치도 설치된다. 그리고 VDC의 증압작용이나 그 밖의 고압이 작용할 때 사용되는 CUTV와 SA3 밸브가 설치된다.

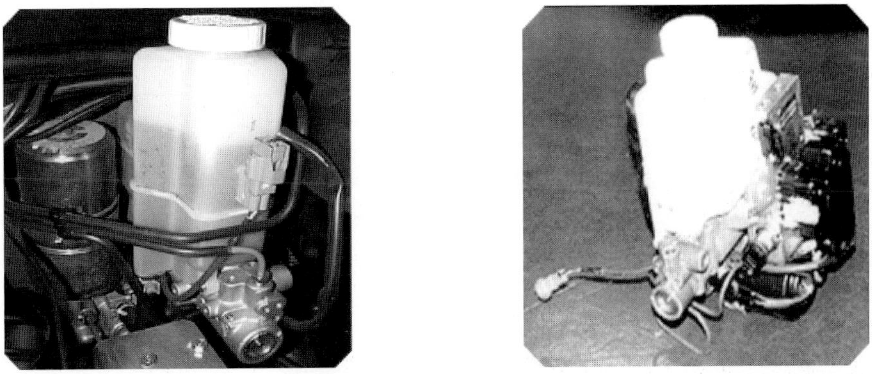

(a) 설치시 (b) 탈착시

[그림 71] **유압 부스터 및 유닛**

⑤ 하이드로릭 유닛(H/U)

하이드로릭 유닛은 기관 룸에 설치되며 기존 ABS/TCS와 거의 비슷하다. 다른 점은 어큐뮬레이터에서 공급되는 고압라인이 있다. NC(normal close)/NO(normal open)밸브도 마찬가지이고 원리도 비슷하다.

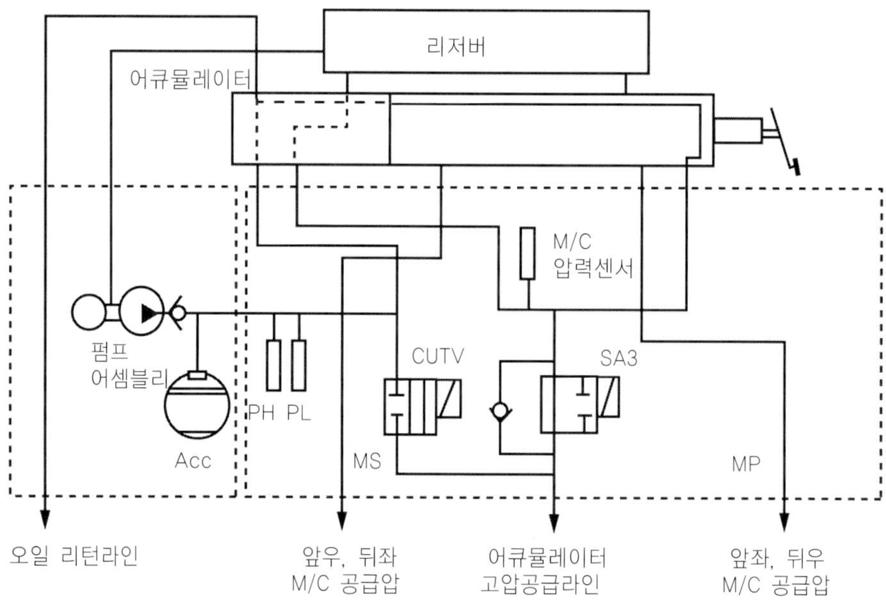

[그림 72] **유압 부스터 유닛**

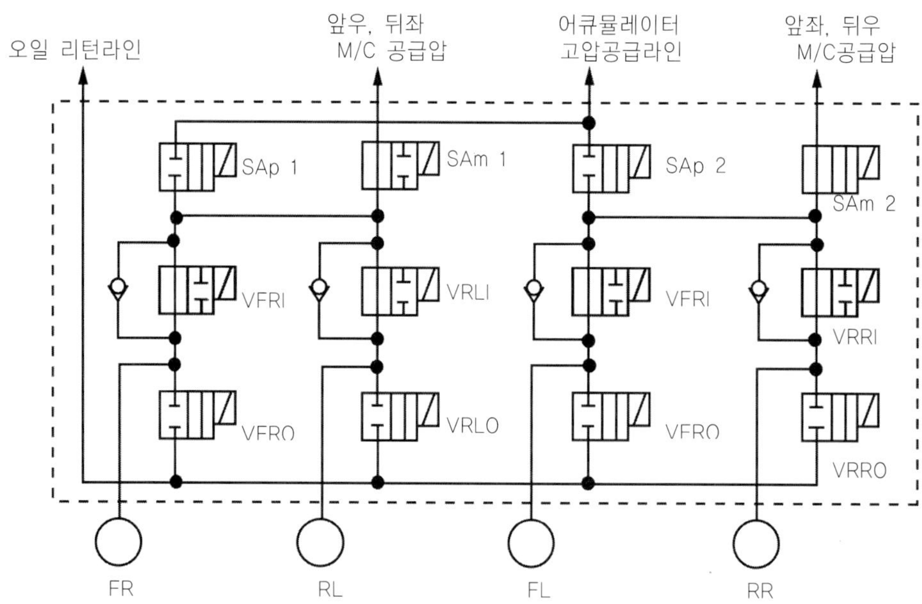

[그림 73] **하이드로릭 유닛**

⑥ 하이드로릭 부스터

하이드로릭 부스터는 고압모터에서 발생된 유압을 어큐뮬레이터에 약 150 bar의 압력으로 저장하여 배력작용이 일어날 때마다 이용한다.

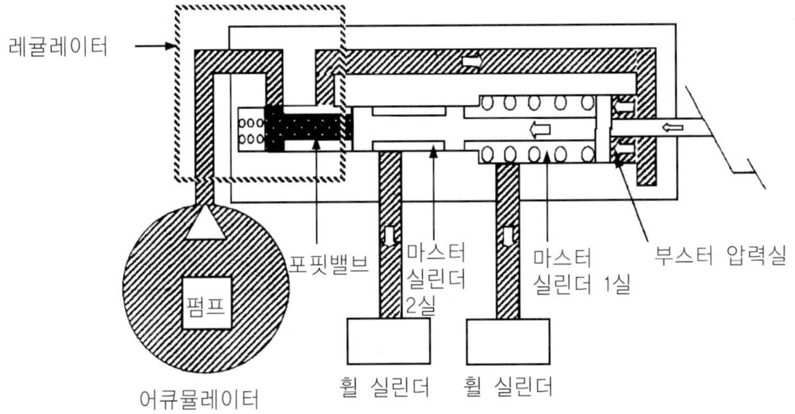

[그림 74] **하이드로릭 부스터**

⑦ VDC ECU와 기관 ECU & TCU 통신

VDC ECU는 기관 ECU와 자동변속기 TCU간 서로 통신을 한다. 이때 TCS관련 정보를 주고받는다. 기관에서는 점화시기 지가 및 ETS모터에 의한 흡입공기량 제한 제어도 실시한다. 자동변속기는 변속단 홀드요구를 출력한다.

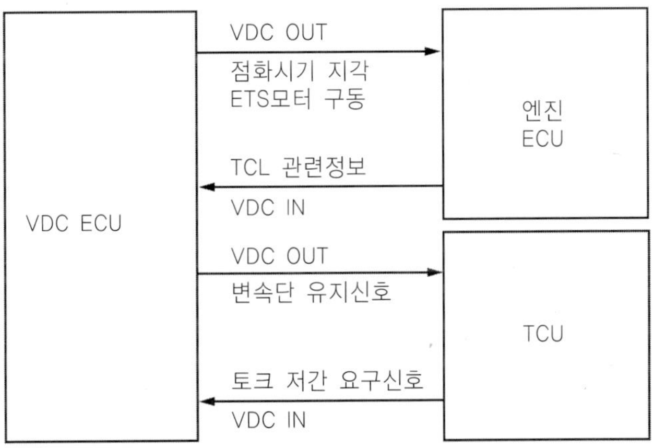

[그림 75] **VDC와 ECU통신**

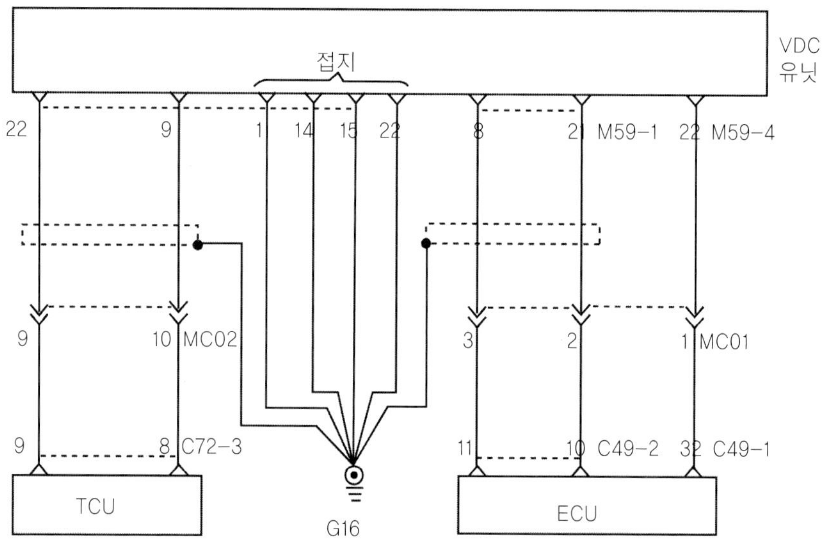

[그림 76] VDC와 기관 ECU & TCU 간의 통신상황

(2) 진공 부스터 방식의 VDC

진공 부스터 방식의 VDC는 현재 대부분의 자동차에서 사용하고 있다. 브레이크의 배력작용은 진공 부스터를 이용하며, VDC제어는 ABS의 하이드로릭 유닛에 VDC 관련 장치를 업그레이드 하였다.

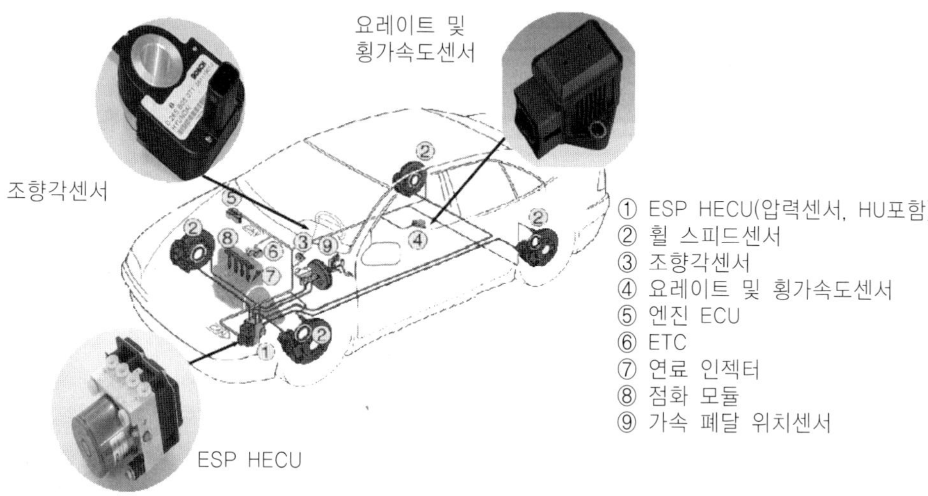

[그림 77] 진공 부스터 방식 VDC 구성도

또 마스터 실린더 압력센서를 설치하여 브레이크가 작용하고 있는 상태에서의 유압을 검출하여 각종 제어 및 BAS를 제어할 때 이용한다. 유압 부스터 방식의 VDC에 비해 구조가 간단하고 신뢰성이 크다.

1) 진공 부스터 방식의 VDC 구성도

진공 부스터 방식 VDC ECU로 입·출력되는 정보들은 다음과 같다. 먼저 입력부분에서는 가장 기본적인 신호인 휠 스피드 센서 신호가 4개 입력되며, 다음으로 조행 휠의 조향각도와 조향정도 및 조향속도를 알려주는 조향 휠 각속도 센서가 입력된다. 다음으로는 자동차의 비틀림을 판단하여 언더/오버스티어링을 제어할 때 핵심신호로 이용되는 요-레이트 센서이다. 다음은 자동차의 횡력을 검출하는 G센서가 입력된다.

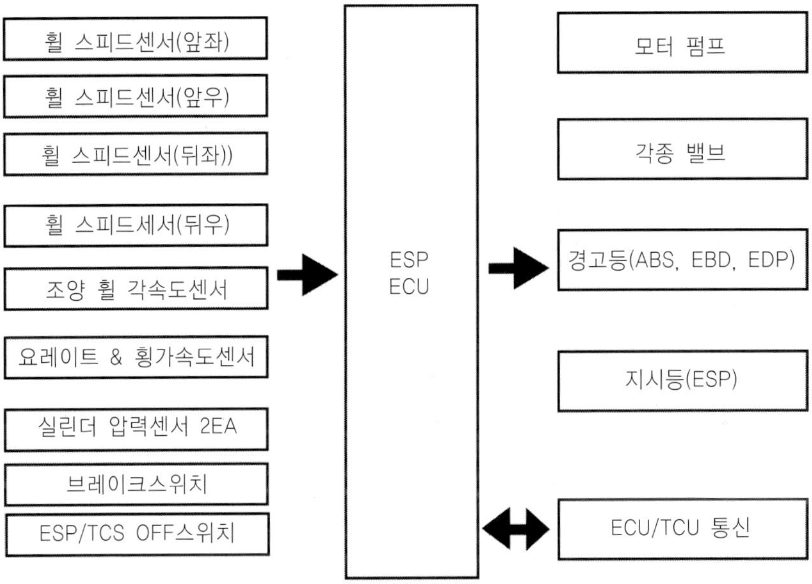

[그림 78] **진공 부스터 방식 VDC 입·출력도**

다음은 마스터실린더의 유압을 검출하여 VDC ECU로 입력시키는 마스터 실린더 압력센서 1, 2가 입력된다. 마지막으로 브레이크 스위치와 VDC(TCS) OFF스위치가 입력된다. VDC OFF스위치를 누르면 VDC OFF 경고등이 들어오며, 이때는 TCS 기능만 정지된다.

출력부분에는 고압을 만들어 내는 모터 펌프가 있으며, 최고 150 bar의 유압을 형성할 수 있다. 또 하이드로릭 유닛의 각종 밸브와 각종 경고등 및 지시등으로 출력이 나간다. 마지막으로 기관 ECU와 자동변속기 TCU와 CAN통신을 통해 정보를 주고받는다.

2) 진공 부스터 방식 VDC 구성부품의 기능

① 액티브 방식 휠 스피드 센서

액티브 방식(active type) 휠 스피드 센서는 홀센서를 사용하며, 2개의 배선을 사용한다. 1개의 배선은 12V의 전원이 공급되는 배선이고 나머지 1개의 배선은 출력되는 배선으로 0.7V와 1.4V로 각각 변화한다.

출력특성은 ON/OFF(14 mA / 7 mA)의 전류 출력으로 변화하고, 바퀴 회전속도와 간극(air-gap)의 변화에 따른 출력신호의 크기 변화가 작은 것이 특징이다. 또 저속에서도 회전상태를 검출할 수 있어 0 rpm까지 검출이 가능하고, 외부 전자계 간섭이 적다. 또 패시브(passive)센서에 비해 40~50% 정도의 소형으로 설계가 가능하고, 온도 특성 및 노이즈(noise) 내성 우수하다.

(a)

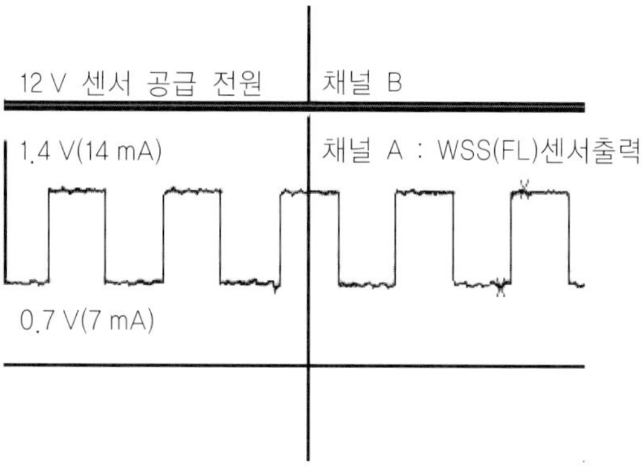

(b)

[그림 79] **액티브방식 휠 스피드센서**

② 조향 휠 각속도 센서

조향 각속도 센서는 비접촉 방식으로 AMR(anisotropy magnetost rictive)을 사용하며, 조향 휠의 조향각도와 조향 휠의 조작속도를 측정한다.

[그림 80] **조향 휠 각속도 센서**

CAN 인터페이스(interface)를 통해 영점조정이 가능하며, 지속적인 자기 진단을 실시한다.

③ 요-레이트 & G(횡가속도) 센서

요-레이트 센서는 자동차에 비틀림을 검출하는 센서이고, G센서는 자동차의 횡력을 검출하는 센서이다. 이 2가지 신호를 이용하여 VDC ECU는 자동차의 언더/오버 스티어링을 제어한다.

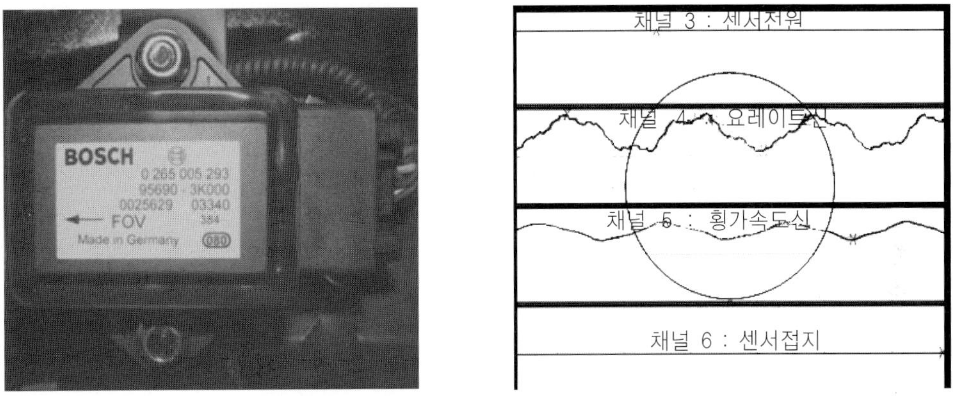

[그림 81] **요레이트 센서 & G센서**

출력특성은 아날로그파형이 출력되며, 두 센서 모두 0~5V까지 변화하는 특성을 가진다. 요-레이트 센서 또는 G센서가 고장 난 경우에는 스캐너를 통하여 고장을 출력하며 센서 데이터 값은 G센서는 G(gravity, 중력)값으로 요-레이트 센서는 단계(degree)로 표시된다.

[그림 82] **요-레이트 & G센서 데이터**

④ 마스터 실린더 압력센서

마스터 실린더 압력센서는 진공 부스터 방식 VDC가 작동 중에 운전자의 브레이크 페달을 밟는 힘을 검출하며, 예비 브레이크 유압을 조절한다. 작동유압은 주행속도 7 km/h에서 20 bar 이상이고, 최대 유압은 170 bar이다.

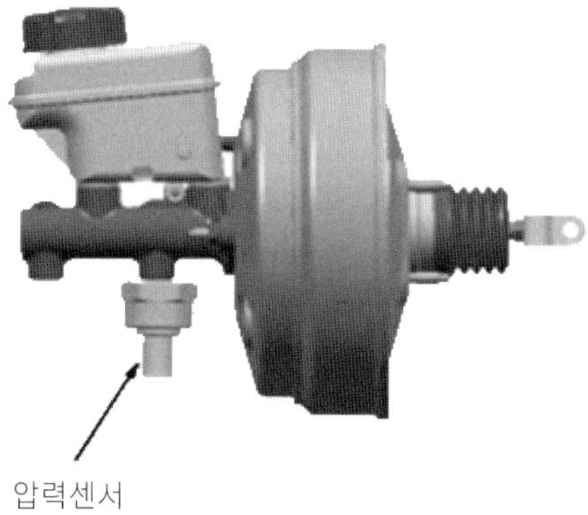

[그림 83] **마스터 실린더 압력센서**

⑤ 브레이크 스위치

브레이크 스위치는 브레이크 상태를 VDC ECU가 검출하여 신속히 ABS 또는 VDC제어를 하기위한 참조신호로 이용한다.

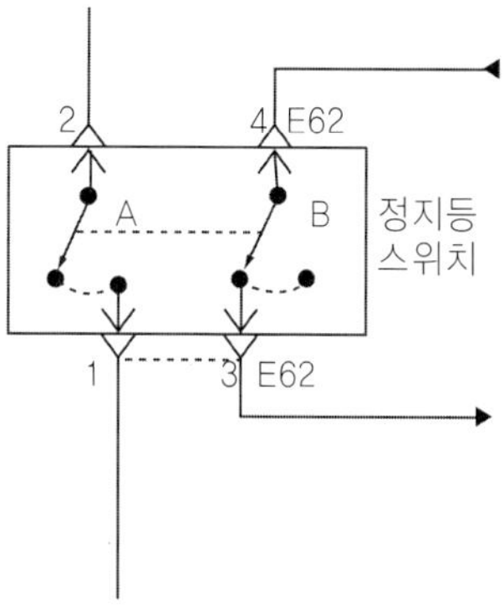

[그림 84] **브레이크 스위치 구성도**

⑥ VDC(ESP) OFF 스위치

이 스위치는 VDC기능을 OFF하는 스위치가 아니라 TCS기능을 OFF하는 스위치이다. 출발을 하거나 코너링 주행할 때 등 TCS제어를 필요로 하지 않는 운전자를 위한 스위치이다. 이 스위치를 OFF하더라도 긴급한 상황에서는 VDC(ESP)는 작동되어야한다.

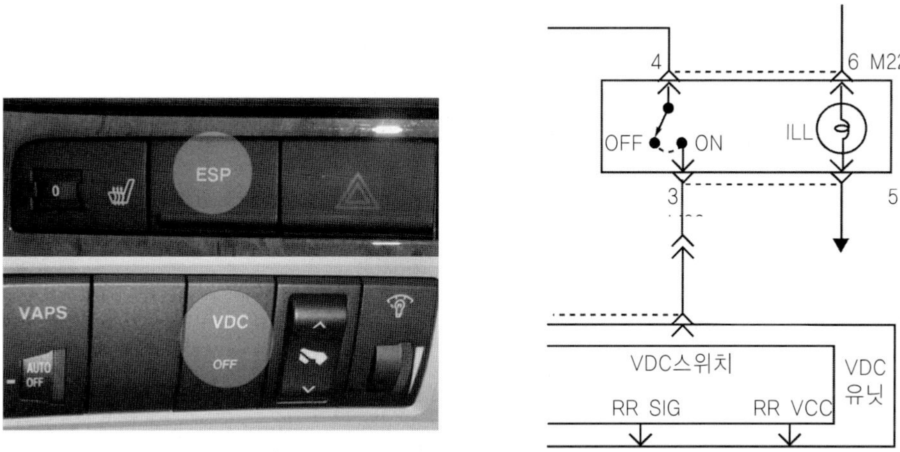

[그림 85] **VDC(ESP) OFF 스위치**

⑦ 하이드로릭 모듈레이터

하이드로릭 모듈레이터에는 ABS, TCS, VDC기능을 수행하기 위한 밸브들이 설치되어 있다. VDC는 각각의 솔레노이드밸브를 작동시켜 제어할 때 이용한다.

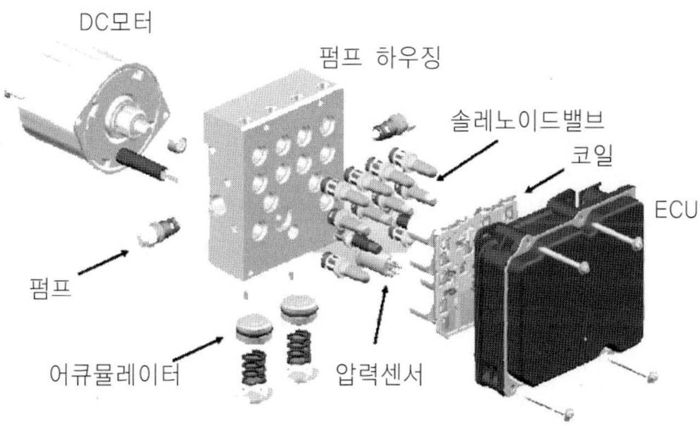

[그림 86] **하이드로릭 유닛 내부구조**

㉠ 평상상태인 경우 : 운전자가 가볍게 브레이크 페달을 밟았을 때의 유압회로이며, 이때 ABS, TCS, EBD, VDC가 전혀 작동하지 않는다. 마스터 실린더에서 발생한 유압은 USV(traction control valve의 독일어 표현)를 거쳐 EV(inlet valve, 입력밸브)를 통과하여 각 바퀴로 유압이 전달된다. 전기적으로 작동하는 솔레노이드밸브나 모터펌프는 작동하지 않는다.

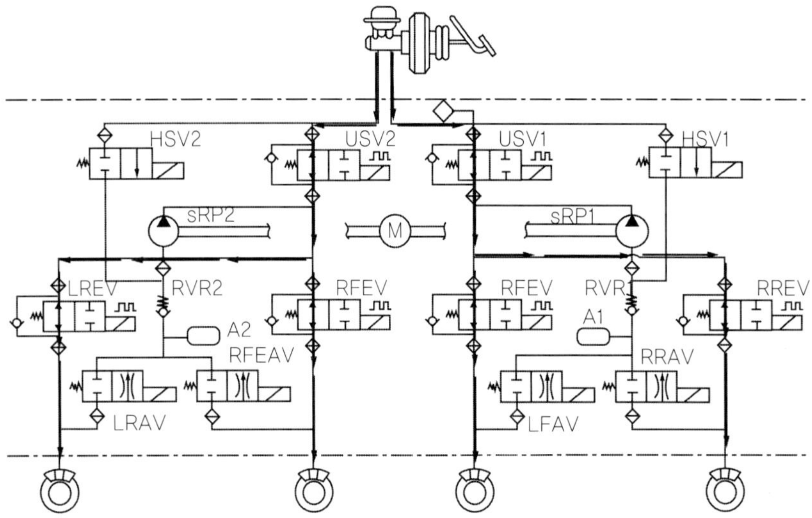

EV	AV	USV	HSV	펌프
열림	닫힘	열림	닫힘	OFF

[그림 87] **평상상태의 유압회로도**

㉡ 증압상태에서의 유압 회로도 : 증압상태에서는 마스터실린더에서 공급되는 유압은 HSV(hydraulic shuttle valve, VDC, TCS를 제어할 때 유압펌프로 유압을 공급하는 밸브)를 거쳐 모터펌프로 공급된다. 여기서 펌핑되어 증압된 압력이 각각의 EV(inlet valve)밸브를 거쳐 각 바퀴로 공급되어진다.

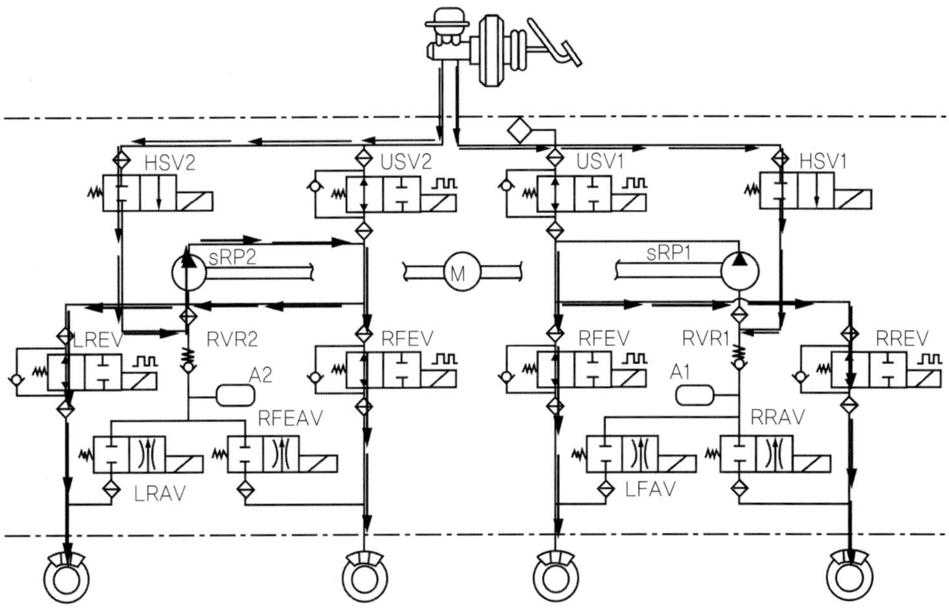

EV	AV	USV	HSV	펌프
열림	닫힘	열림	닫힘	ON

[그림 88] **증압상태의 유압회로도**

㉢ 유지상태의 유압회로도 : 유지 상태에서는 EV(inlet valve)가 닫히고 AV(outlet valve)는 닫혀있다. EV는 마스터실린더 또는 펌프 쪽에서 공급되는 유압을 제어하므로 닫히면 유압이 차단된다. 반면 AV는 복귀 쪽이므로 역시 닫혀있으므로 오일의 복귀가 불가능하다. 따라서 현재 바퀴에 가해지는 유압이 그대로 유지된다.

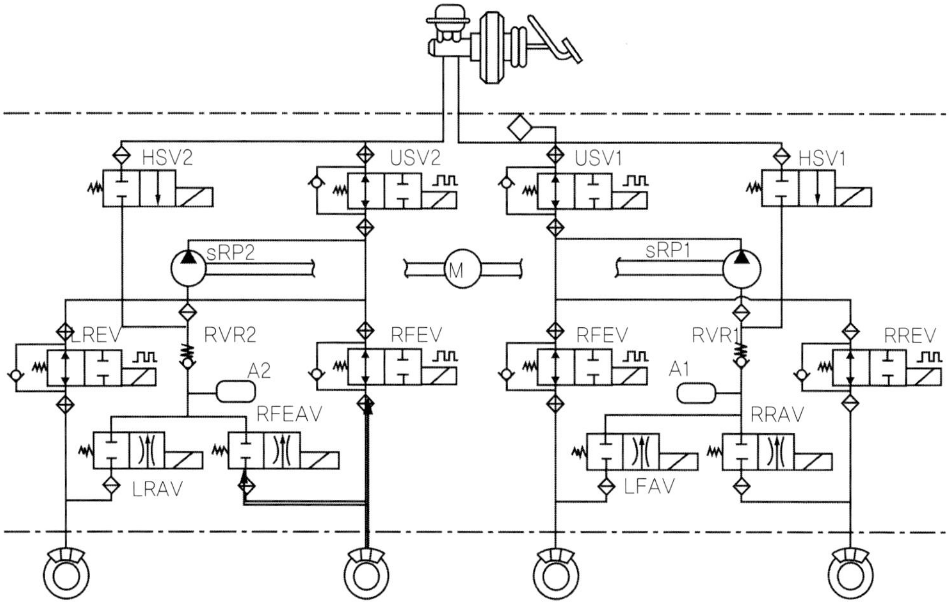

EV	AV	USV	HSV	펌프
닫힘	닫힘	열림	닫힘	ON

[그림 89] **유지상태의 유압회로도**

㉣ 감압상태에서의 유압회로도 : 감압 상태에서는 바퀴에 가해지고 있던 유압이 마스터 실린더 오일탱크로 복귀하여야 하기 때문에 이와 관련된 장치들이 작동한다. 먼저 AV(outlet valve)가 열려 복귀를 유도하고, 또 모터 펌프가 회전하여 오일을 마스터 실린더 쪽으로 역류시킨다. 이때 오일은 USV(traction control valve)를 거쳐 복귀한다.

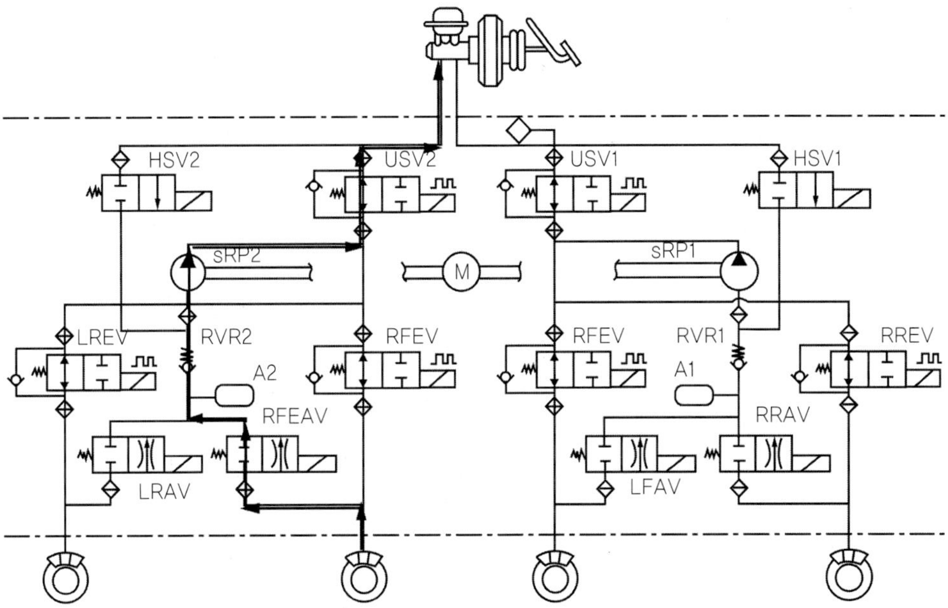

EV	AV	USV	HSV	펌프
닫힘	열림	열림	닫힘	ON

[그림 90] **감압상태의 유압회로도**

[진공 부스터 방식 VDC(ESP)가 작할 때 각 밸브의 전기적인 작동]

구 분	ESP 제어중			
	1차 증압	유지모드	감압모드	증압모드
EV	열림 PWM	닫힘	닫힘	열림 PWM
AV	닫힘	닫힘	열림	닫힘
USV	닫힘 PWM	닫힘 PWM	닫힘 PWM	닫힘 PWM
HSV	열림	열림	열림	열림
펌프	작동 MSC	작동 MSC	작동 MSC	작동 MSC

- PWM : pulse width modulation
- MSC : motor speed control

⑧ 경고등 및 지시등 제어

VDC ECU는 운전자가 VDC OFF스위치를 선택하면 VDC OFF 경고등을 점등하고, 긴박한 상황에서 VDC가 작동할 때에는 VDC 지시등을 점등하여 지시한다.

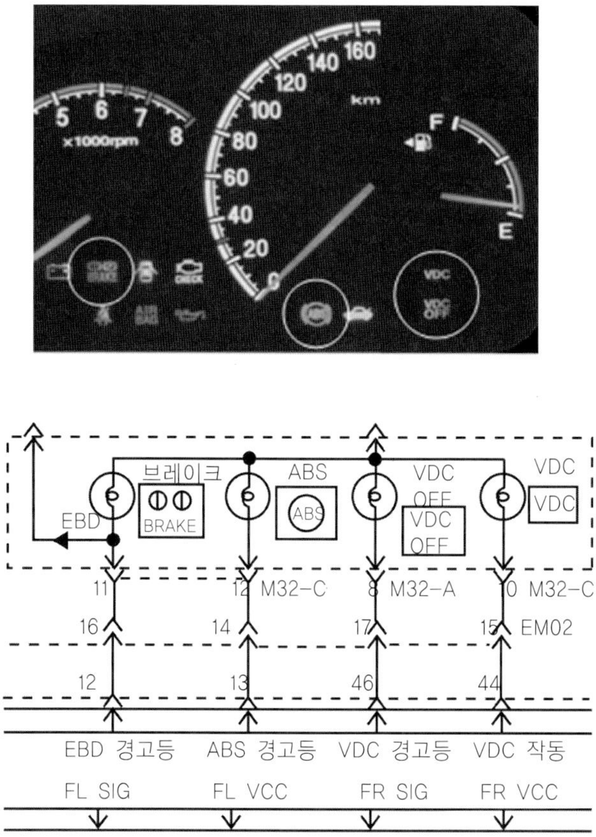

[그림 91] VDC경고등 및 지시등

⑨ CAN통신

VDC ECU는 기관 ECU와 자동변속기 TCU간 CAN통신을 통해 서로의 정보를 교환한다. VDC쪽에서는 TCS나 VDC를 제어할 때 기관의 회전력 감소 요구하여 TCS 및 VDC효과를 극대화 할 수 있도록 한다. 또 자동변속기에게는 현재 TCS나 VDC 작동상태를 알려 현재 변속단계를 유지하도록 요구한다. 그리고 기관에서는 현재 기관에 데이터 기관 회전력. 형식, TPS값 등의 정보를 전달하여 VDC제어를 극대화할 수 있게 도와준다.

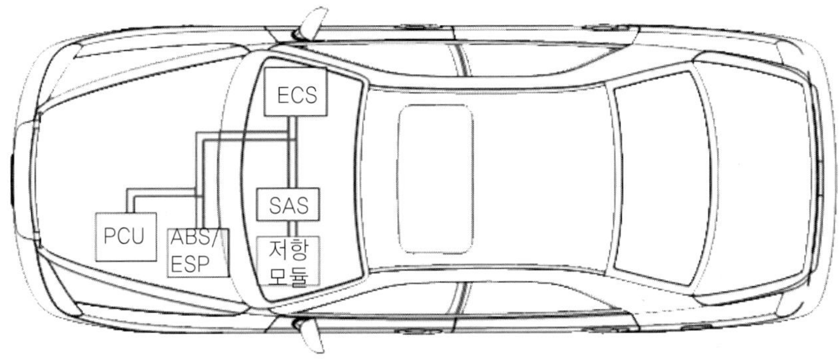

[그림 92] CAN 라인구성

CAN 방식에는 하이 스피드(high speed)와 로우 스피드(low speed) CAN이 사용되는데 하이 스피드는 파워트레인(power train)계통에서 사용하고 로우 스피드방식은 보디(body) 전장계통에서 사용한다.

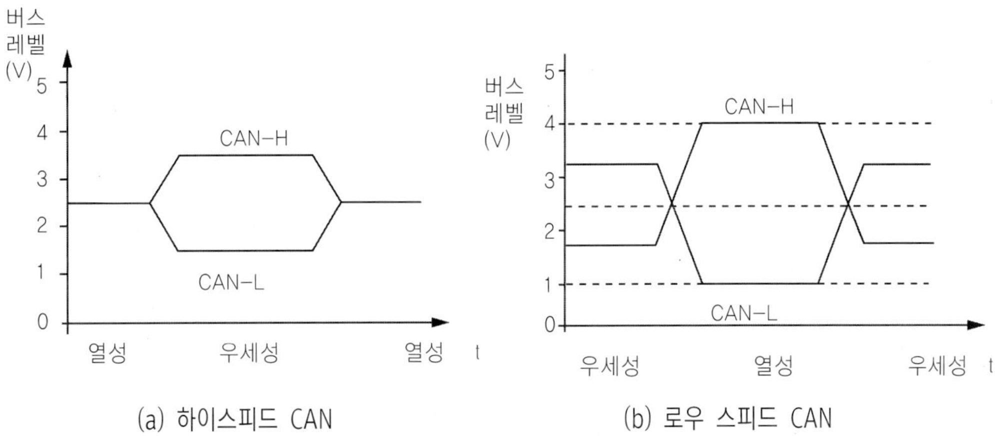

[그림 93] CAN방식의 종류

4.7. 고장진단

4.7.1. 페일세이프

[1] System down

ABS/EBD 경고등ON, Valve Relay, Solenoid valve 작동 불가

[2] ABS 제어 금지

ABS 경고등ON, EBD 경고등OFF

[3] ABS 비제어중 센서 고장

① 1개 고장 : ABS 제어 금지

② 2개 이상 고장 : System down

[4] ABS 제어 중 센서 고장

① 전륜 1개 고장 : 고장 바퀴 제어 금지, 제어 종료 후 ABS 제어 금지

② 후륜1개 고장 : 전륜 두 바퀴 제어 금지, 후륜은압력 감소,
제어 종료 후 ABS 제어 금지

③ 2개 이상 고장 : System down

[5] 저전압

① 비제어중 : 전륜 ABS 제어 금지, 후륜ABS 제어 허용, 모터 OFF, 정상으로 복귀 시 ABS 경고등OFF, error code 소거 要

② 제어 중 : 정상으로 복귀 시에도 ABS 경고등ON, 다른 사항은 비제어중일 때와 동일

[6] 제어 중 모터 고장

모터 OFF 상태에서 전륜 ABS 제어 금지, 후륜ABS 제어 허용, 제어 종료 후 ABS 제어 금지

4.7.2. 브레이크액

특성	DOT3	DOT4	DOT5
건비등점	최소 200℃	최소 230℃	최소 260℃
습비등점	최소 140℃	최소 155℃	최소 180℃

DOT : Department of Transportation

상태가 좋은 브레이크액의 끓은 점은 260℃이며 2년에 약 3%의 수분을 흡수하면 160℃까지 낮아진다. 회로내의 기포발생은 습비등점보다 10% 정도 낮아지면 발생됨. {예, DOT3의 경우 154℃ (140℃+10%)}

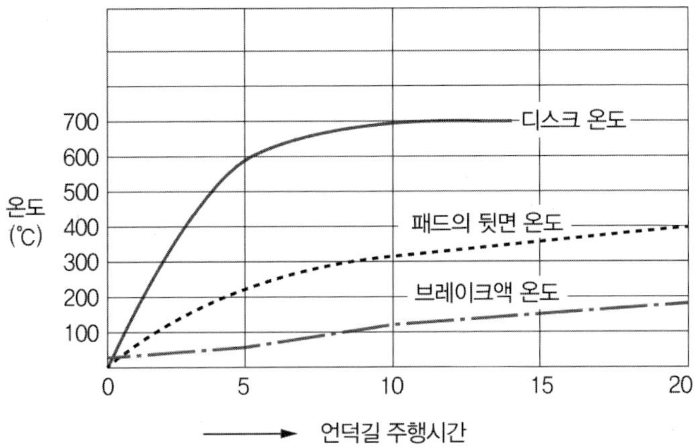

[그림 94] **브레이크 회로내 온도변화**

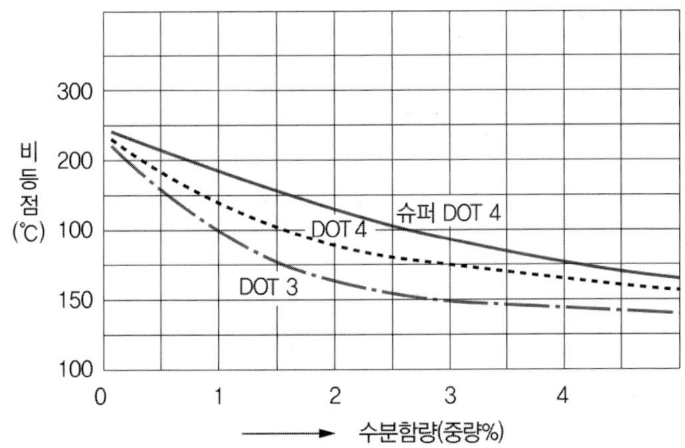

[그림 95] **브레이크액의 성능비교**

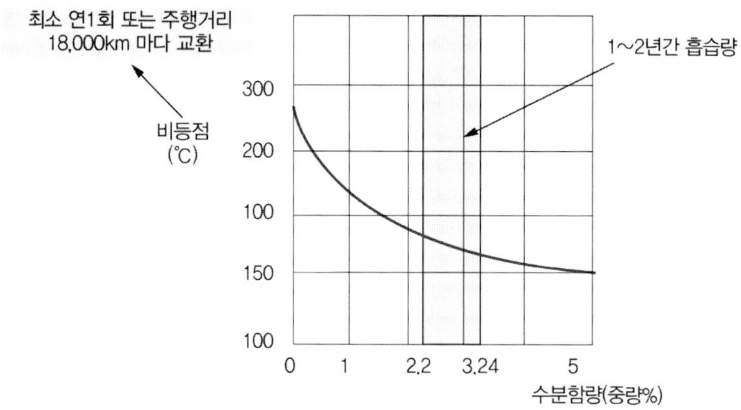

[그림 96] **수분 흡수량 비교**

01. 전자제어 주행안전장치의 개요를 설명하시오.

02. ABS시스템의 특징을 설명하시오.

03. ABS시스템의 작동상태를 설명하시오.

04. BAS시스템의 특징을 설명하시오.

05. EBD시스템의 특징을 설명하시오.

06. TCS시스템의 특징을 설명하시오.

07. VDC(ESP)시스템의 특징을 설명하시오.

08. VDC(ESP)시스템의 작동상태를 설명하시오.

09. 브레이크 오일에 대하여 설명하시오.

10. 조향휠 가속도 센서에 대하여 설명하시오.

Chapter 05

자동차 전자제어 현가장치

05 자동차 전자제어 현가장치

5.1. 전자제어 현가장치 일반

5.1.1. 전자제어 현가장치의 개요

자동차는 현대사회의 필수품으로 이미 확고한 위치를 점유하고 있으며, 자동차에 관한 다양한 새로운 기술들이 지속적으로 개발되고 있다. 최근에는 단순한 주행성능 향상과 충돌할 때의 안전뿐만 아니라 정숙성, 안락성, 주행안정성 확보 등에 대한 요구가 증가하고 있다.

(a) 전륜 현가장치　　(b) 후륜 현가장치

[그림 1] 현가장치의 구성도

따라서 승차감과 주행안전성에 크게 영향을 미치는 현가장치는 자동차 연구개발 과정 중 상당한 비중을 차지하는 중요한 과제로 다루어지고 있다.

전자제어 현가장치(ECS : electronic control suspension)는 1980년대 후반부터 높은 출력의 기관 등장과 더불어 소비자의 안전의식 고취에 따라 그 수요가 급증하고 있고, 안전주행이 가능한 높은 성능의 현가장치가 요구되기 시작하였다. 최근에는 우리나라를 비롯한 일본, 미국, 유럽 등 각국에서 전자제어 기술을 이용하여 승차감과 주행안정성을 동시에 만족시킬 수 있는 현가장치를 개발하여 사용하고 있다. 그리고 더 나아가 새 시통합 제어 및 모듈형 현가장치가 개발되는 등 현가장치의 진일보 된 기술개발을 위한 연구가 활발하게 진행되고 있다.

5.1.2. 전자제어 현가장치의 필요성

자동차는 주행 중 바퀴를 통하여 도로면으로부터 끊임없이 진동이나 충격을 받는다. 이 때문에 차체와 차축사이에는 완충장치를 설치하여 충격이나 진동이 차체로 직접 전달되는 것을 방지하여 승차감 향상 및 불규칙한 진동을 억제하고 주행안전성을 향상시킨다.

현가장치는 이러한 완충장치를 포함한 차체와 차축사이의 연결장치를 말하며, 자동차의 승차감과 주행안정성에 결정적인 영향을 준다. 이상적인 자동차의 현가특성은 일반적인 주행조건에서는 고급 승용자동차와 같이 편안한 승차감을 확보하고, 고속주행이나 코너링을 할 때에는 스포츠카와 같은 주행안정성을 확보하는 것이다.

그러나 현가장치의 특성상 승차감과 주행안정성을 동시에 확보하는 것은 매우 어렵다. 이것은 일반적인 현가장치의 경우 현가특성을 부드럽게 하면 승차감은 확보할 수 있으나 주행안정성이 나빠지며, 반대로 딱딱하게 하면 주행안정성은 확보할 수 있으나 승차감이 저하되기 때문에 승차감과 주행안정성의 상반되는 특성 때문이다.

따라서 일반적인 현가장치의 현가특성은 자동차의 사용목적에 따라 어느 한 가지 특성을 희생시키고 다른 특성을 향상시키는 방법을 선택한다. 즉, [그림 2]에 나타낸 바와 같이 고급승용 자동차는 승차감에, 스포츠카는 주행안정성에 주안점을 두며, 일반적인 승용자동차는 양쪽의 중간에서 적절하게 결정한다. 따라서 일반적인 현가장치는 승차감과 주행안정성을 좌우하는 스프링이나 쇽업쇼버의 특성이 고정되어 있으므로 자동차의 주행상황이나 운전자의 의도에 따라 현가특성을 변경하는 것은 불가능하다.

그리고 주행상황에 따른 최적의 현가특성 확보, 즉 승차감과 주행안정성 양쪽을 동시에 만족시키기 위해서는 도로의 상태나 주행조건에 따른 현가특성을 변화시켜야만 한다.

전자제어 현가장치는 주행상황에 따른 적절한 감쇠력 및 자동차 높이(차고)제어 등을 통해 일반적인 현가장치 자동차의 승차감과 주행안정성의 상반된 성능 중 어느 한쪽만을 사용하여야 하는 한계를 극복하여 항상 최적의 승차감 및 주행안정성을 동시에 확보할 수 있는 장치라 할 수 있다. 하지만 전자제어 현가장치는 구조가 복잡하고 값이 비싸 일부 고급승용 자동차에만 설치되었으나, 최근에는 그 기능을 간소화하여 중·소형 승용 자동차까지 확산되어 설치되는 추세이다.

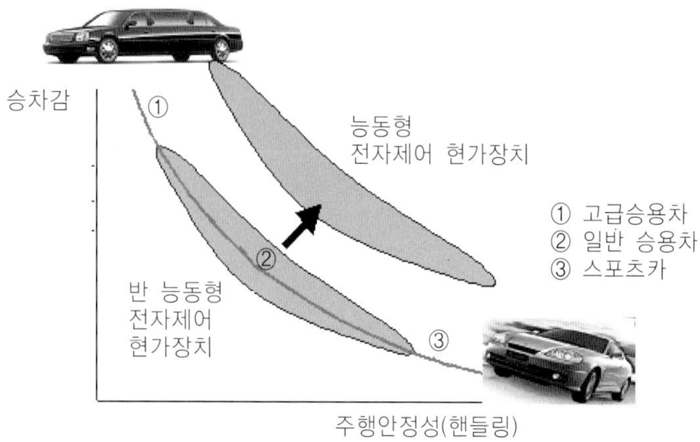

[그림 2] 승차감과 주행안정성 특성

[그림 2]는 반 능동형 전자제어 현가장치(semi-active suspension) 및 능동형 전자제어 현가장치(active-suspension) 등의 전자제어 현가장치는 승차감과 주행안정성을 한계곡선 위의 어느 한 점에 고정시키지 않고 자동차의 주행조건이나 운전자의 의지에 따라 이 곡선 상을 자유롭게 움직일 수 있으므로 승차감과 주행안정성이 동시에 향상되는 효과를 얻을 수 있음을 나타내고 있다. 그림에서 알 수 있듯이 스프링 또는 쇽업쇼버의 반발력을 조절하는 반 능동형 현가장치에 비해, 유압펌프 또는 공기압축기와 같은 별도의 동력원을 이용하는 능동형 현가장치가 이 성능 한계곡선을 더 확장시킬 수 있는 것을 알 수 있다.

일반적인 현가장치에서는 운전자가 과도하게 조향을 하거나 자동차의 작동이 일정한 궤도를 벗어날 경우 무게 차이에 의한 쏠림 현상이나 조향조작력 상실로 인하여 운전자는 자동차 전복이나 그 밖의 예측 불가한 위험에 처할 수 있다.

그러나 전자제어 현가장치가 설치된 자동차는 불규칙한 도로면을 주행할 때 타이어 접지면에서의 수직하중을 적절한 수준으로 유지하여 선회 · 제동 및 구동할 때의 자동차의 안정성을 확보할 수 있고, 자동차의 주행 중에 발생되는 도로면의 불규칙한 압력을 효과적으로 차단하여 승객에게 편안한 승차감과 운전편의성을 제공해 줄 수 있다.

5.2. 전자제어 현가장치의 종류

전자제어 현가장치는 1990년 초에는 대형 고급 승용자동차에만 설치되던 것이 1990년대 중반으로 오면서 중형 자동차에까지도 보급되기 시작하였으며, 크게 반 능동형과 능동형으로 대별된다. 전자제어 현가장치는 1980년 말에서 1990년 초까지는 능동형 전자제어 현가장치를 주로 사용하였으나 최근에는 점차 반능동형 전자제어 현가장치를 사용하는 추세이다. 이것은 반 능동형은 적은 비용으로 자동차에 설치할 수 있는 장점이 있어 보급률이 높기 때문이다.

5.2.1. 반 능동형 현가장치(semi-active suspension system)

반 능동형 현가장치는 쇽업소버의 운동특성을 가변시켜 주행안정성 및 승차감을 향상시킨 것이다. 반 능동형 현가장치는 일반적으로 4바퀴의 감쇠력을 독립적으로 제어하여 독립 현가장치의 장점을 최대한 보완한 장치이며, 각 바퀴의 위쪽 차체에 설치한 상하 가속도(G)센서로 바퀴의 작동상태를 검출하여 독립적인 제어를 가능하게 한다. 또 차속센서와 조향 휠 각속도 센서의 신호를 기준으로 운전자의 급조향 여부를 판단하여 감쇠력을 제어해주는 앤티 롤 제어(anti roll control)를 통해 조향안정성과 편의성을 향상시킨다.

그리고 감쇠력 변환을 위한 액추에이터 제어(actuator control)에는 스텝 모터(step motor)를 이용하여 감쇠력을 다단계로 제어하는 방법과 솔레노이드 밸브를 사용하여 연속적으로 감쇠력을 변환하는 방법이 사용된다.

반 능동형 현가장치에 사용되는 대표적인 구성요소는 차고센서, 가속도 센서, 차속센서, 스로틀 위치센서(TPS), 앞·뒤 솔레노이드밸브, 조향 휠 각속도 센서, 가변 쇽업소버, 액추에이터, ECU 등으로 되어 있다. 반 능동형 현가장치의 ECU는 각 바퀴의 감쇠력을 독립적으로 제어하는 스카이훅 논리(sky hook logic)를 기본으로 하는 제어 알고리즘(control algorithm)이 구현되어 있다.

[1] 다단계 감쇠력 가변 반 능동형 현가장치(1세대)

반 능동형의 1세대라 할 수 있는 감쇠력 가변 전자제어 현가장치는 쇽업소버의 감쇠력을 다단계로 변화시킬 수 있다. 이 장치는 쇽업쇼버의 감쇠력만 제어하므로 구조가 간단하여 중형 자동차에서 주로 사용된다. [그림 3]은 다단계 감쇠력 가변 반 능동형 현가장치의 구성도이다.

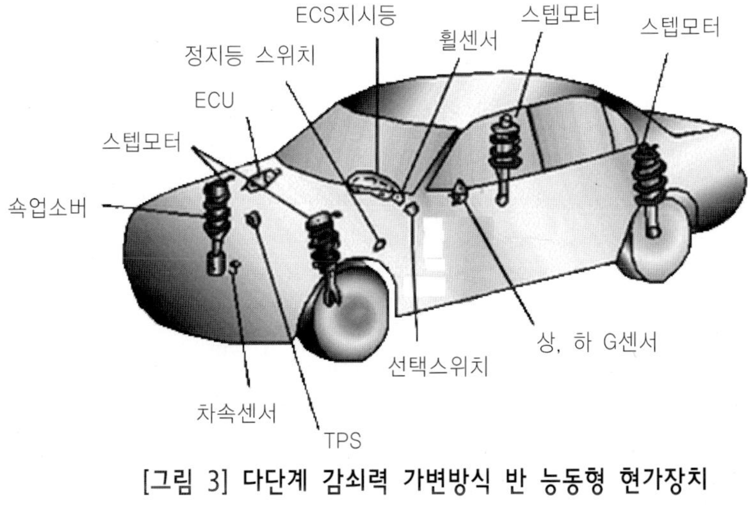

[그림 3] 다단계 감쇠력 가변방식 반 능동형 현가장치

[2] 복합형 반 능동형 현가장치(2세대)

반 능동형의 2세대라 할 수 있는 복합형 전자제어 현가장치는 쇽업소버의 감쇠력과 자동차 높이(차고) 조절기능을 갖춘 것이다. 이 장치의 특징은 코일스프링의 역할을 공기스프링이 하므로 무게가 변화하더라도 일정한 승차감과 자동차 높이를 유지할 수 있다. 중 · 대형 승용자동차에서 주로 사용된다.

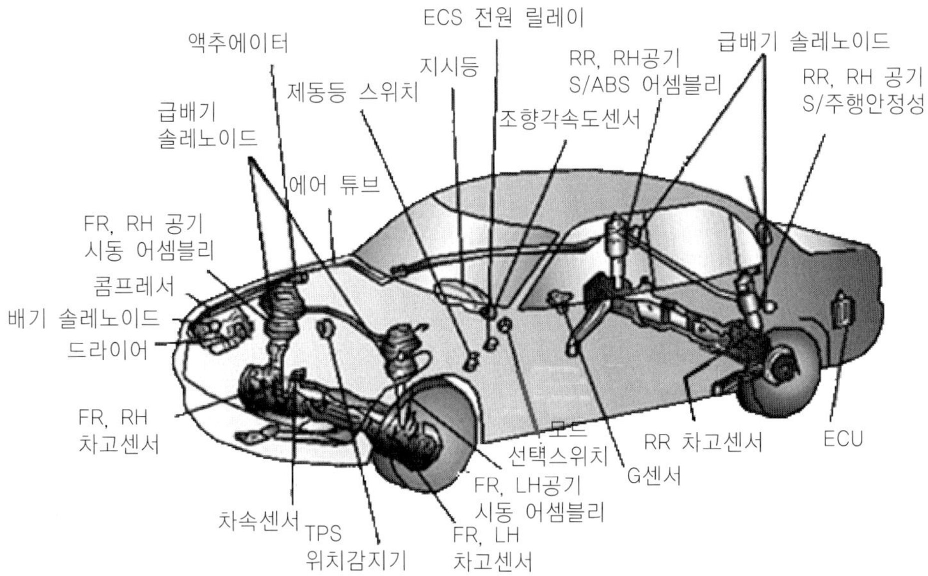

[그림 4] 복합형 반 능동형 현가장치 구성도

현가장치의 스프링상수나 감쇠력이 낮아지면 승차감은 향상되지만 적재 하중의 변화에 따라 자동차 높이 및 차체의 자세 변화가 커져 자동차 안정성이 감소된다. 이 를 방지하기 위해 스프링상수를 낮추어 좋은 승차감을 확보하기 위해서는 필요할 때 스프링상수를 변화시켜 자동차 안정성도 동시에 유지해 주어야 하며, 스프링상수 변화장치로는 공기스프링을 사용한다. 스프링상수 제어는 자동차 높이(차고) 제어, 감쇠력 제어기능을 포함하기 때문에 복합형 현가장치라 한다. [그림 4]는 2세대 복합형 반 능동형 현가장치의 구성도이다.

[3] 무단 감쇠력 가변 반 능동형 현가장치(3세대)

진정한 반 능동형 현가장치라고 할 수 있는 3세대 무단 감쇠력 가변 제어장치는 스카이훅(sky hook)이론을 바탕으로 개발된 것이며, 역방향 감쇠력 가변 쇽업소버를 사용하여 기존의 감쇠력 가변 전자제어 현가장치와 능동형 전자제어 현가장치의 성능을 모두 만족시킬 수 있는 장치이다. 쇽업소버의 감쇠력은 쇽업소버의 바깥쪽에 설치한 가변 솔레노이드밸브에 의해 연속적인 감쇠력 가변이 가능하며, 쇽업소버의 피스톤이 작동할 때 독립된 감쇠제어가 가능하다.

[그림 5]는 3세대 무단 감쇠력 가변 반 능동형 현가장치의 구성도이다.

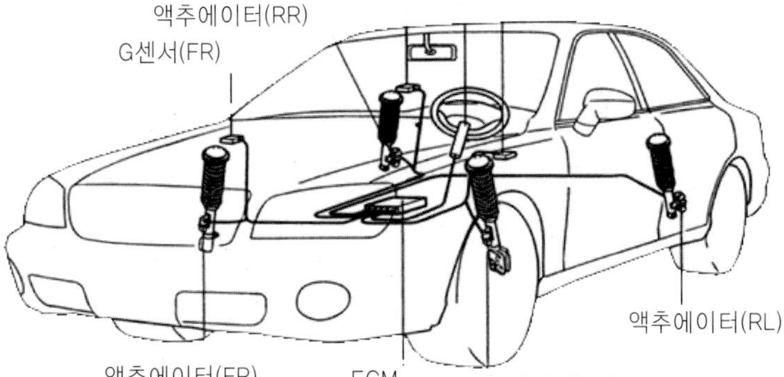

[그림 5] 무단 감쇠력 가변 반 능동형 현가장치

5.2.2. 능동형 현가장치(full-active suspension system)

능동형 현가장치는 반능동형 보다 진보된 형태의 전자제어 현가장치이며, 외부에서 에너지를 공급하여 스프링상수나 감쇠력을 주행조건에 대응하여 적절하게 조절하는 장치이다. 즉, 능동형 현가장치는 적재중량, 도로면 상황, 주행속도 등 여러 가지의 주행 상태에 대응하여, 유압이나 압축공기 액추에이터를 이용하여 자동차 높이(차고) 및 스프링 상수, 감쇠력 등을 최적화시키는 장치로, 반 능동형 장치와 구분하기 위하여 완전 능동형(full-active)으로 표현하기도 한다.

능동형 현가장치는 반 능동형이 지니고 있는 감쇠력제어와 자동차 높이(차고) 조절기능 모두 갖추고 있으며, 자동차의 자세변화에 능동적으로 대처하여 자세를 바로 잡아줄 수 있다. 능동형 현가장치의 기본 개념은 주행할 때 현가장치의 구성요소들이 각각의 상황에 따라 적절히 대응하도록 하는 것이다.

예를 들어 스프링에 가벼운 하중이 얹힐 때에는 탑승자에게 불편함을 수지 않으면서도 자동차의 하중을 충분히 지지할 수 있을 정도까지만 딱딱해 지도록 하거나 갑작스런 차로의 변경에서는 차체의 안정을 유지하기 위해 현가특성을 딱딱해 지도록 제어한다. 또 비포장도로와 같은 불규칙한 도로에서는 자동차 높이(차고)를 상승시켜 하체의 손상을 방지하는 등의 제어를 수행한다.

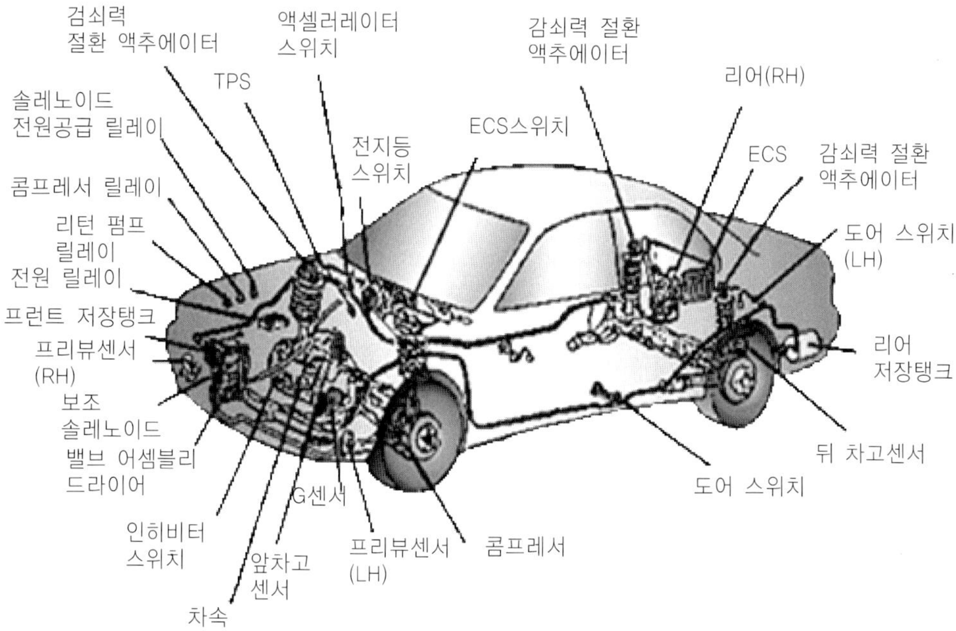

[그림 6] 능동형 현가장치 구성도

능동형 현가장치에 사용되는 센서에는 가속도 센서, 차고센서, 압력센서 등이 있으며, 감쇠력 가변방식이나 공기스프링을 이용한 자동차 높이(차고) 조절방식 보다 더욱더 정밀한 제어를 위하여 센서의 수량 증가 및 정밀도가 높은 것을 사용한다. 제어논리를 포함한 ECU는 증가한 센서의 신호처리 및 정밀한 액추에이터의 제어가 요구되기 때문에 용량이 크고 계산속도가 빠른 것이 필요하다.

특히, 능동형 현가장치는 오동작이 발생하였을 때 안전에 큰 문제를 야기할 수 있으므로 각종 센서 및 액추에이터의 고장진단 및 페일 세이프(fail safety)가 구비되어 있어야 한다.

5.2.3. 도로면 감지(프리뷰 제어) 능동형 현가장치

일반적으로 반 능동형이나 능동형 전자제어 현가장치는 도로면의 변화에 대하여 현가장치의 바운싱(bouncing)주기 등으로부터 도로면 상태를 판단하여 감쇠력을 바꾸거나 공기 스프링의 압력을 조정하는 방식을 사용한다.

이에 비해 도로면 감지 능동형 현가장치는 초음파 펄스방식의 프리뷰센서(preview sensor), 수신센서 등을 이용하여 도로면의 상태를 사전에 검출하여 빠른 시간 내에 쇽업소버의 감쇠력을 바꾸거나 공기스프링의 압력조정 등을 통하여 충격을 훨씬 부드럽게 하여 승차감을 향상시킬 수 있는 장치이며, 프리뷰 제어(preview control)라 한다.

프리뷰 제어는 앞 범퍼 좌우에 설치된 2개의 프리뷰 센서가 자동차의 앞쪽에 있는 도로면의 돌기와 단차를 초음파로 검출하여 돌기 또는 단차를 넘기 전에 쇽업소버의 감쇠력을 최적으로 제어하여 승차감을 향상시킨다. 돌기를 검출한 경우에는 쇽업소버의 감쇠력을 소프트(soft)로 변환시켜 돌기를 넘을 때 충격을 흡수하고, 단차를 검출한 때에는 쇽업소버의 감쇠력을 하드(hard)로 변환시켜 쇽업소버의 스토퍼(stoper)가 차체와 접촉되는 것을 방지한다.

앞으로는 구배정보 등을 추가하여 오르막이나 내리막 등의 주행상황에 따라 쇽업소버의 감쇠력과 제어시점을 조정하여 앞바퀴와 뒷바퀴의 롤(roll)과 선회력을 제어하여 주행안정성을 향상하는 기능도 추가되리라 예측된다. 국내에서는 일부 고급 승용자동차에 설치된 경우가 있다.

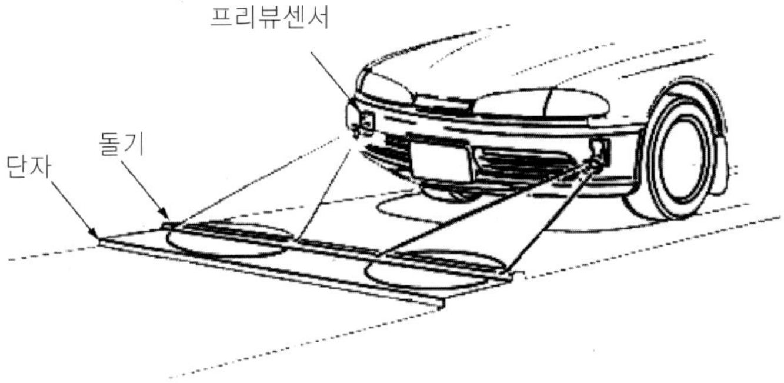

[그림 7] 프리뷰 제어

5.3. 전자제어 현가장치의 입·출력요소

전자제어 현가장치에는 여러가지 형식이 있지만 입·출력요소는 현가장치의 형식과 관계없이 대부분 비슷하다. 다만, 형식에 따라 사용하는 센서 및 액추에이터의 개수나 명칭이 다를 수 있으나 현가장치 형식에 따라 이들 중 선택적으로 사용된다. 특히, 출력요소는 현가장치의 형식에 따라 그 종류가 매우 다를 수 있으나 여기서는 일반적으로 현가장치에 사용되는 입·출력요소에 대한 기본적인 원리 및 구조에 대해 설명하도록 한다. [그림 8]은 전자제어 능동형 현가장치의 입·출력 다이어그램의 한 예이다.

[그림 8] 전자제어 현가장치 입·출력 다이어그램(예)

5.3.1. 전자제어 현가장치의 입력요소

[1] 차고센서(vehicle height sensor)

차고센서는 앞 차고센서와 뒤 차고센서가 있다. 앞 차고센서는 차체와 앞차축의 상대위치(자동차 높이)를 검출하여 자동차 앞쪽의 바운싱(bouncing), 노스다운(nose down) 등의 자동차 높이 수준을 검출한다. 뒤 차고센서는 차체와 뒤차축의 상대위치(자동차 높이)를 검출하여 자동차 뒤쪽의 상태 즉, 바운싱, 피칭(pitching) 등의 자동차 높이 수준을 검출한다.

차고센서는 차체와 차축에 연결되어 있으므로 차체의 상하 움직임에 따라 레버(lever)가 회전하므로 레버의 회전량 변화를 검출한다. 차고센서는 현가장치 형식에 따라 앞뒤에 각각 1개씩 설치하거나 또는 앞쪽에 2개, 뒤쪽에 1개로 최대 3개까지 설치한다.

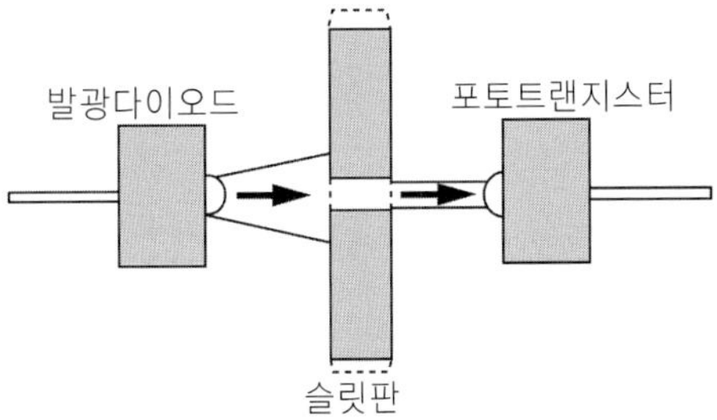

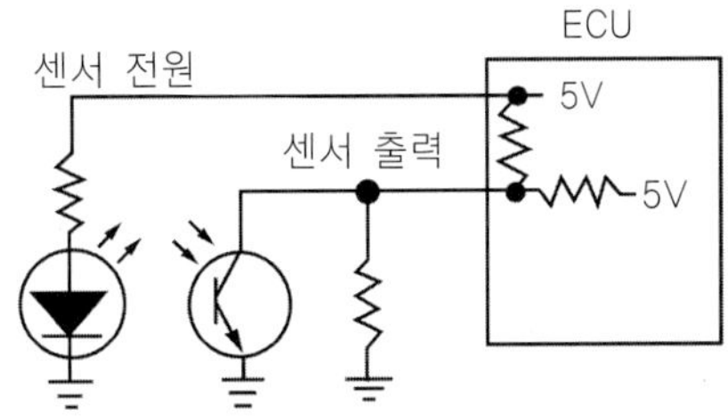

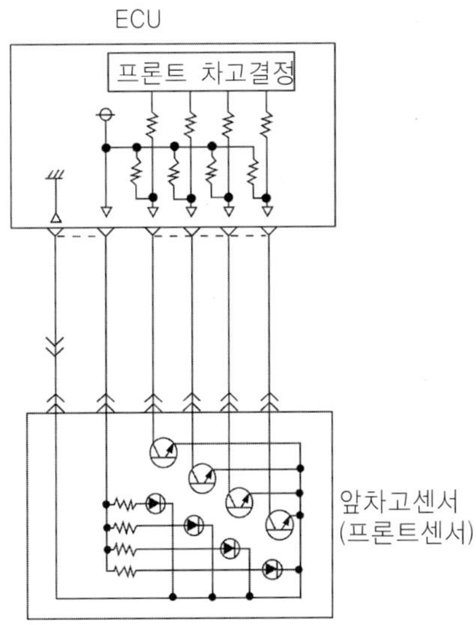

[그림 9] 차고센서(옵티컬 방식)

차고센서를 4바퀴 모두에 설치하지 않는 이유는 4바퀴의 독립적인 제어가 끊임없이 반복되어 차체가 평면을 이루지 못하는 문제가 발생할 수 있기 때문이다. 차고센서 내부는 발광다이오드(LED)와 포토트랜지스터, 슬릿 판(slit plate)으로 구성되어 있다. 자동차 높이(차고)가 변하면 자동차 높이 변화에 대응하여 발광다이오드와 포토트랜지스터 사이의 중앙에 위치한 슬릿 판이 회전한다. 이때 발광다이오드에서 내보낸 빛이 회전하는 슬릿 판에 의해 ON/OFF되면서 포토트랜지스터에 가해진다.

실제 차고센서 내부에는 3~4쌍의 발광다이오드와 포토다이오드가 설치되어 있어 자동차 높이(차고)변화를 여러 단계로 검출한다. 또, 차고센서는 [그림 10]과 같이 가변저항 방식도 사용하는데 이것은 기관에서 사용하는 스로틀 위치센서(TPS) 원리와 같다. 이 센서는 옵티컬방식(optical type)에 비해 자동차 높이의 검출이 정밀한 특징이 있다.

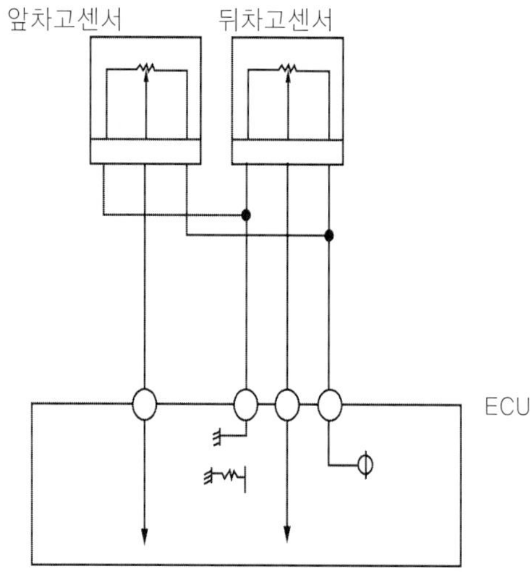

[그림 10] **차고센서(가변 저항방식)**

[2] 조향휠 각속도 센서(steering wheel angle speed sensor)

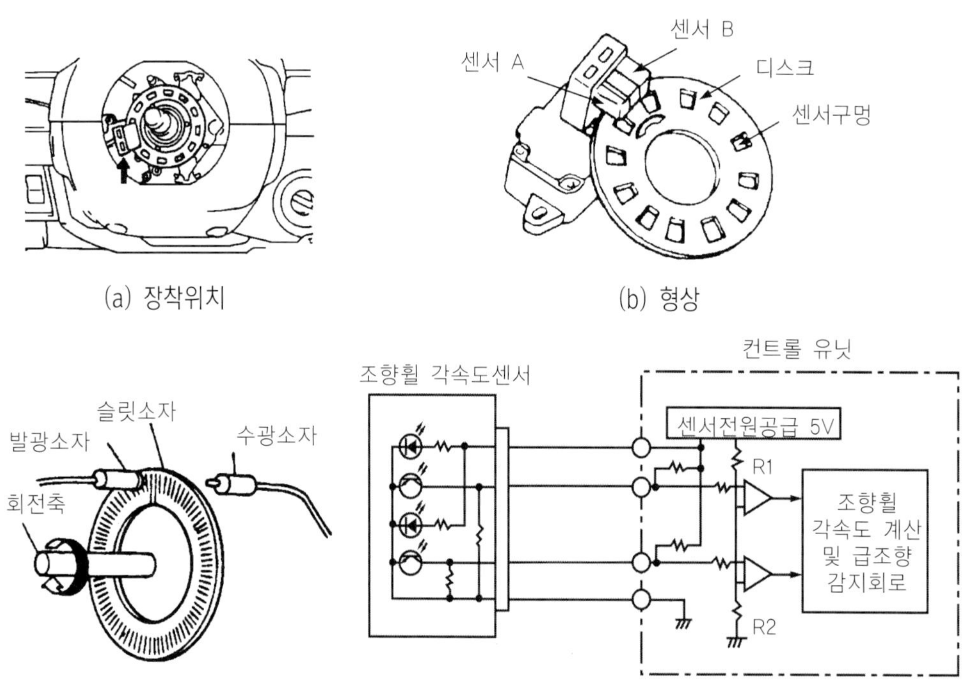

(a) 장착위치 (b) 형상 (c) 원리 (d) 회로도

[그림 11] **조향휠 각속도 센서 회로**

조향휠 각 센서는 조향 축에 설치되어 있으며, 조향 휠을 조작하면 포토 단속기의 발광다이오드(발광소자)와 포토트랜지스터(수광소자)사이에 설치된 디스크 판이 조향 휠의 회전운동에 따라 회전하며, 이때 발광다이오드의 빛이 포토트랜지스터 쪽으로 통과됨에 따라 조향 휠의 조향방향, 조향각도, 조향속도를 검출하여 ECU에 입력시킨다. ECU는 이 신호를 기준으로 좌우 진동[롤(roll)]을 검출한다.

[3] 차속센서(vehicle speed sensor)

자동차의 가 · 감속도를 연산하기 위해 주행속도를 검출하여 ECU로 입력한다. ECU는 롤(roll), 스쿼트(squat), 고속 안전성 등을 제어할 때 입력신호로 사용되며, 변속기 출력축에 설치된다. 차속센서 내부에는 홀(hall) 소자와 트랜지스터가 내장되어 있다.

점화스위치를 ON으로 하면 축전지로부터 공급된 12V의 전원은 [그림 12]의 ①을 통해 ②로 접지되고 전자제어 현가장치로부터 5V가 트랜지스터 C(컬렉터)에 대기하게 된다. 이 때 변속기 피동기어가 회전하면 차속센서 내부에 있는 감응부분에 자력이 형성되어 ③과 ④에 전압이 발생한다. ③에서 발생된 전압에 의해 트랜지스터의 B(베이스)로 흘러서 C(컬렉터)에 대기하고 있던 5V 전원이 트랜지스터 E(이미터)로 흐르게 되어 그림과 같은 디지털 신호를 ECU가 검출한다.

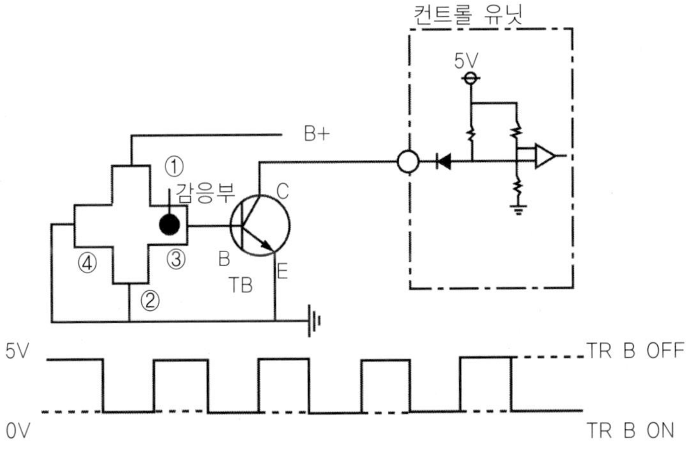

[그림 12] 차속센서

[4] G센서

'G' 센서(가속도 센서)는 자동차가 선회할 때 "G" 센서 내부의 철심이 자동차가 기울어진 쪽으로 이동하면서 유도되는 전압이 변화되는데 ECU는 유도되는 전압의 변화량을 검출한다. ECU는 차체의 기울어진 방향과 기울어진 양을 검출하여 안티 롤(anti roll)을 제어할 때 보정신호로 사용한다.

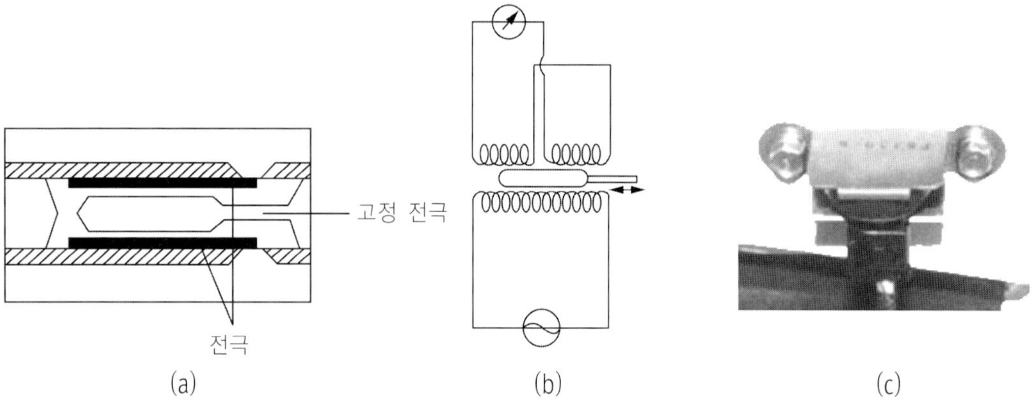

[그림 13] G 센서(가속도 센서)

[5] 스로틀 위치센서(throttle position sensor)

스로틀 위치센서는 운전자가 가속페달을 밟은 양과 변화속도를 ECU로 입력한다. ECU는 이 신호로 운전자의 가·감속 의지를 판단하고 급 가속할 때 안티 스쿼트 제어(anti squat control)의 신호로 사용한다.

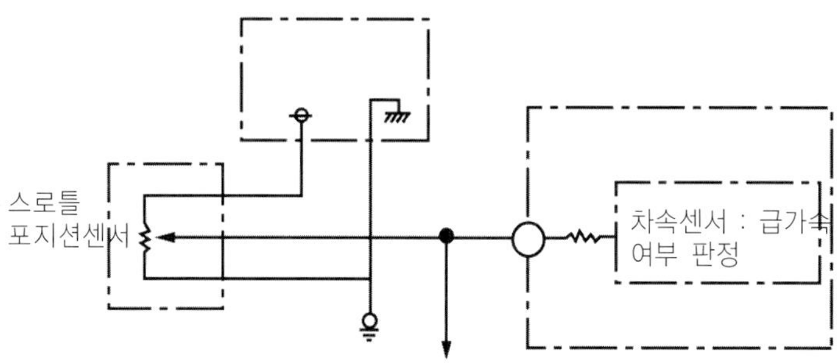

[그림 14] 스로틀위치센서

[6] 뒤 압력센서(rear pressure sensor)

뒤 압력센서는 뒤쪽 쇽업소버 내의 공기압력을 검출하는 역할을 한다. 뒤쪽 쇽업소버 내의 공기압력은 뒷좌석의 승차인원이나 트렁크의 화물 적재량에 따라 많은 변화가 일어난다.

ECU는 뒤 압력센서의 신호로 자동차 뒤쪽의 무게를 감지하여 무게에 따라 뒤 쇽업소버의 공기스프링에 급·배기를 할 때 급기시간과 배기시간을 다르게 한다. 또 승차인원이 과다하거나 화물의 적재량이 많아서 뒤 쇽업소버 공기스프링 내의 공기압력이 규정 압력 이상으로 높아지면 자세를 제어할 때 뒤쪽 제어를 금지한다.

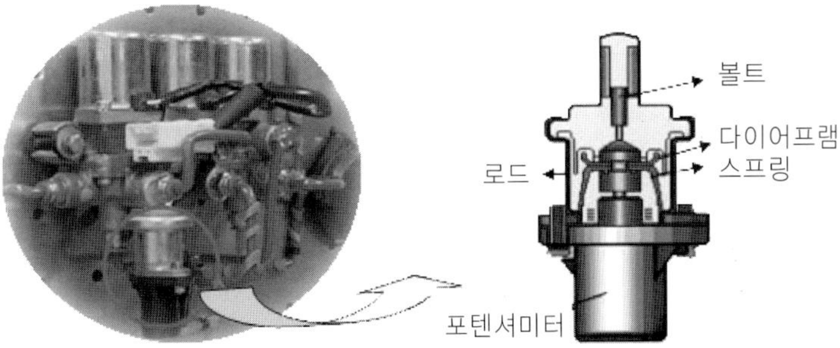

[그림 15] **뒤 압력센서**

[7] 전자제어 현가장치 모드 선택스위치

전자제어 현가장치 모드 선택스위치는 운전자가 주행조건이나 도로면 상태에 따라 쇽업소버의 감쇠력 특성과 자동차 높이(차고)를 변화시키고자 할 때 사용한다.

[그림 16] (a)는 능동형 현가장치용으로 하이(HIGH)모드를 선택하면 계기판의 하이(HIGH)램프가 점등되면서 자동차 높이(차고)가 하이(HIGH)위치로 상승된다. 하이 모드의 선택은 주행속도가 특정속도(예 : 50 km/h) 이하에서 가능하다. 일반적으로 주행을 할 때 자동차 높이(차고)는 노멀(normal)상태를 유지한다. [그림 16] (b)는 감쇠력 가변 현가장치용으로 오토(AUTO)모드를 선택하면 쇽업소버의 감쇠력이 주행조건이나 도로면 상태에 따라 자동적으로 제어되며, 이때 계기판의 오토(AUTO)램프가 점등된다.

(a) 액티브 현가장치용

(b) 감쇠력 가변용

[그림 16] **전자제어 현가장치 스위치의 예**

[8] 각종 스위치

① 브레이크 스위치 신호는 브레이크 페달을 밟았을 때 다이브 제어(dive control)의 기준신호로 사용한다.

② 자동변속기 인히비터 스위치 신호는 변속할 때 진동을 억제하기 위해 감쇠력 제어하는 안티 시프트 스쿼트제어(anti shift squat control)의 기준신호로 사용한다.

③ 전조등 스위치 주행 중 전조등을 점등하였을 때 앞·뒤 자동차 높이(차고)를 모두 로우(Low)로 내려 전조등의 광도가 변화하는 것을 방지한다.

④ 도어 스위치 신호는 승 · 하차 여부를 판단하여 승 · 하차를 할 때 차체의 흔들림을 방지하기 위해 쇽업소버의 감쇠력을 제어한다.

⑤ 공전스위치(idle switch) 신호는 가속페달의 조작여부를 검출하는 스위치이며, 출발할 때 차체의 앞쪽이 들리는 스쿼트현상을 방지하기 위한 앤티 스쿼트(anti squat)제어와 변속레버를 조작할 때 차체의 진동이 발생되는 현상을 방지하기 위한 안티 시프트 스쿼트(anti shift squat)제어를 실행한다.

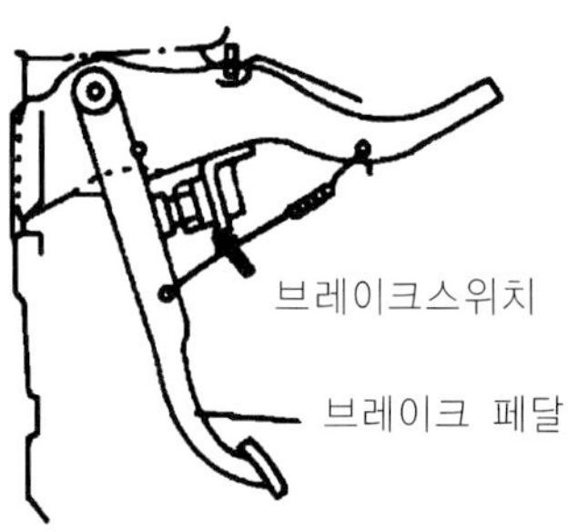

(a) 브레이크 스위치

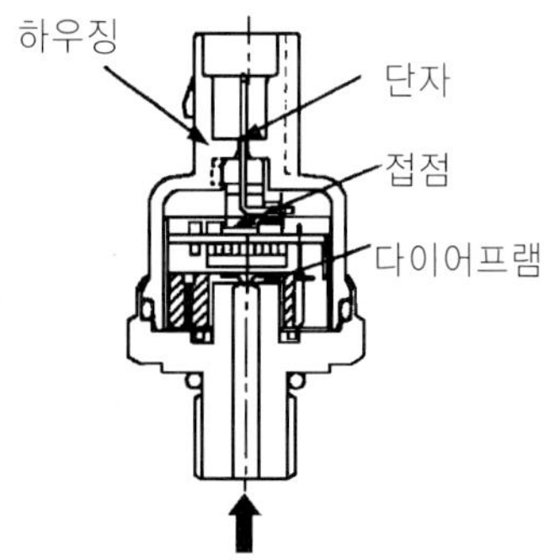

(b) 압력 스위치

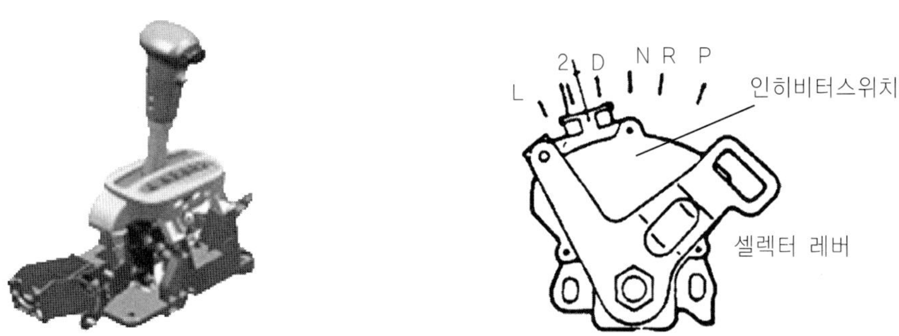

(c) A/T장착용 인히비터 스위치

[그림 17] 현가장치에 사용되는 스위치의 예

[9] 프리뷰센서(preview sensor)

프리뷰센서는 초음파에 의해 차체 앞쪽의 도로면에 있는 돌기 및 단차를 검출하는 기능을 하며, 앞 범퍼 안쪽의 좌·우에 설치되어 있다.

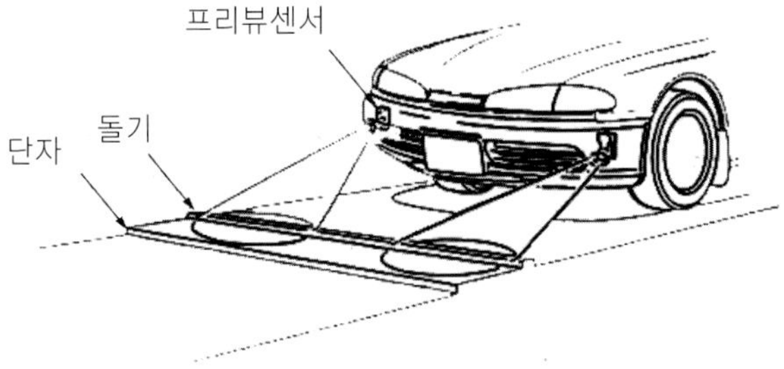

[그림 18] 프리뷰센서 설치위치

(1) 돌기의 검출원리

진동자(압전 세라믹)에 펄스(pulse) 전압을 가해서 얻어지는 초음파는 타이어 앞쪽의 도로면으로 향하여 200 kHz 정도의 주파수로 발신한다. 타이어 앞쪽에 돌기가 있으면 초음파는 돌기에 의해 반사되어 수신기로 되돌아온다. 이때 되돌아오는 초음파의 세기에 의해 전압이 발생되는 전자회로가 구성되어 있어 이 전압의 유무에 따라 앞쪽의 돌기 여부를 검출한다.

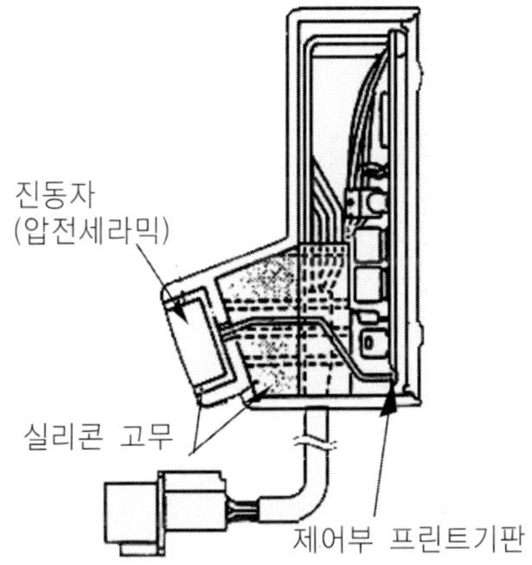

[그림 19] 프리뷰센서의 구조

(2) 단차 검출의 원리

편평하게 보이는 포장도로에서도 도로면에는 작은 요철(凹凸)이 있다. 이 요철에 의해 초음파가 반사되기 때문에 센서에는 약한 초음파가 되돌아오는 것으로 일반적인 주행을 할 때에도 센서내부에는 미세한 전압이 발생된다.

그러나 타이어 앞쪽에 단차가 있으면 센서로 되돌아오는 초음파가 차단되어 진동자에 의한 전압도 0 V가 된다. 이에 따라 앞쪽의 단차를 검출할 수 있다.

5.3.2. 전자제어 현가장치의 출력요소

[1] 스텝모터(step motor)

스텝모터는 각각의 쇽업소버 위쪽에 설치되며, ECU의 신호로 작동된다. ECU는 자동차 운행 중 쇽업소버의 감쇠력을 변화시켜야 할 조건이 되면 스텝모터를 회전시키고 스텝모터가 회전하여 스텝모터와 연결된 컨트롤 로드(control rod)가 회전하면서 쇽업소버 내부의 오일회로가 크게 변화되어 감쇠력이 가변된다.

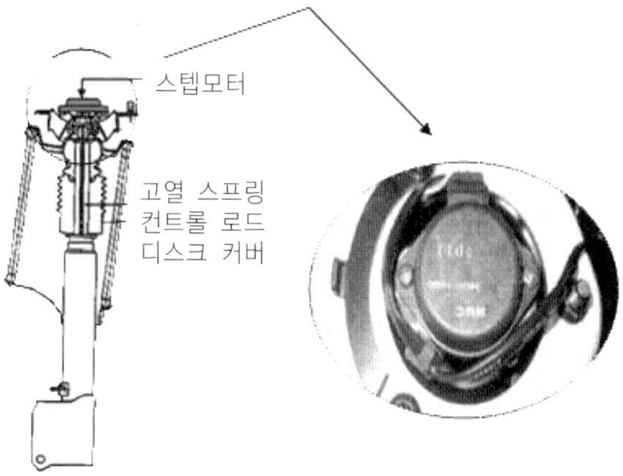

[그림 20] **스텝모터의 구조**

[2] 전자제어 현가장치 지시등

오토(AUTO) 모드일 때에는 소등되며, 운전자가 스포트(SPORT) 모드를 선택하면 ECU는 계기판에 스포트(SPORT) 모드 표시등을 점등시켜 운전자에게 알려준다. 또 장치에 고장이 발생하면 ECU는 "SPORT" 표시등을 점멸시켜 고장을 알려 준다.

[그림 21] **전자제어 현가장치 지시등**

5.4. 전자제어 현가장치의 기능

전자제어 현가장치에는 가속도센서, 차고센서, 조향 휠 각속도 센서, 차속센서 등이 사용되며, 이 센서들은 도로면 상태 등을 포함한 자동차의 주행상태와 가속, 제동, 조향 등 운전자의 의지를 ECU로 전달한다. 또 전자제어 현가장치 선택스위치는 운전자 편의를 위해 마련된 것으로 운전자가 자동차의 운동특성을 승차감 위주 또는 주행안정성 위주로 선택할 수 있도록 하고, 자동차 높이 조절장치는 자동차 높이를 높이거나 낮추고자 하는 정보를 ECU로 전달한다.

ECU는 신호 처리과정을 통해 센서의 신호가 지니고 있는 정확한 정보를 추출해 내고, 이론적 또는 경험적 지식에 바탕을 둔 제어논리에 의해 어떠한 상황에서도 승차감과 주행안정성이 가장 적절하게 이루어지도록 액추에이터를 구동한다.

액추에이터는 장치의 종류에 따라 감쇠력 가변 쇽업소버의 가변밸브 또는 자동차 높이 조절장치의 공기스프링과 공기압축기, 능동형 현가장치의 유압펌프와 유압실린더이다. 지시계는 운전자에게 현재 제어상태에 대한 정보를 주거나 오동작이 발생할 때 운전자에게 경고를 준다. [그림 22]는 전자제어 현가장치의 일반적 구성 및 제어를 나타낸 것이다.

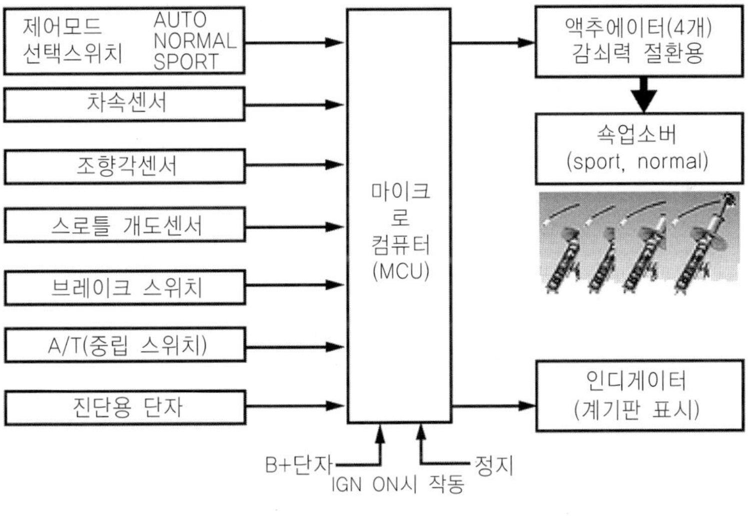

[그림 22] 전자제어 현가장치의 제어도

전자제어 현가장치가 설치된 자동차는 주행조건이나 도로면 상태에 따라 일반적으로 쇽업소버의 감쇠력제어, 자동차 높이 제어(자동차 높이 조절용 쇽업소버 설치 자동차만 해당), 자세제어와 같은 3가지 제어를 통해 기계식 현가장치에 비해 훨씬 넓은 영역에서 안정된 승차감과 주행안정성을 동시에 확보한다. 아래 표는 전자제어 현가장치 종류별 제어기능을 나열한 것이다.

[표 1] 전자제어 현가장치의 종류 및 기능

구 분	감쇠력 가변식		자동차 높이(차고)제어식	
	다단계 감쇠력 가변방식	반 능동형	복합형	능동형
감쇠력 제어기능	[3단계] soft medium hard	무단 제어	[2단계] soft hard	[4단계] super soft soft medium hard
자동차 높이(차고) 제어기능	없음	없음	[3단계] low normal high	[4단계] low normal high extra-high
자세제어	감쇠력에 의한 제어		[자동차 높이(차고)/감쇠력에 최적제어] anti dive, anti roll, anti Squat, anti bounce/pitch 등	

5.4.1. 감쇠력 제어

[1] 감쇠력 제어 필요성 및 기본원리

감쇠란 힘이 줄어서 약해지는 것으로 진동계통의 일부 운동에 대한 저항력에 의해 상실되는 에너지의 소비를 말하며, 감쇠력(damping force)이란 스프링의 움직임(운동)을 멈추려고 하는 쇽업소버의 저항력을 말한다. 감쇠력은 쇽업소버를 신축하는 피스톤의 작동속도에 따라 달라지므로 피스톤 작동속도 0.3 m/sec를 기준으로 하여 비교하는 것이 일반적이다. 감쇠력이 너무 크면 스프링 작용에 저항하는 힘이 크기 때문에 딱딱한 느낌이 들며, 반대로 너무 작으면 스프링의 힘을 억제하지 못하므로 진동량이 많아 둥둥 뜨는 승차감이 된다.

따라서 현가장치에 요구되는 감쇠력은 주행조건에 따라 다르기 때문에 감쇠력을 변환할 수 있는 장치가 필요하다.

일반적으로 쇽업소버의 감쇠력은 [그림 23]과 같이 쇽업소버의 늘어나거나 또는 압축될 때 내부 오일이 이동하는 오일통로의 크기에 의해 결정된다. 따라서 쇽업소버의 감쇠력의 가변은 오일통로의 면적을 변화시키면 가능하다. 전자제어 현가장치는 이러한 원리를 이용하여 일반적으로 양호한 도로를 주행할 때에는 감쇠력을 작게 하여 양호한 승차감을 확보하고, 급조향, 급발진, 급브레이크 상태 등서에는 감쇠력을 크게 하여 차체자세의 변동을 감소시킨다. 또, 험한 도로 등을 주행할 때도 감쇠력을 크게 하여 차체진동을 신속하게 억제시켜 타이어의 접지력 변동을 감소시키는 등의 주행안정성을 확보한다.

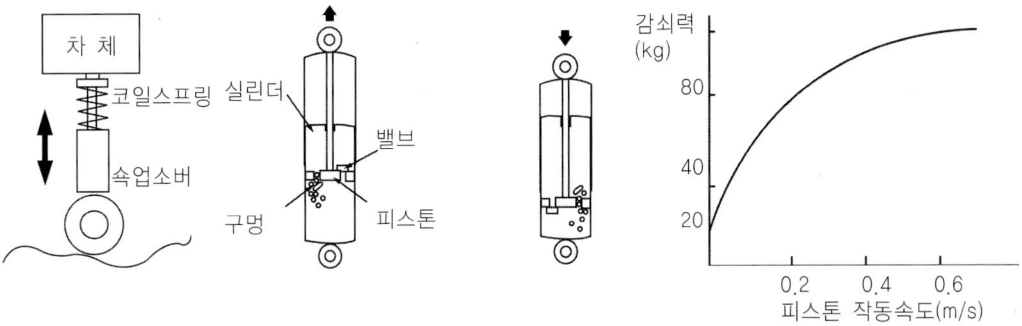

[그림 23] 쇽업소버 작동 및 감쇠력 특성

[2] 감쇠력 가변방식의 종류

감쇠력 특성곡선을 2개 이상 가지는 감쇠력 가변 현가장치는 가변 단수, 액추에이터의 종류 및 설치위치, 제어논리 등에 따라서 다단 가변방식과 연속(무단) 가변방식으로 분류된다.

(1) 다단 가변방식

다단 가변방식은 감쇠력 특성곡선이 가장 낮은 부분에서부터 가장 높은 부분까지 많은 단계를 가지고 불연속적으로 변환되는 장치이다. 단수가 작은 것은 2~4단부터 많은 것은 50단까지 상용화된 사례가 있다. 사용되는 액추에이터로는 ON/OFF 솔레노이드밸브를 사용하거나 스텝모터를 사용한다. ON/OFF 솔레노이드밸브를 이용한 감쇠력 가변방식은 쇽업소버 바깥쪽에 설치된 밸브로 오일 통로를 형성한 뒤 솔레노이드를 이용하여 오일통로를 개폐하는 방법을 이용한다. 스텝 모터를 이용하는 방식은 쇽업소버 위쪽에 위치한 스텝모터가 중공으로 된 쇽업소버 로드 내부에 위치한 컨트롤 로드(control rod)를 회전시켜 그 아래쪽에 고정된 셔터(shutter)가 오일통로의 크기를 변화시킴으로서 오일통로를 오일 저항특성이 다른 몇 개 중 하나로 변환하거나, 오일통로의 유효면적을 변화시켜 오일 저항특성을 점진적으로 바꾸는 방법으로 감쇠력을 조정한다.

제어방식에는 단수가 적은 저단형의 경우 적응형 방식이 사용된다. 이 방식은 자동차가 주행하는 도로면이나 주행조건을 통계적인 방법에 의하여 몇 가지 특징적인 경우로 분류하고, 주행 중 해당조건이 성립된다고 판단되면 감쇠력 특성 곡선을 이동시키고, 해당조건이 해제되면 원래의 감쇠력으로 복귀시킨다. 이 방법의 경우 센서 수량이 많이 필요하지 않으며 4바퀴를 독립적으로 실시간 제어할 필요가 없으므로 응답성도 그다지 빠를 필요가 없다.

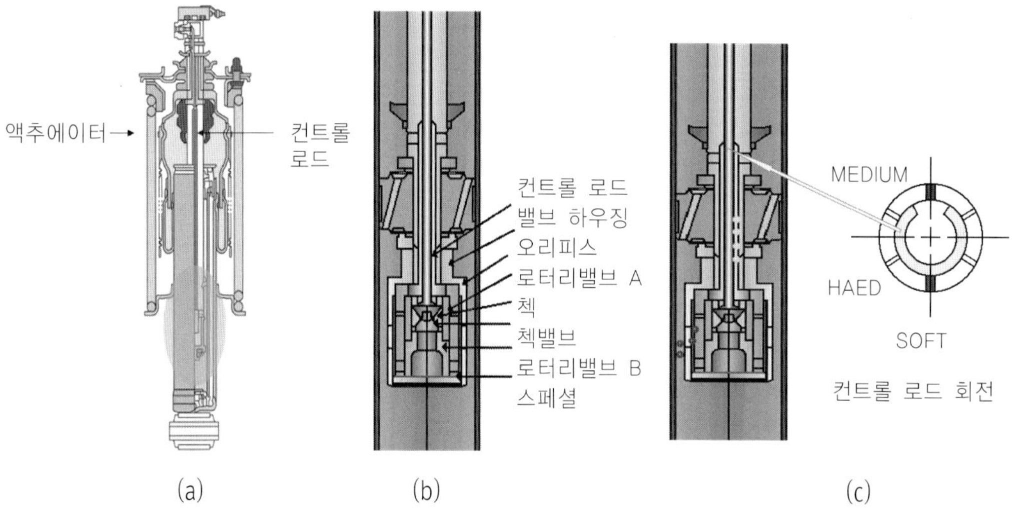

[그림 24] 스텝모터를 이용한 다단계 쇽업소버의 예

한편 스텝모터의 제어 단수가 많은 경우는 실시간 4바퀴 독립제어가 가능한 반 능동형 제어가 사용되는 경우도 있으나 최근에는 많이 사용되지 않는다. 이것은 반 능동형 제어를 사용하기 위해서는 감쇠력의 가변 폭이 커야 하지만, 가변밸브가 쇽업소버 내부의 피스톤 밸브에 설치되어 있어 가변 폭을 늘리는데 한계가 따르기 때문이다. 다단방식의 경우 감쇠력 특성의 천이에 따른 이질감 발생과 소음이 큰 결점이 있다.

초기의 감쇠력 가변 현가장치는 다단방식을 주로 사용하였으나, 최근에는 중형 자동차에 주로 사용되고 있으며, 공기 현가장치(air suspension)와 함께 복합형으로 차체 자세제어에 많이 이용되고 있다.

(2) 연속(무단) 가변방식

연속(무단) 가변 현가장치는 소프트(soft)에서 하드(hard)까지의 감쇠력 곡선이 연속적으로 부드럽게 이동되기 때문에 반 능동형 제어(실시간 4바퀴 독립)에 적합하다. 연속가변을 위해서는 밸브와 일체형인 비례 솔레노이드가 사용되며 쇽업소버의 오일통로를 외부의 가변밸브로 순환시키는 외장형이 많이 사용된다.

외장형은 설치성능과 외부환경에 대해 약한 단점이 있지만 감쇠력 가변 폭이 크고 하드(hard)한 감쇠력이 연속적으로 작용할 때 대기 중으로 자연방열이 되기 때문에 성능이 우수하다. 최근에는 감쇠력 가변 폭이 다소 감소되더라도 설치성능이 좋고 내구력이 우수하도록 쇽업소버 내부의 피스톤 밸브 위쪽에 가변밸브를 설치하는 내장형도 등장하고 있다.

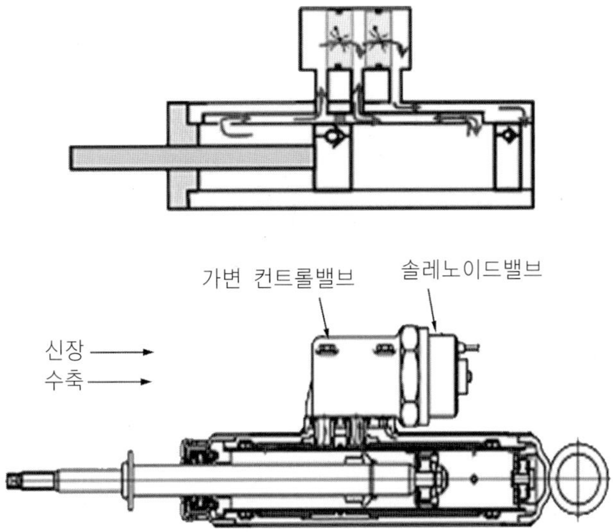

[그림 25] **감쇠력 연속가변 쇽업소버(내장형)**

내장형은 가변밸브 구동을 위한 2가닥의 전선을 통해 외부로 나오기 때문에 기존 수동형 현가장치를 설치 가능한 자동차이면 사용이 가능한 이점이 있어 최근에는 사용이 늘고 있다.

[3] 자동차 운동 및 주행속도에 따른 감쇠력 제어

감쇠력 가변 현가장치는 각종 센서의 정보로 자동차의 운동상태를 판단하고 그때마다 자동차 상태가 최적이 되도록 감쇠력을 조절하여 승차감과 주행안정성을 향상시킨다. 자동차의 운동상태는 자동차의 주행환경이나 운전자의 조작 등에 의해 유발된다. 이러한 운동은 크게 수직, 가로, 세로방향의 3방향 운동과 주행속도의 변화로 구분할 수 있으며 일반적으로 아래와 같이 제어한다.

(1) 수직방향 운동감지 및 제어

차체나 차축에 설치되는 수직 가속도 센서(G-센서) 또는 차체와 차축사이에 연결된 차고센서를 이용한다. 수직방향의 승차감 제어는 일반적으로 수직 가속도 센서(G-센서)

를 이용하여 실행한다.

만약 수직 가속도 센서(G-센서)가 앞뒤로 각각 1개 이상이 설치되어 있으면 바운스(bounce) 뿐만 아니라 피치(pitch)운동에 대한 제어가 가능하며, 좌우로 설치되어 있으면 롤(roll) 운동에 대한 제어도 가능하다. 또 수직 가속도 센서(G-센서)를 이용하여 도로면의 특성도 검출해 낼 수 있는데, 고주파 성분이 많은 험한 도로의 경우에 감쇠력을 중간정도로 조절하여 충격이 너무 크지 않도록 하고, 타이어의 접지력을 잃지 않도록 조절할 수 있다. 굴곡이 심한 도로나 과속 방지턱에서는 감쇠력을 강하게 하여 차체의 작동이 수평이 되도록 할 수 있다. 승차감 제어는 기본적으로 피드백 제어(feed back control)인데, 이것은 도로면 형상이 타이어를 통해 차체에 진동으로 전달되고 수직 가속도 센서(G-센서)가 이 진동을 검출하여 제어를 수행하기 때문이다.

초음파 센서나 레이저 센서를 앞쪽 범퍼에 설치하여 도로면을 예측하여 피드포워드(feed forward)로 제어하는 프리뷰 장치도 있으나 과도한 연산량에 비해 도로면 판정 정밀도가 낮고, 오 판정이 일어나면 오히려 승차감이 나빠질 수 있어 효용은 높지 않다.

(2) 가로방향 운동감지 및 제어

횡 가속도센서나 조향휠 각속도 센서가 사용되며, 경우에 따라서는 ABS용으로 사용되는 휠스피드 센서 등을 이용한다. 가로방향의 롤(roll)제어는 주행속도 조향 각속도로부터 자동차의 횡가속도 변화를 계산하여 감쇠력을 딱딱(hard)하게 설정하여 자동차의 롤을 억제하여 주행안정성을 높인다.

이 때 앞뒤의 감쇠력 분배를 다르게 하면 요(yaw) 운동특성도 조절이 가능하며, 자동차의 조향특성을 언더 스티어링(under-steering)나 오버 스티어링(over-steering)로 튜닝하는 것도 가능하다. 조향 휠 각속도 센서 대신 횡 가속도센서를 직접 사용하기도 한다.

(3) 세로방향 운동감지 및 제어

차속센서, 브레이크 센서, 스로틀 위치센서(TPS) 등이 이용한다. 세로방향의 다이브 제어(dive control)는 브레이크를 작동할 때 감속도에 의해서 앞뒤로 하중 이동이 발생하여 차체 앞쪽이 내려가는 현상을 방지하기 위하여 감쇠력을 앞바퀴는 압축 하드(hard), 뒷바퀴는 인장 하드(hard)로 제어한다.

그리고 세로방향 운동인 스쿼트 제어는 출발할 때 차체 앞쪽이 들리는 현상을 방지하기 위해서 스로틀 위치센서(TPS)나 기관 회전속도를 검출하여 설정 값 이상인 경우, 감쇠력을 앞바퀴는 인장 하드(hard), 뒷바퀴는 압축 하드(hard)로 제어한다.

(4) 주행속도 검출 및 주행속도 감응제어

주행속도 감응제어는 고속에서는 자동차의 안정성이 승차감보다 중요하므로 일정 주행속도 이상에서는 감쇠력의 크게 하여 전체적으로 차체의 작동을 최소화 한다. [그림 26]은 각 자동차 운동 방향별 제어기능과 사용되는 센서의 예를 나타낸다.

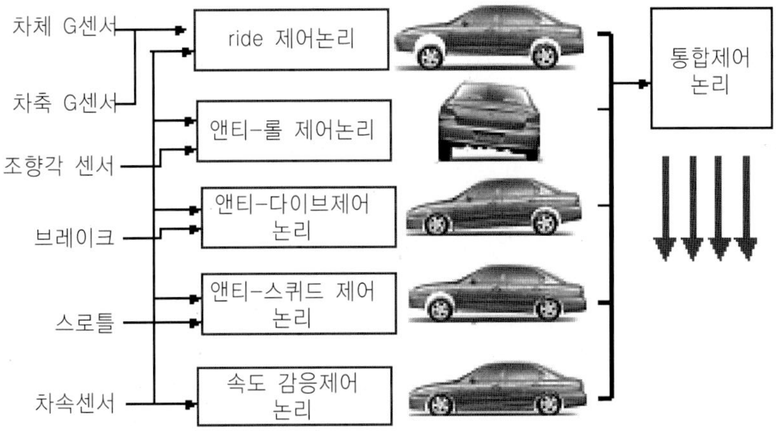

[그림 26] 감쇠력 가변장치의 제어 기능도

[4] 감쇠력 제어방식 분류

위의 설명과 같은 각종제어 방법에 있어서 전자제어 현가장치에는 적응성(adaptive) 제어 방식과 반 능동형 방식이 있다.

(1) 적응성(adaptive)제어 방식

적응성 제어방식은 임계값 방식이라고도 한다. 이것은 센서 입력을 신호 처리하여 만들어진 내부 신호가 미리 정해진 임계값을 초과하는 경우에 자동차의 주행조건이 변화된 것으로 판정하고 이에 맞게 감쇠력 특성을 높이거나 낮추는 제어방식이다.

(2) 반 능동형 방식(스카이 훅 제어)

반 능동형 방식은 센서 신호를 실시간으로 입력받아 자동차의 주행조건을 끊임없이 관찰하여 감쇠력을 실시간으로 4바퀴를 독립적으로 제어하는 방식으로 스카이 훅(sky-hook)방식이라 한다.

스카이 훅 제어의 개념은 도로면의 외란에 의한 차체의 수직 가속도를 줄이기 위하여 가상적인 기준면에 감쇠기구를 설치한 것이다. 마치 공중에 매달려 있는 놀이기구를 탄 듯 진동 없이 부드럽게 '공중을 달리는' 것 같은 승차감을 확보하여 제어하는 것을 뜻한다.

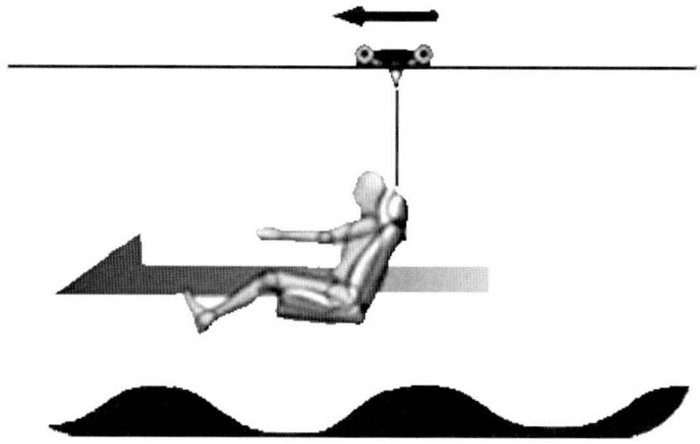

[그림 27] 스카이 훅 제어원리

즉, 도로면 상황에 따라 차체의 진동을 감쇠력 가변제어로 흡수해 차체 아래쪽에서의 진동은 쇽업소버에서 모두 흡수하여 차체가 공중에 매달려 있는 것과 같이 진동으로 인한 심한 요동이 차체에 전달되지 않도록 제어하는 것이다. 이를 실현하기 위하여 차체와 차축사이에 기존 쇽업소버와는 달리 역전 가변 쇽업소버(reverse variable damper)가 설치되어 있다. 역전 가변 쇽업소버는 2개의 서보밸브에 의해 작동되며, 이 서보밸브는 감쇠력 특성이 50m/sec 내의 빠른 속도로 전류 제어되며, 이를 통하여 쇽업쇼버의 감쇠력이 가변된다.

(a) 1단계

(b) 2단계

(c) 3단계

(d) 4단계

(e) 5단계

[그림 28] 스카이 훅 제어 상태도

예를 들면, 일반적인 직진주행을 할 때에는 자동차의 승차감 향상을 위해 감쇠력이 차체의 움직임을 최소화시킬 수 있는 방향으로 제어된다. 차체의 움직임이 위로 향하는 경우, 즉 쇽업소버가 압축될 때 [그림 29] (c)는 약한(soft) 감쇠력이 제공되고 반면에 쇽업소버가 늘어날 때 [그림 29] (d)는 강한(hard) 감쇠력이 작용되는 이른바 하드-소프트 조합의 오일통로가 쇽업소버 내에 형성될 수 있도록 2개의 서보밸브를 전기적으로 제어한다. 이와 반대로 차체의 움직임이 아래로 향하는 경우 [그림 29] (e)에는 소프트-하드 조합의 오일통로 형성이 이루어진다.

따라서 차체의 운동만을 측정하여 차체의 상하 움직임 방향에 따라서 가변 쇽업소버의 2가지 조합된 오일통로가 전환 제어되는 이른바 역전 가변 쇽업소버를 이용하므로 자동차의 승차감을 크게 향상시킬 수 있다. 스카이 훅이란 차체와 도로면 사이의 상대적 움직임을 말하며, 감쇠력 제어의 필요성에 적용된다.

1) 쇽업소버 감쇠력이 불필요한 경우
  ① 차체가 상승하면서 쇽업소버가 압축될 때,
  ② 차체가 하강하면서 쇽업소버가 늘어날 때.
  ③ 감쇠력 가변 쇽업소버를 SOFT로 변환한다.

2) 쇽업소버 감쇠력이 필요한 경우
  ① 차체가 상승하면서 쇽업소버가 늘어날 때.
  ② 차체가 하강하면서 쇽업소버가 압축될 때.
  ② 감쇠력 가변 쇽업소버 감쇠력을 차체의 상하속도에 대응하여 제어한다.

5.4.2. 자동차 높이(차고) 제어

[1] 자동차 높이 제어의 개요

자동차 높이 제어란 승차인원이나 적재하중의 변화에 따른 차체자세의 변화를 억제하고, 고속으로 주행할 때 자동차의 높이를 낮춰 주행안정성을 높이며, 험한 도로를 주행할 때 자동차 높이를 높여 도로면과의 접촉을 방지하는 등의 차체높이를 조정하여 차체의 자세가 안정되도록 유지하는 제어를 말한다.

금속 스프링에 비해 유연한 공기 스프링의 특성을 이용한 공기 현가장치(air suspension)는 1940~50년대부터 경쾌한 승차감 확보를 위해 중대형 승용자동차와 버스에서 사용되어 왔다. 초기에 사용된 이들 장치는 주로 기계적인 방식을 사용하기 때문에 수평의 자동차 높이 유지 기능만을 하였으나 전자제어 방식의 자동차 높이 조절장치가 1980년대 이후부터 출현하기 시작하였다. 이 장치는 단순한 수평 유지기능을 벗어나, 앞·뒷바퀴에 2~3개의 차고센서를 설치하여 운전자가 자동차 높이를 2~3단계로 선택할 수 있다. 또 주행속도나 도로면 상태에 따라 자동차 높이를 자동적으로 높이거나 낮출 수 있어 최저 지상고 확보 및 자동차의 자세제어가 가능하다.

최근에 수요가 증가하는 RV(recreational vehicle), SUV(sport utility vehicle)는 뒷바퀴의 하중변화가 일반적인 승용자동차에 비해 커지는 경향이 있다. 따라서 자동차의 적재상태에 따라 자동차 높이가 변화하면 주행할 때 자동차의 정역학 및 동역학적 특성 변화를 수반하게 된다. 즉 앞바퀴에 대한 평형문제로 승차감이 저하되고, 자동차 높이 변화에 따른 현가장치 기구학 변화로 주행안정성(핸들링)이 저하되어 이들 차량은 자동차 높이 조절방식의 현가장치 사용이 늘어나게 있다.

기본적인 자동차 높이 유지 및 조절기능 이외에도 승차감 측면에서는 자동차 하중 변화에 따라 스프링 강성이 증가하여 부드러운 승차감의 확보가 가능하며, 주행안정성 측면에서는 자동차 높이에서의 최적의 기구적 특성을 항상 유지하여 적재상태에서도 안정성이 확보된다. 아래 표는 높이 조절장치를 설치하지 않는 자동차와 설치한 자동차의 차이점을 나타낸 것이다.

[표 2] 자동차 높이 제어 현가장치의 장점

항목	높이 조절장치를 설치하지 않은 자동차	높이 조절장치를 설치한 자동차
자동차 높이	적재상태에서 자동차 뒤쪽의 높이가 설계값 보다 낮아진다.	자동차 적재상태를 검출하여 설계된 높이를 유지한다.
승차감	적재하중에 따라 변동(일정한 스프링 상수)	최적의 승차감 유지(가변 스프링 상수)
주행 안정성	자동차 높이 변동에 따른 현가장치의 기구학적 변화로 적재상태에서 안전성 미흡	현가장치가 기구학적으로 유기적인 안정성 확보
편의성	–	· 화물을 적재하였을 때 자동차 높이를 낮춘다. · 비포장도로에서 자동차 높이를 높인다.

[2] 자동차 높이 제어 현가장치 종류

자동차 높이 제어장치는 제어방법에 따라 기계방식과 전자제어 방식으로 분류된다. 또 구동방식에 따라 유압방식과 압축공기 방식으로 대별되며, 유압방식은 다시 하이드로 뉴매틱 방식과 잭 방식으로 분류된다.

(1) 하이드로 뉴매틱 방식(hydro pneumatic type)

이 방식은 금속 스프링을 병용하는 것과 병용하지 않는 것으로 분류되며, 오일펌프에서 배출된 오일을 압력 조절기를 이용하여 메인 어큐뮬레이터(main accumulator)에 저장해 두고, 레벨링 밸브(leveling valve)에 의해 유압을 유압실린더로 공급 또는 배출하여 자동차 높이를 조절한다.

레벨링 밸브는 스태빌라이저(stabilizer)에 설치되며, 자동차 높이의 변화에 따른 스태빌라이저의 변위를 이용하여 레벨링 밸브의 스풀을 이용하여 유압의 공급과 배출을 기계적으로 조절하여 자동차 높이를 변화시키며, 레벨링 밸브를 수동으로 제어하여 자동차 높이를 변화시킬 수도 있다. 유압의 공급 및 배출량은 공급압력이나 실린더 압력에 따라 변화하기 때문에 차체 전체를 일정한 속도로 상승 및 하강시킬 수 없는 경우가 있다.

(2) 잭 방식(jack type)

이 방식은 각 바퀴에 유압 잭, 전동모터로 구동되는 오일펌프, 오일탱크, 스풀밸브, 압력스위치 등으로 구성되고, 자동차 높이 선택스위치나 주행속도 신호에 따라 오일펌프를 정방향 또는 역방향으로 회전시켜 발생된 유압을 쇽업쇼버의 마운팅 실린더로 공급하여 실린더내의 플런저를 상하로 이동시킴으로서 자동차 높이를 조절한다.

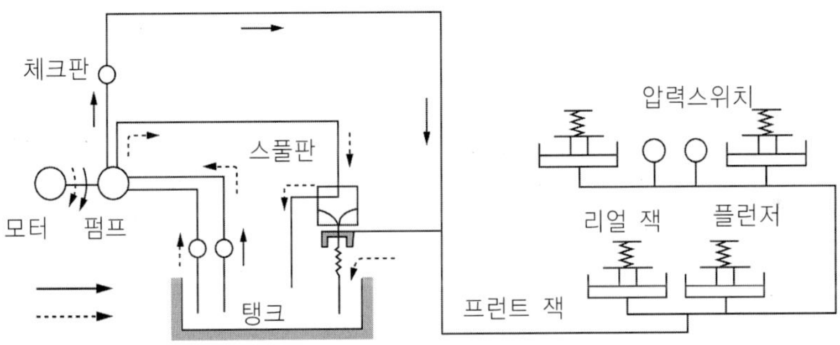

(a) 유압잭식의 차고제어 유압 회로도

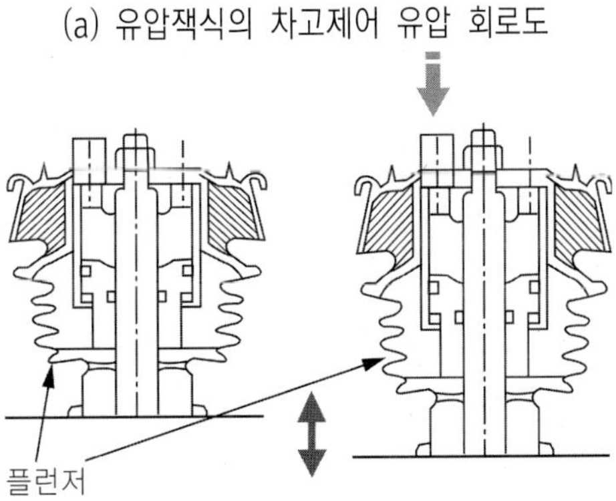

(b) 유압잭식의 차고제어 상태

[그림 29] 잭 방식 시스템

(3) 압축공기 방식

이 방식은 차고센서나 그 밖의 센서신호를 제어회로에서 처리하며, 공기 현가장치나 하이드로 뉴매틱 현가장치의 압력과 행정(stroke)을 제어하여 자동차의 높이를 조절하기 때문에 기계방식에 비하여 광범위하고 높은 수준으로 제어를 할 수 있다.

[그림 30]은 공기 스프링을 이용한 자동차 높이 조절 현가장치이다. 압축공기 공급장치는 모터구동용의 압축기, 드라이어, 공기탱크 등으로 구성되어 있다. 차체 스프링을 대체하는 공기 스프링은 쇽업소버 일체형으로 롤링 다이어프램(roll diaphragm)을 일체화시킨 것을 일반적으로 사용하나, 분리형으로 차체와 차축사이를 직접 결합하는 경우도 있다. 차체자세의 변화는 차고센서로 검출하고 ECU에서 목표(기준)위치로 되도록 솔레노이드밸브를 제어하여 공기 스프링으로 공기를 공급하거나 배출하여 자동차 높이를 조절한다. 차고센서는 앞뒤에 각각 1개씩 설치하거나 최대 3개까지 설치하는데, 4바퀴 모두에 설치하지 않는 이유는 4바퀴의 독립적인 제어가 끊임없이 반복되어 차체가 평면을 이루지 못하는 문제가 발생하기 때문이다.

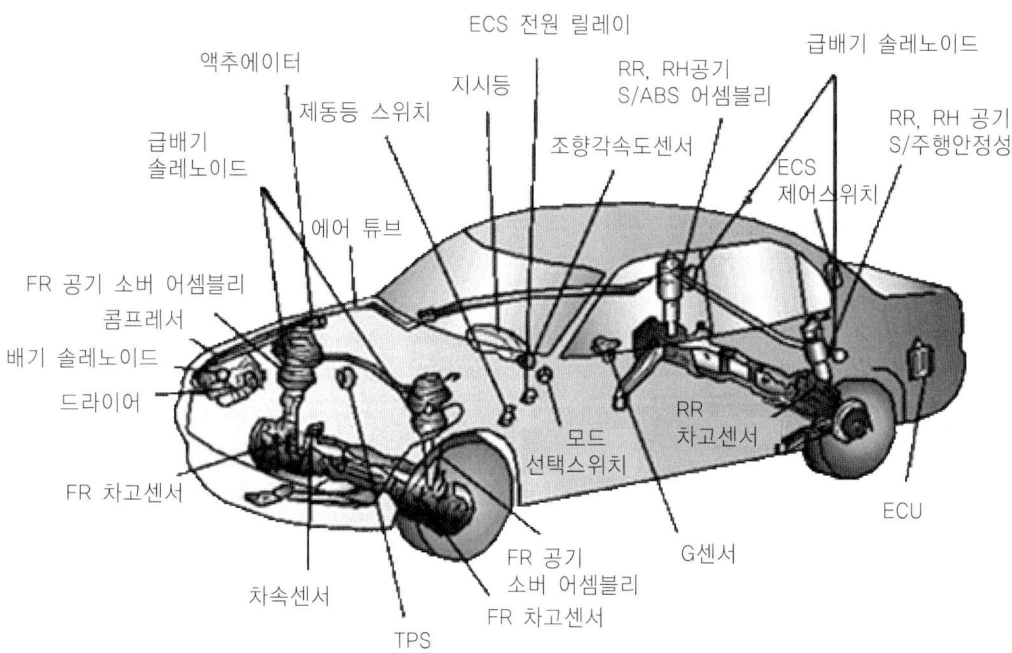

[그림 30] 전자제어 공기 현가장치의 구성도의 예

공기압축기는 압축공기를 발생하여 공기 스프링 내부로 유입시켜 자동차 높이를 조절한다. 공기탱크는 자동차 높이를 상승 제어할 때 시간을 단축시키기 위해 사용되는데, 압축기의 용량을 크게 하고 공기탱크를 사용하지 않는 방식도 있다. 압축공기 방식의 경우는 압축 공기회로 내의 수분제거가 필요하기 때문에 드라이어(dryer)를 설치하여 공기스프링 내부로 수분이 침투하는 것을 억제한다. 드라이어는 수분흡착제인 실리카겔을 일반적으로 사용하며, 공기를 배출할 때에 감압재생을 하는 압력 윙 방식(presser wing type)에 의하여 수분의 포화를 방지한다. 또 공기탱크에는 리턴펌프(return pump)를 설치하여 압축공기의 소비를 줄이고 고압화하여 장치의 응답성을 개선시킨다.

특히, 공기탱크를 사용하여 공기압축기의 빈번한 작동을 방지하여 장치의 수명연장, 소음 감소, 에너지 소비 절감 등의 효과를 얻을 수 있다. 자동차 높이제어를 위한 일반적인 제어흐름은 [그림 31]과 같다. 빈번한 자동차 높이 변화에 대해 둔감하게 작용하도록 하기 위해 신호처리 과정을 통해 평균적인 자동차 높이 값을 추출해 내고, 목표 자동차 높이와의 오차를 이용하여 공기공급 및 배출 여부와 제어량을 결정한다.

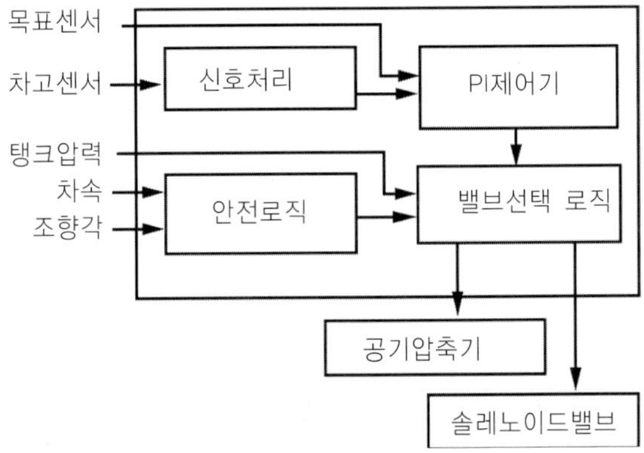

[그림 31] 자동차 높이 제어 흐름도

밸브의 선택논리는 공기공급과 배출 또는 현재의 자동차 높이 유지에 따른 각종 솔레노이드밸브의 ON/OFF 여부와 공기탱크의 압력을 검출하여 공기압축기 작동여부를 결정한다. 또 주행속도와 조향각도 등의 정보를 이용하여 주행속도 감응제어와 선회할 때 안쪽과 바깥쪽 바퀴의 높이 차이를 보정하는 자세제어 여부를 결정한다.

이러한 전자제어 공기 현가장치는 앞에서 설명한 다단(2~4단) 감쇠력 가변장치와 겸용하여 사용된다. 최근에는 감쇠력 연속가변 장치와도 결합하여 사용하는 장치도 등장하고 있으며, 이런 경향은 성능의 극대화가 요구되는 최고급 승용자동차를 중심으로 점차 확대될 전망이다.

[3] 자동차 높이 조절용 쇽업소버 종류

자동차 높이 조절용 쇽업소버는 크게 하이드로 뉴매틱 방식(유압방식), 전기방식, 압축공기 방식으로 분류된다.

(1) 하이드로 뉴매틱(hydro-pneumatic)방식

이 방식은 유압을 매개체로 질소가스의 반발력을 이용하는 것으로 고압가스를 사용하여 쇽업소버의 크기를 줄일 수 있다.

(a) 하이드로 뉴메틱 방식 구성도

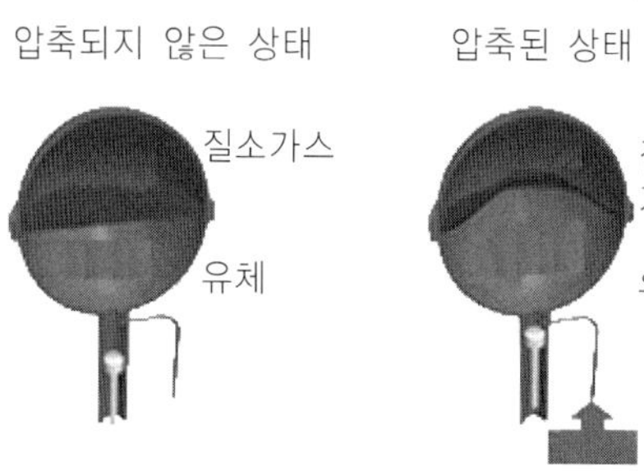

(b) 유압공급 전후상태

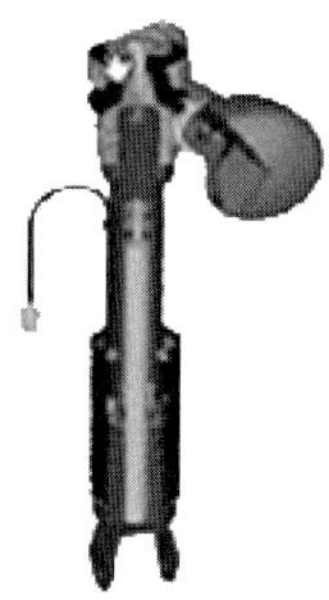

(c) 외관

[그림 32] 하이드로 뉴매틱 쇽업소버

(2) 전기방식

이 방식의 자동차 높이 조절장치는 DC모터와 선형기어를 이용하여 자동차 높이를 조절하는 것으로, 군용차량을 중심으로 개발되고 있으나 아직 승용자동차에는 사용되지는 않는다.

(3) 압축공기 방식

압축공기 방식 자동차 높이 조절장치는 공기스프링 내부의 밀폐된 공간에 주입된 공기의 압축성을 이용하여 압력을 조절함으로서 자동차 높이 및 스프링의 강성을 조절한다. 특히, 공기스프링은 가해진 하중에 비례하여 스프링 상수가 증가하여 적재상태에서 거의 일정한 차체 공진 주파수를 유지하므로 공차상태와 적재상태의 승차감 변동이 크지 않은 장점이 있다. 공기스프링은 강화고무 재질의 롤링 다이어프램으로 행정(stroke)에 따른 스프링 상수 변동을 방지하고 가로방향의 강성을 확보하기 위하여 2~4중의 다이어프램 구조로 되어 있으며, 그 사이에 철심을 넣어 사용한다.

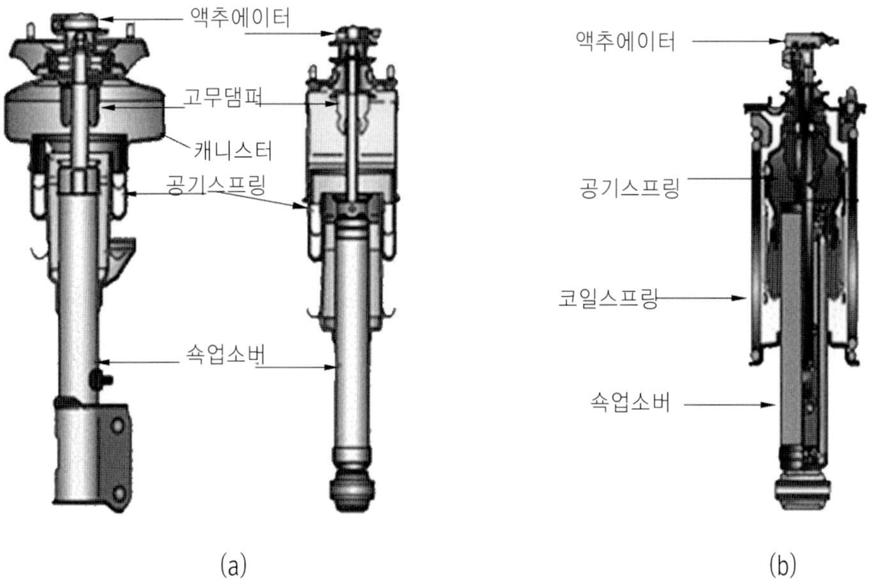

[그림 33] 압축공기식 자동차 높이(차고) 조절 쇽업소버

공기스프링은 [그림 33] (a)와 같이 스프링을 사용하지 않은 형식과 [그림 33] (b)와 같이 스프링을 사용하는 방식이 있다. 공기스프링은 자동차 높이를 상승시킬 때에는 압축공기를 공기실(air chamber)에 공급하고, 자동차 높이를 낮출 때에는 압축공기를 배출하는 제어를 통해 이루어진다.

[4] 자동차 높이 제어장치의 구성

능동형 전자제어 현가장치의 압축공기 회로는 자동차 높이를 조절할 경우를 제외하고 주행 중의 제어는 닫음 밸브를 사용하여 압축공기 에너지의 유효하게 활용한다. 공기탱크(앞쪽)는 공기 스프링에 공기를 공급하는 고압탱크와 롤(roll) 제어 등의 자세제어를 할 때에는 공기스프링 내의 공기를 잠시 배출하는 저압탱크로 구성되어 있다.

탱크내의 압력은 앞쪽과 뒤쪽을 동시에 조절하며, 공기탱크의 고압탱크 압력이 설정값 이하로 되면 고압스위치가 "ON" (공기압축기 릴레이가 "ON")되어 공기압축기가 작동하고, 설정 값 이상(고압)되면 "OFF" 되어 정지한다. 이 작용으로 공기탱크의 고압실에는 항상 일정압력의 공기가 저장되어 있다. 리턴펌프(return pump)는 저장탱크의 저압실 압력이 설정값 이상이 되면 저압스위치가 "OFF" (리턴펌프 릴레이가 "ON")하여 리턴펌프가 작동하고, 설정값 이하(저압)로 되면 "ON" 되어 정지한다.

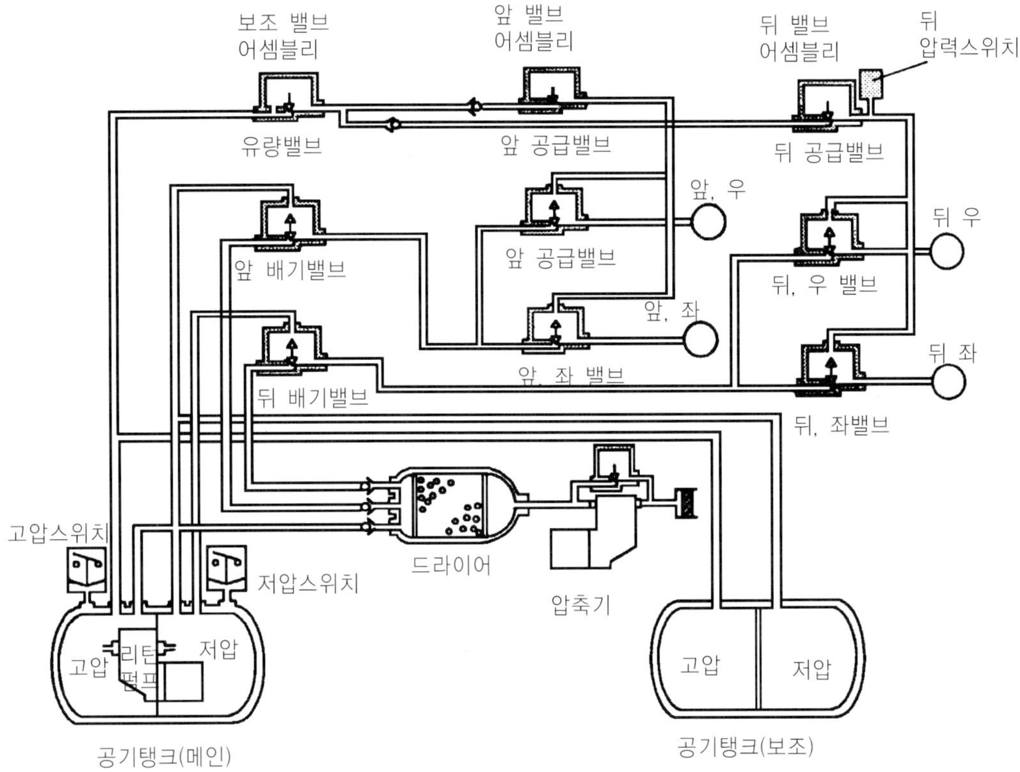

[그림 34] 능동형 전자제어 현가장치 공기회로 및 구성도

공기압축기는 자동차 높이 조절용의 배기밸브를 내장하고, 자동차 높이를 낮출 때 이 밸브를 작동시켜 공기 스프링내의 공기를 대기로 방출시킨다. 드라이어는 공기압축기와 공기탱크사이에 위치하여 압축공기 중에 함유된 수분을 내장된 실리카겔에 의해 흡착하여 장치내의 부식을 방지한다.

(1) 자동차 높이 조절 공기회로 구성부품

1) 공기탱크

공기탱크는 압축공기를 공급하는 고압탱크와 자세를 제어할 때 배출공기를 저장하는 저압탱크, 리턴펌프, 고압스위치, 저압스위치로 구성되어 있다. 공기탱크는 메인탱크와 보조탱크 등 2개가 있으며, 공기호스에 의해 병렬로 연결되어 있다.

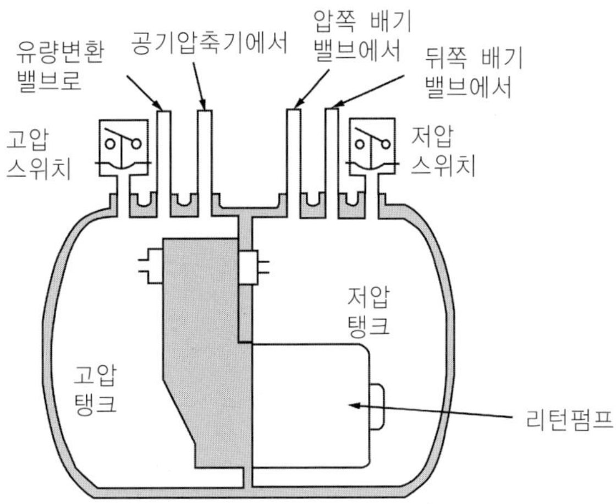

[그림 35] 공기탱크의 구조도

2) 고압스위치

고압탱크 내의 압력이 설정 값 이하로 낮아지면 ON되어 공기압축기가 작동하고 설정 값 이상으로 높아지면 OFF되어 공기압축기의 작동이 정지된다. 따라서 고압탱크 내에는 압축공기가 저장되어 있다.

3) 저압스위치

저압탱크 내의 압력이 설정 값 이상으로 높아지면 OFF되어 리턴펌프를 작동하고 설정 값 이하가 되면 ON되어 리턴펌프의 작동을 정지시킨다.

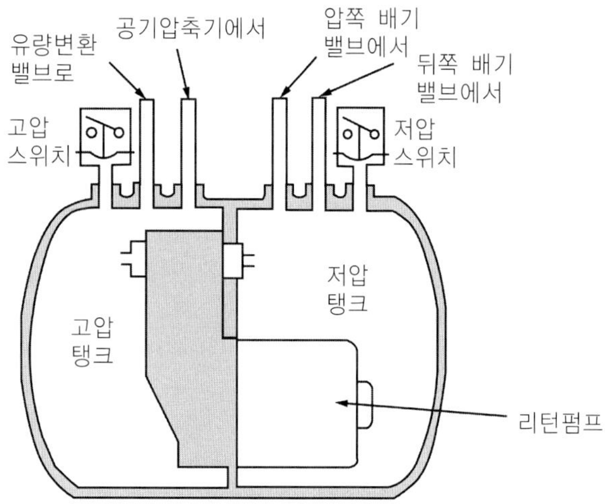

[그림 36] 저 · 고압 저장탱크의 구조

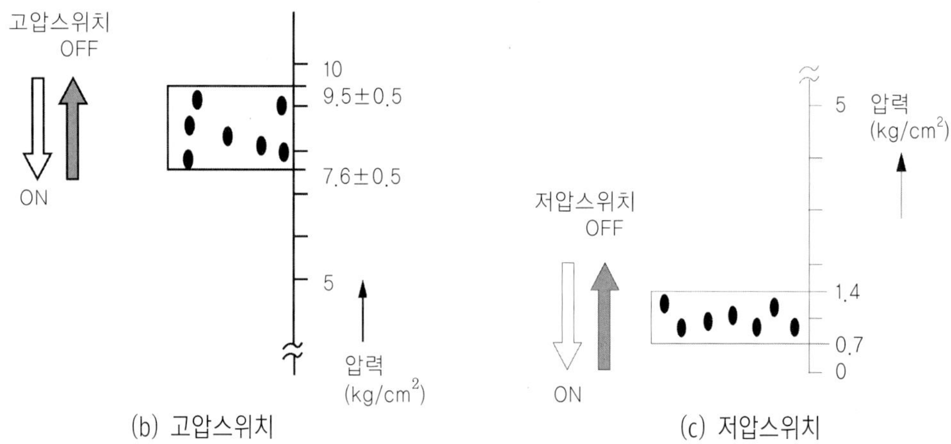

[그림 37] 저 · 고압스위치 상태

4) 공기압축기

고압스위치의 ON신호로 작동되어 고압탱크 내에 압축공기를 저장한다. 공기압축기 내에 자동차 높이 조절용 배기밸브를 내장하여 자동차 높이를 낮출 때 작동시켜 공기를 대기 중으로 방출한다.

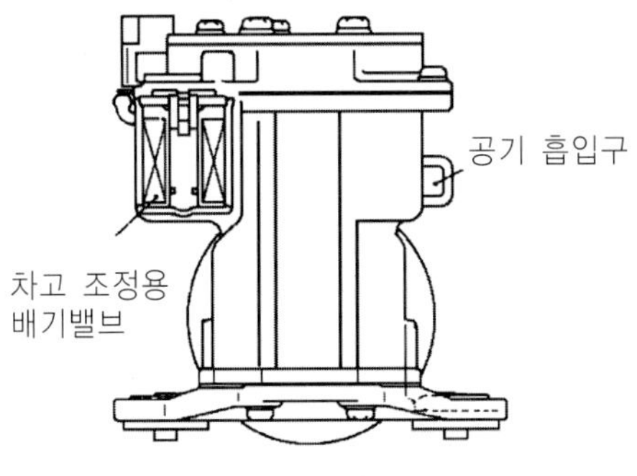

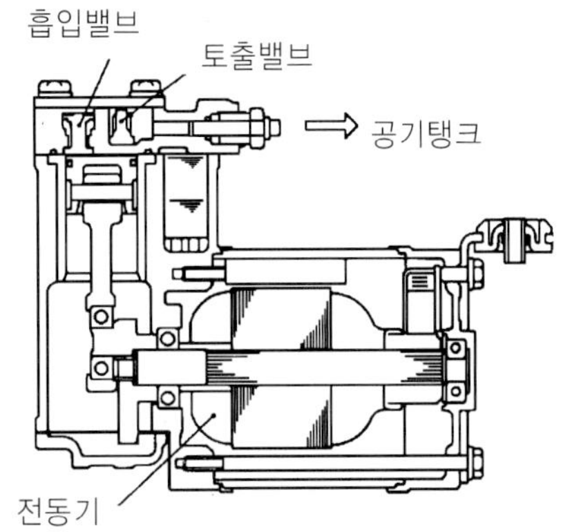

[그림 38] 공기압축기의 구조

5) 보조밸브 어셈블리

유량 제어밸브(자세제어, 급속하게 자동차 높이를 제어할 때 ON), 앞 배기밸브(앞쪽을 배기할 때 ON), 뒤 배기밸브(뒤쪽을 배기할 때 ON) 등으로 구성되어 있다.

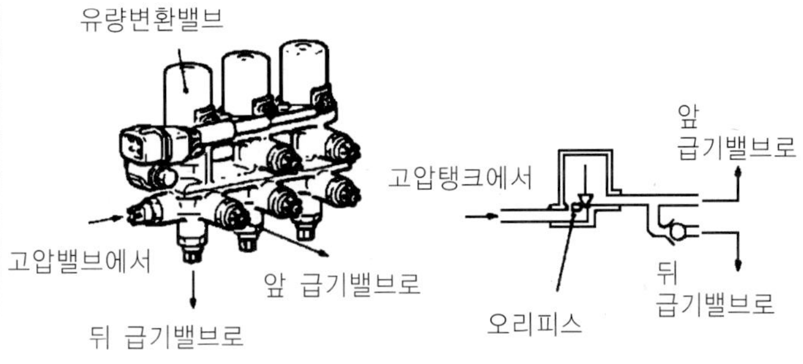

[그림 39] 보조밸브 어셈블리

6) 앞 밸브 어셈블리

앞 공급밸브(자세를 제어할 때 좌우 공기스프링에 공기 공급), 앞 좌측 공급밸브, 앞 우측 공급밸브 등으로 구성되어 있다.

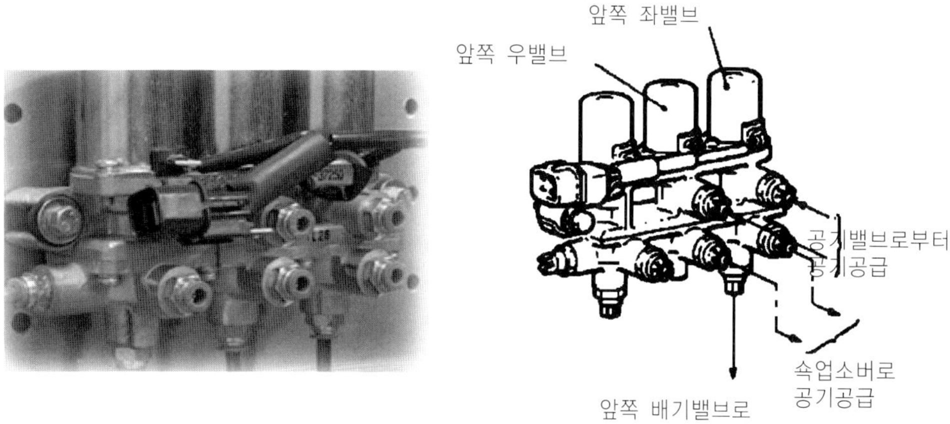

[그림 40] 앞 밸브 어셈블리

7) 뒤 밸브 어셈블리

뒤 공급밸브(자세를 제어할 때 좌우 공기스프링에 공기 공급), 뒤 좌측 공급밸브, 뒤 우측 공급밸브로 구성되어 있으며, 앞 밸브 어셈블리와 동일한 구조이나 뒤 압력센서가 설치되어 있다.

8) 뒤 압력센서

뒤 압력센서는 뒤쪽 쇽업소버 내의 공기압력을 검출하는 역할을 한다. 뒤쪽 쇽업소버 내의 공기압력은 뒷좌석의 승차인원이나 트렁크의 화물 적재량에 따라 많은 변화가 일어난다. 전자제어 현가장치는 뒤 압력센서의 신호로 자동차 뒤쪽의 무게를 검출하여 무게에 따라 뒤 쇽업소버의 공기 스프링에 공기공급 및 배기를 할 때 공급시간과 배기시간을 다르게 한다. 또 승차인원이 과다하거나 화물의 적재량이 많아서 뒤쪽 쇽업소버 공기스프링 내의 공기압력이 규정압력 이상으로 높아지면 자세를 제어할 때 뒤쪽 제어를 금지한다.

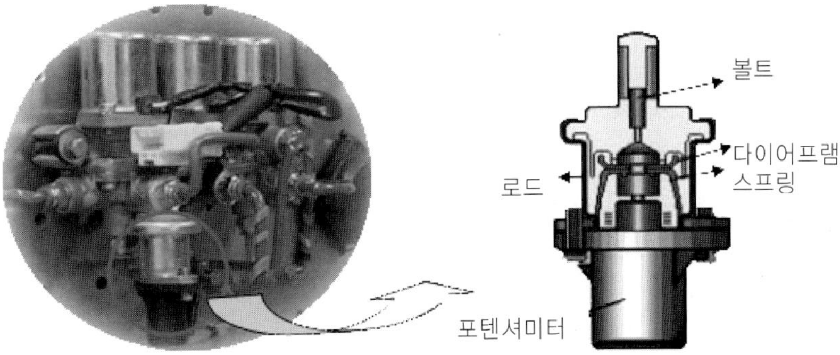

[그림 41] 뒤 압력센서의 구조

9) 드라이어(dryer)

공기압축기와 공기탱크 사이에 설치되어 압축공기 중의 수분을 방습제에 의해 흡수하여 장치 내의 부식을 방지한다. 배기할 때의 건조한 공기에 의해 흡수한 수분을 방출하기 때문에 수명은 반영구적이다.

[5] 자동차 높이 조절 원리

(1) 자동차 높이를 높일 때

각종 센서와 스위치들이 자동차 높이를 높여야 하는 조건의 신호가 ECU로 입력되면 공기탱크에 설치된 공기공급 솔레노이드밸브와 앞뒤 자동차 높이 조절 공급밸브가 ECU로부터 구동신호를 받아 밸브가 열려 압축공기가 공기스프링에 공급된다.

따라서 압축공기가 공기스프링에 공급되면 공기실의 체적이 증가하기 때문에 스트럿(쇽업소버)의 길이가 증가하여 자동차 높이가 높아진다. 이때 압축공기의 전달경로는 공기압축기 → 드라이어 → 고압탱크 → 유량 제어밸브 → 앞뒤 공급밸브 → 앞뒤 좌우밸브 → 스트럿(strut)이다. 그리고 앞뒤 좌우밸브는 OFF상태(열린 상태), 유량 제어밸브는 OFF 상태이지만, 항상 열려 있는 작은 공기통로를 통해 앞뒤 공기밸브에 공기가 공급된다.

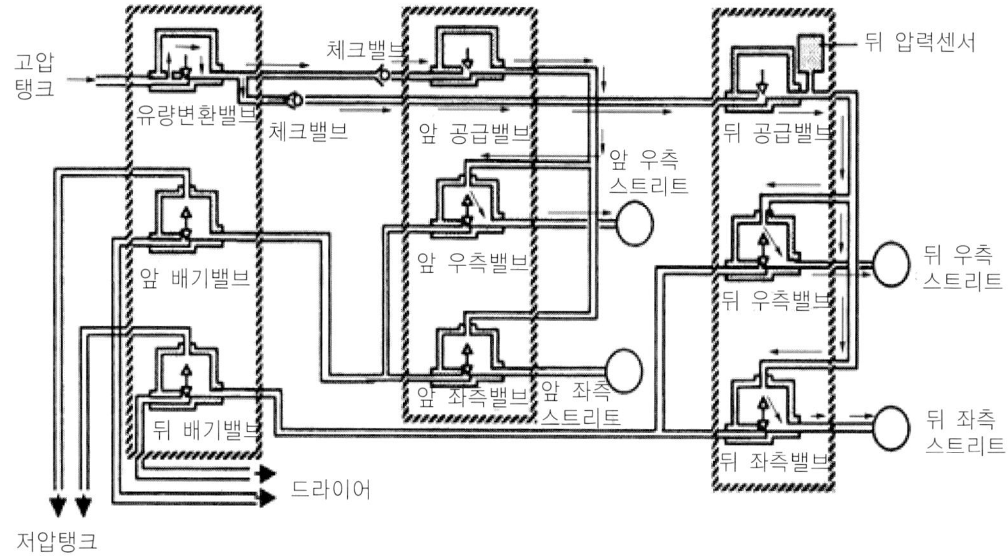

[그림 42] 자동차 높이를 높일 대 공기 흐름도

(2) 자동차 높이를 낮출 때

각종 센서와 스위치들이 자동차 높이를 낮추어야 하는 조건의 신호가 ECU로 입력되면 공기압축기에 설치된 배기 솔레노이드밸브와 앞뒤 자동차 높이 조절 배기밸브가 ECU로부터 구동신호를 받아 밸브가 열려 공기스프링의 공기가 대기 중으로 방출된다.

따라서 공기스프링의 공기가 대기 중으로 방출되면 공기실의 체적이 감소하기 때문에 스트럿(쇽업소버)의 길이가 감소되어 자동차 높이가 낮아진다. 이때 압축공기의 배출경로는 스트럿의 공기스프링 → 앞뒤 좌우밸브 → 앞뒤 배기밸브 → 드라이어 → 공기압축기 배기밸브 → 대기로 방출이다. 그리고 앞뒤 좌우밸브가 작동되면 공급 쪽은 차단되고 배기 쪽을 열려 스트럿의 공기스프링에서 공기를 공기압축기 배기밸브를 통하여 대기로 방출시킨다.

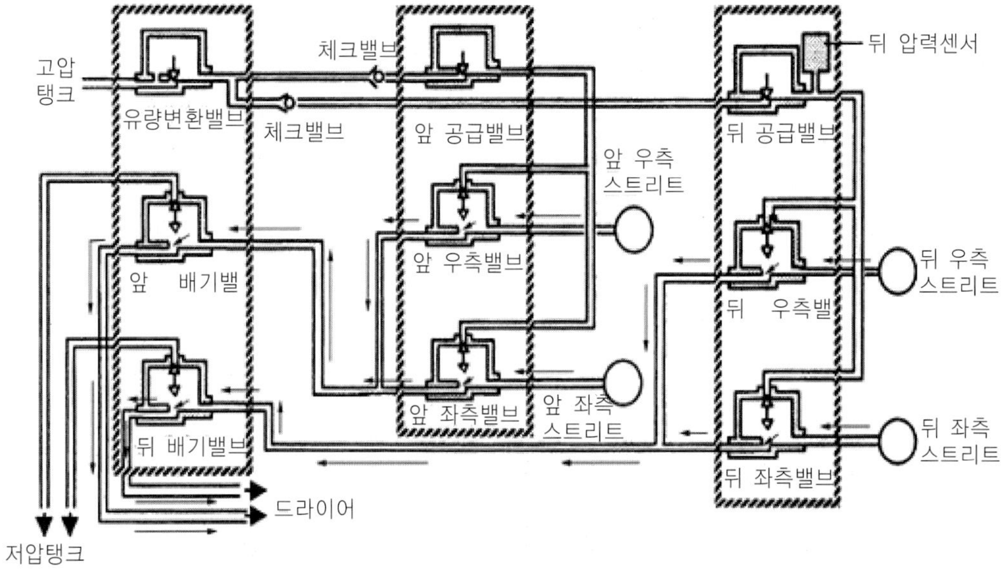

[그림 43] 자동차 높이를 낮출 때 공기 흐름도

(3) 급속하게 자동차 높이를 높일 때

급속하게 자동차 높이를 높일 경우의 공기 흐름은 공기압축기 → 드라이어 → 고압탱크 → 유량 제어밸브 → 앞뒤 공급밸브 → 앞뒤 좌우밸브 → 스트럿의 공기 스프링의 순서로 공기가 흐른다. 앞뒤 좌우밸브는 OFF상태(공급 쪽은 열려 있는 상태)이다.

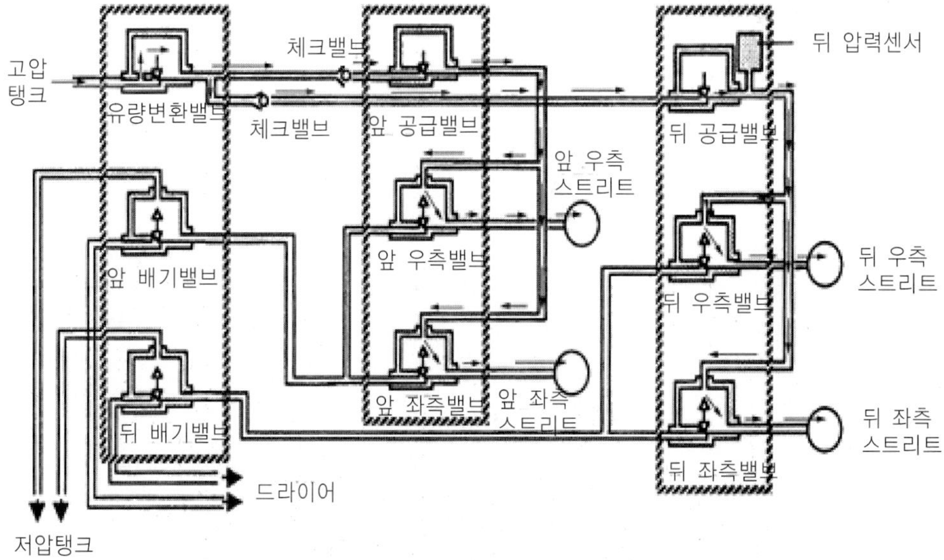

[그림 44] 급속하게 자동차 높이를 높일 때 공기 흐름도

(4) 급속하게 자동차 높이를 낮출 때

급속하게 자동차 높이를 낮출 때 공기의 흐름은 스트럿의 공기스프링 → 앞뒤 좌우밸브 → 앞뒤 배기밸브 → 저압탱크의 순서로 공기가 흐른다. 이때 앞뒤 배기밸브는 OFF 상태(저압탱크와 연결 상태)이다.

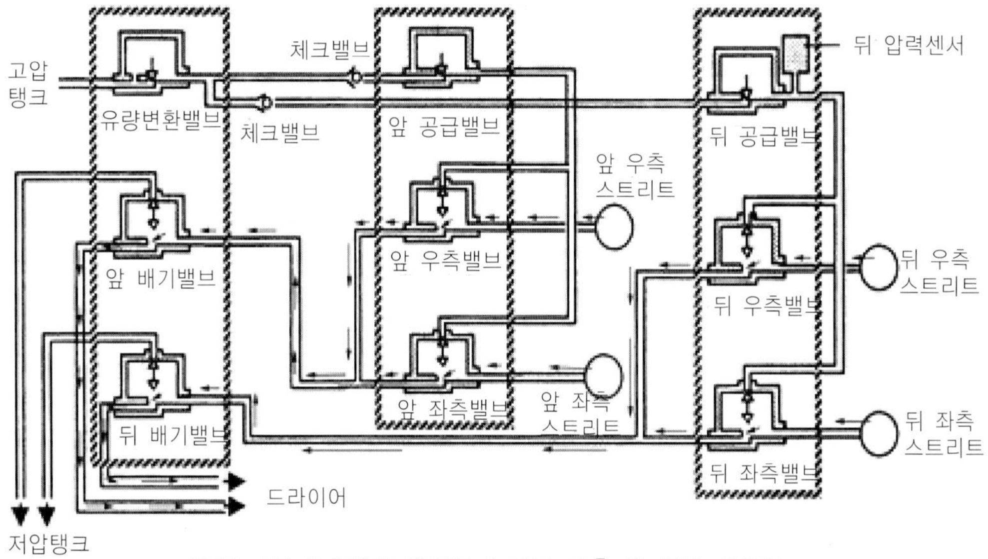

[그림 45] 급속하게 자동차 높이를 낮출 대 공기 흐름도

[표 3] 모드별 자동차 높이(차고)제어

작동 / 특성	정차중	주행시	특징
AUTO	NORMAL	• 가속시 : 차속이 약 90 km/h 이상을 10초 계속할 때 또는 약 100 km/h 이상으로 되면 LOW차고(NORMAL차고 보다 약 10 mm 저하) • 감속시 : 차속이 약 70 km/h 이하로 되면 NORMAL차고로 상황 조정된다. • 목표차고가 LOW일 때 - 헤드헌트 OFF : 프런트 LOW, 리어 NORMAL - 헤드헌트 ON : 프런트, 리어 공히 LOW로 조정된다. • 약 40 km/h 이하의 차속에서 험로를 주행시 차고 HIGH절환되어 주행	HIGH NORMAL LOW차고가 자동전환

작동 / 특성	정 차 중	주 행 시	특 징
HIGH	NORMAL보다 30 mm가 높다	HIGH 차고는 스위치 조작에 의해 가능(단, 차속이 70 km/h 이하에서 가능, 70 km/h 이상시 AUTO MODE로 자동복귀)	눈길, 진흙요철 통과시 사용
EXTRA HIGH	NORMAL보다 50 mm가 높다	주행하기 시작하여 차속이 약 10 km/h 이상으로 되면 AUTO MODE로 자동으로 복귀된다(스위치 조작에 의해 가능).	아주 심함 요철 및 TIRE CHAIL장착시 사용하는 MODE

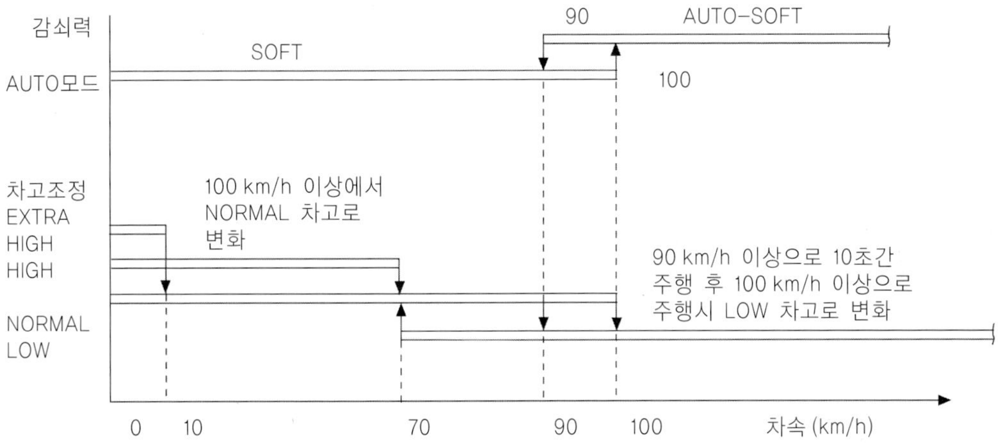

[그림 46] 주행속도 감응제어

5.4.3. 자세제어(active control)

주행 중에는 도로면의 상태, 주행조건, 그리고 운전자의 의도에 따라 자동차 자세에 여러 가지 변화가 일어난다. 즉, 자동차가 주행 중에 도로면의 상태에 따라 차체가 상하로 움직이는 것을 바운스(bounce)라 하며, 자동차가 선회할 때는 원심력에 의해 차체가 바깥쪽으로 기울어지는데 이를 롤(roll)이라 한다.

자동차 주행 중 브레이크 페달을 밟을 때에는 차체가 관성에 의해 앞쪽으로 기울어지는데 이를 다이브(dive), 가속할 때에는 차체가 뒤쪽으로 기울어지는 이를 스쿼트(squat)라 하며, 다이브와 스쿼트가 반복되어 일어나는 현상을 피칭(pitching)이라 한다. 또 주행 중에는 항상 자동차의 중심에 대해 회전하려고 하는 요(yaw) 현상도 발생한다.

자동차의 주행안전성을 유지하기 위해서는 이러한 자동차의 다양한 자세변화에 대응할 수 있는 안전장치가 필요하며, 롤 제어를 위해서는 스태빌라이저(stabilizer)가 사용된다. 바운스 제어를 위해서는 가속센서를 차체에 설치하여 상하운동 가속도인 중력가속도를 측정하여 차체의 상하운동(bounce motion)을 판단해 이를 억제하는 방향으로 제어한다.

자세제어란 주행 중 발생하는 롤(roll), 스쿼트(squat), 다이브(dive), 피칭(pitch ing), 바운싱(bouncing) 등을 포함한 그 밖의 차체변화에 대해 적극적으로 대응하여 항상 최적의 주행안정성을 확보하는 제어를 말한다.

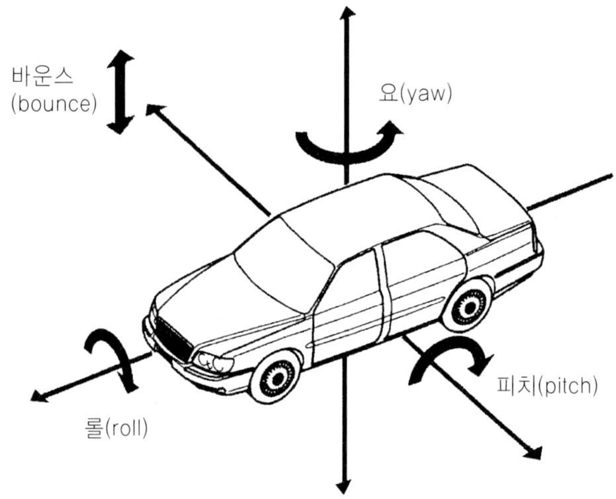

[그림 47] 주행 중 자동차의 자세변화

[1] 앤티 롤(anti-roll)제어

롤(roll)은 자동차가 주행 중 조향 휠을 조작하여 선회할 때 차체가 좌우로 흔들리는 현상이며, 원심력에 의해 선회하는 차체의 안쪽은 올라가고 바깥쪽은 내려간다. 이로 인하여 차체는 안쪽으로 더욱 쏠리게 되어 조향성능이 불량해진다.

이때 ECU는 조향 휠 각속도 센서, 차속센서, G센서의 신호를 기초로 하여 자동차의 주행속도와 조향 휠의 조작속도, 차체에 발생되는 쏠림 정도(G)를 판단하여 아래와 같이 쇽업소버의 감쇠력 변환과 공기스프링에 공기를 공급하거나 배출시켜 롤을 방지한다.

감쇠력	AUTO	MEDIUM 또는 HARD
	SPORT	HARD
급 · 배기	개시	바깥쪽 바퀴 : 공기공급, 안쪽 바퀴 : 공기배출
	복귀	좌우 공기통로 연결

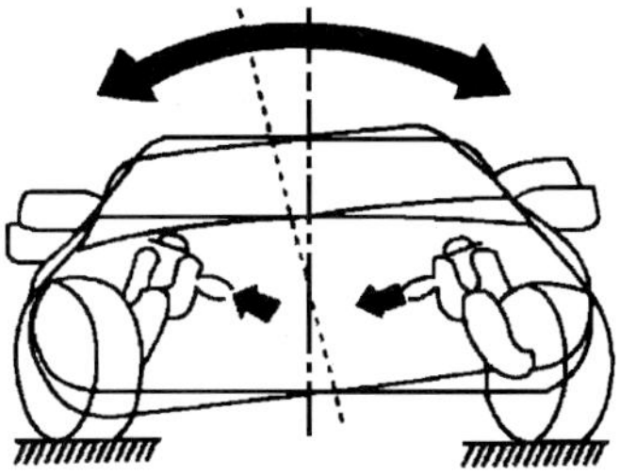

[그림 48] 앤티 롤 제어방법

[2] 안티 스쿼트(anti-squat)제어

자동차를 출발하거나 가속을 하기 위해 가속페달을 급격하게 밟으면 자동차의 무게 중심이 뒤쪽으로 이동하면서 앞쪽은 올라가고 뒤쪽은 내려간다. 이러한 차체자세를 스쿼트라 하며, 이로 인해 앞바퀴 구동형의 자동차인 경우 접지 구동력이 감소하여 미끄럼이 발생될 수 있으며, 급 가속할 때 바퀴의 접지력 부족으로 조향 안정성이 저하될 수 있다.

감쇠력	AUTO	MEDIUM 또는 HARD
	SPORT	HARD
급배기	개시	앞바퀴 : 공기 배출 뒷바퀴 : 공기 공급
	복귀	앞바퀴 : 공기 공급 뒷바퀴 : 공기 배출

[그림 49] 앤티 스쿼트 제어방법

이때 ECU는 차속센서의 신호와 스로틀 위치센서(TPS)의 신호를 기초로 급출발 또는 급가속이 판단되면 앞바퀴 공기스프링에서는 공기를 배출하고 뒷바퀴 공기 스프링에는 공기를 공급하며, 쇽업소버의 감쇠력은 미듐(medium) 또는 하드(hard)로 변환시켜 스쿼트 현상을 방지한다.

[3] 안티 다이브(anti-give)제어

다이브는 자동차 주행 중 브레이크 페달을 밟으면 자동차의 무게 중심이 앞쪽으로 이동하면서 앞쪽은 내려가고 뒤쪽은 들리는 현상으로 노즈다운(nose down)이라고도 한다. 이때 ECU는 일정 주행속도 이상에서 브레이크 페달을 밟으면 브레이크 스위치 신호와 차속센서의 신호를 기초로 하여 감속도를 계산하여 앞바퀴 공기 스프링에는 공기를 공급하고 뒷바퀴 공기 스프링에서는 공기를 배출시키며, 쇽업소버의 감쇠력은 미듐(medium) 또는 하드(hard)로 변환하여 다이브 현상을 방지한다.

감쇠력	AUTO	MEDIUM 또는 HARD
	SPORT	HARD
급배기	개시	앞바퀴 : 공기공급 뒷바퀴 : 공기배출기
	복귀	앞바퀴 : 공기배출 뒷바퀴 : 공기공급

[그림 50] 다이브 제어방법

[4] 안티 피칭, 바운싱(anti-pitching/bouncing)

피칭은 스쿼트와 다이브 현상이 교대로 반복되는 현상이며, 바운싱은 차체가 전체적으로 균일하게 상하로 직진하는 진동현상으로 요철이 심한 도로를 주행하는 경우에 발생된다. 이때 ECU는 차고센서로 부터 행정(stroke) 주파수를 검출하면 행정 변화(피칭, 바운싱)에 대하여 쇽업소버의 감쇠력은 소프트(soft)에서 하드(hard)로 변환시키고 공기 스프링에는 공기공급 및 배출을 하여 앤티 피칭, 바운싱제어를 실행한다.

감쇠력	AUTO	MEDIUM 또는 HARD
	SPORT	HARD
급배기	개시	신장 쪽 :공기배출 수축 쪽: 공기공급
	복귀	신장 쪽: 공기공급 수축 쪽: 공기배출

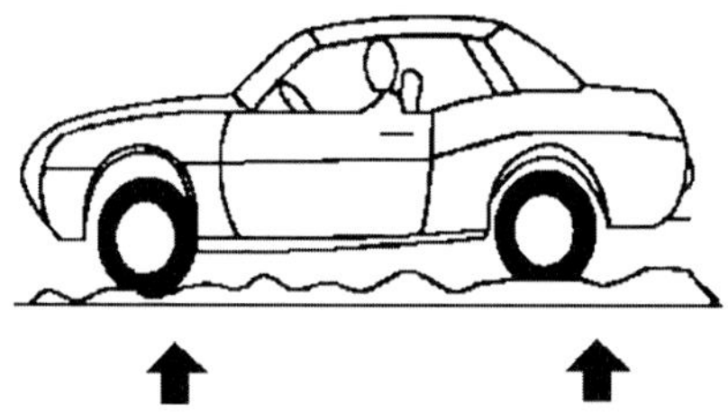

[그림 51] 앤티 바운싱 제어방법

[5] 안티 시프트 스쿼트(anti-shift squat)

자동변속기를 설치한 자동차가 정지 상태에서 승객의 승·하차나 변속레버를 조작할 때에 발생하는 자동차의 진동을 시프트 스쿼트라 한다. 이때 ECU는 자동변속기의 P. N위치를 검출한다.

감쇠력	AUTO	MEDIUM 또는 HARD
	SPORT	HARD
급배기	개시	앞바퀴 : 공기배출 뒷바퀴 : 공기공급
	복귀	앞바퀴 : 공기공급 뒷바퀴 : 공기배출

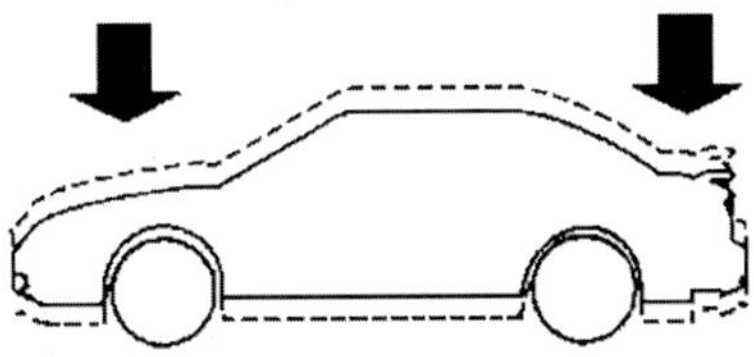

[그림 52] 시프트 스쿼트 제어방법

자동차의 정지상태에서 승객의 승·하차나 변속레버를 조작할 때에 발생할 수 있는 자동차의 진동을 예측하여 쇽업소버의 감쇠력을 소프트(soft)에서 하드(hard)로 변환시키며, 앞바퀴 공기 스프링에서는 공기를 배출하고 뒷바퀴 공기 스프링에는 공기를 공급한다.

자동차가 출발하여 규정 주행속도 이상이 되면 다시 쇽업소버의 감쇠력은 소프트(soft)로 복귀시키고 앞바퀴 공기 스프링에는 공기를 공급하고 뒷바퀴 공기 스프링에서는 공기를 배출시켜 시프트 스쿼트 제어를 실행한다.

[6] 고속 주행안정성 제어

자동차가 고속으로 주행하게 되면 주행 안정성을 높이기 위하여 ECU는 차속센서의 신호를 기준으로 쇽업소버의 감쇠력은 소프트(soft)에서 미듐(medium)으로 변화시키며, 주행속도가 일정한 속도로 감속되면 해제시킨다.

주행 중 차속센서를 통해 주행속도를 검출하여 100 km/h를 초과하게 되면 고속안정성을 확보하기 위해 ECU는 쇽업소버의 감쇠력 및 자동차 높이를 제어한다. 주행속도가 90 km/h 이하로 감속되면 쇽업소버의 감쇠력과 자동차 높이를 복귀시킨다.

감쇠력	AUTO	Super Soft → Soft
	SPORT	Medium
차 고	개시	Normal → Low
	복귀	Low → Normal

[그림 53] 고속 안정성 제어방법

[7] 험한 도로의 주행

자동차가 주행 중 험한 도로의 상태를 검출하면 급속히 자동차 높이를 올린다.

① 주행속도는 3 km/h 이상 40 km/h 미만이고 험한 도로 상태를 검출하였을 때 제어한다. 험한 도로란 앞바퀴 쪽 차고 센서가 2초 이내에 HI 이상을 2회 이상 출력되고, 뒷바퀴 쪽 차고센서가 2초 이내에 LL 이하를 2회 이상 출력될 때 판정한다.

② 앞바퀴를 450 m/s로 공기를 공급한 후 뒷바퀴는 400 m/s로 공기를 공급한다.

③ 뒤 공기압력이 7.0 kg/cm^2 이상(2.25V 이상)되더라도 제어를 실행한다.

④ 그 후 험한 도로 조건에 해당되면 자동차 높이를 하이(HIGH)로 올린다.

⑤ 공기공급 제어 중에는 감쇠력을 하드(HARD)로 하고, 공기공급 및 배출 시작 1초 후에 감쇠력을 복귀시킨다.

감쇠력	AUTO	Medium or Hard
	SPORT	HARD
급배기	개시	신장 쪽 : 공기공급 수축 쪽 : 공기공급
	복귀	신장 쪽 : 공기공급 수축쪽 : 공기배출

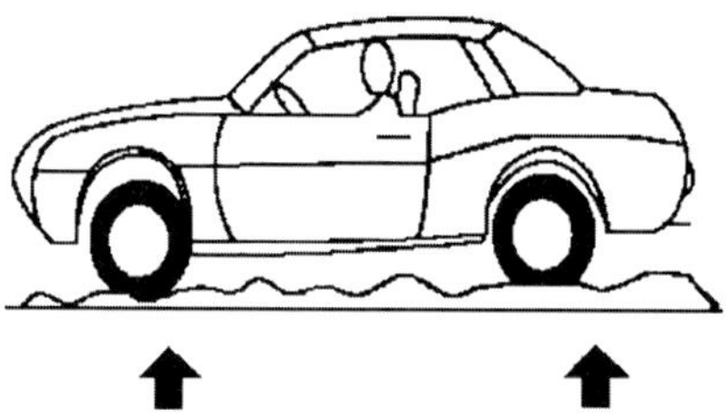

[그림 54] 험한 도로 피칭 바운싱 제어방법

5.4.4. 그 밖의 제어기능

[1] 스카이 훅 제어(sky hook control)

스프링 위(차체)에 발생하는 상하방향의 가속도 크기와 주파수를 검출하여 상하 G(중력가속도)의 크기에 대응하여 공기스프링의 공기공급 및 배출 제어와 동시에 쇽업소버의 감쇠력을 하드(hard)로 제어하여 차체가 가볍게 뜨는 것을 감소시킨다. 뒷바퀴는 앞바퀴에 대하여 주행속도에 연동시켜 자연 제어되도록 하고 있다. 차고센서에 의해 상하 G가 검출되면 그 크기에 대하여 쇽업소버의 공기 스프링에 공기를 공급 및 배기 제어를 한다.

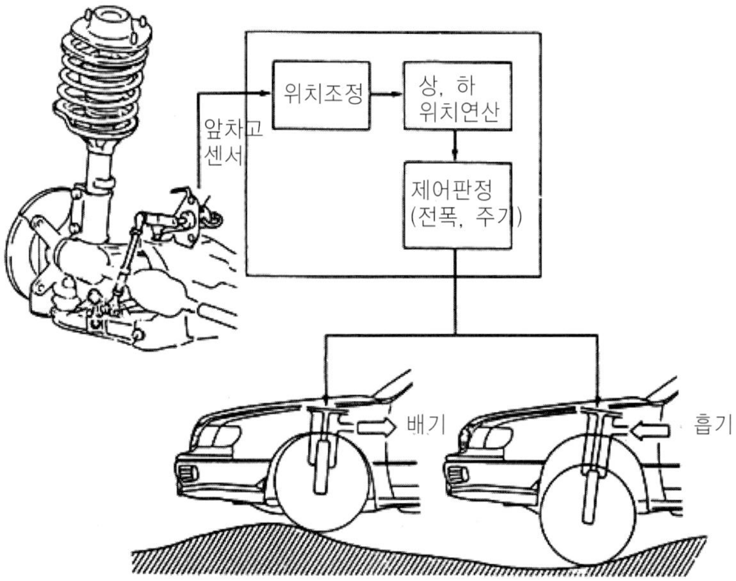

[그림 55] **스카이 훅 제어**

[표 4] **스카이 훅 제어 모드**

감쇠력	AUTO	MEDIUM 또는 HARD
	SPORT	HARD
공급 · 배기	개시	신장 쪽 : 공기배출 신장 쪽 : 공기공급(최대 허용)
	복귀	신장 쪽 : 공기공급 신장 쪽 : 공기배출

[2] 프리뷰 제어(preview control)

자동차 앞쪽에 있는 도로면에 돌기와 단차를 초음파에 의해 검출하여 타이어가 단차 또는 돌기를 넘기 직전에 쇽업소버의 감쇠력을 최적으로 제어하여 승차감을 향상시킨다. 프리뷰 센서는 초음파에 의해 자동차 앞쪽에 있는 도로면의 돌기 및 단차를 검출하는 센서로 앞 범퍼 좌우에 2개가 설치되어 있다.

① 돌기를 검출한 경우에는 쇽업소버의 감쇠력을 소프트(soft)로 제어하여 돌기를 넘을 때 충격을 흡수한다.

② 단차를 검출한 경우에는 쇽업소버의 감쇠력을 하드(hard)로 제어하여 단차를 통과할 때 쇽업소버의 스톱퍼가 접촉되는 것을 방지한다.

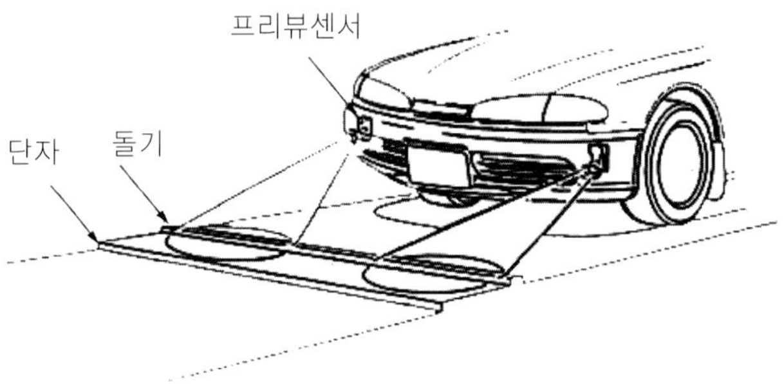

[그림 56] 프리뷰 제어

[3] 퍼지 제어(fuzzy control)

(1) 도로면 대응 제어

현가장치의 상·하 진동의 주파수를 분석하여 가볍게 뜨는 느낌과 거친 느낌의 정도를 판단하여 최적의 승차감을 얻을 수 있도록 쇽업소버의 감쇠력을 퍼지 제어하여 상·하 진동이 반복되는 주행조건 아래에서도 우수한 승차감을 얻을 수 있도록 한다.

(2) 등·강판 제어

전자제어 현가장치에서 도로면 경사각 정도 및 조향 휠의 조작횟수를 추정하여 운전 상황에 따른 조향특성을 얻기 위해 앞바퀴와 뒷바퀴의 앤티 롤 제어시기를 조절하여 제어한다.

1) 경사로에서 조향 휠 각속도가 클 때

앞바퀴의 앤티 롤 제어를 지연시켜 오버 스티어링의 경향으로 한다. 지연량(시간)은 도로면의 경사도와 조향 휠 각속도 정도 및 주행속도를 기초로 퍼지 제어한다.

2) 내리막 경사진 도로에서 조향 휠 각속도가 작을 때

뒷바퀴의 앤티 롤 제어를 지연시켜 언더 스티어링의 경향으로 한다. 지연량(시간)은 도로면의 내리막 경사로와 조향 휠 각속도 정도와 주행속도 기초로 퍼지 제어한다.

5.5. 자동차의 진동과 승차감

5.5.1. 요 모멘트(Yaw moment)

요 모멘트란 차체의 앞뒤가 좌, 우측 또는 선회할 때 안쪽·바깥쪽 바퀴 쪽으로 이동하려는 힘을 말한다. 요 모멘트로 인하여 언더스티어, 오버 스티어, 횡력(drift out) 등이 발생 한다. 이로 인하여 주행 및 선회할 때 자동차의 주행 안정성이 저하된다. 자동차 동적 제어 장치는 주행 안정성을 저해하는 요 모멘트가 발생하면 브레이크를 제어하여 반대 방향의 요 모멘트를 발생시켜 서로 상쇄되도록 하여 자동차의 주행 및 선회 안정성을 향상시킨다. 또한 필요에 따라서 엔진의 출력을 제어하여 선회 안정성을 향상시키기도 한다.

[1] 스프링 위 진동

현가스프링장치에 의해 지지되는 부분. 즉 차체와 차체에 적대된 부하의 질량을 말한다.

① yawing : 자동차가 선회할 때 일어나는 움직임으로서, 차체에 대하여 수직인 축(Z축) 둘레에 발생하는 운동

② bouncing : z축방향과 평행운동을 하는 고유 진동으로 차체 전체가 상하로 진동

③ 피칭은 앞, 뒤로 번갈아 상하로 움직이는 것이지만, 바운싱은 앞, 뒤가 동시에 같은 방향으로 진동하는 상태를 말함.

④ rolling : x축을 중심으로 하여 회전운동을 하는 고유진동(가로 진동)

⑤ 주행중자동차가 선회하거나 횡풍(橫風)을 받을 때 중심을 통과하는 차체의 앞, 뒤 방향 축 둘레의 회전 운동

⑥ Pitching : 돌기를 타고 넘었을 때나 급정지할 때에 자동차 앞뒤의 상하 운동은 자동차의 무게 중심을 좌우로 관통하는 직선(Y축) 둘레의 회전 운동

⑦ 제동시의피칭은 자동차의 앞이 하강하는(노면으로 내려 쏠리는) 현상으로 노즈 다이브라고도 한다.

[2] 스프링 아래 진동

① 휠 및 타이어, 브레이크 드럼,현가 스프링 사이에 있는 부분의 유효 질량
② wheel hop : 휠 홉은 차축에 대하여 수직인 축(Z축) 둘레에 상하 평행 운동을 하는 진동을 말한다.
③ tramp : 차축에 대하여 앞뒤 방향(X축)을 중심으로 회전 운동을 하는 진동
④ 휠 및 타이어, 브레이크 드럼,현가 스프링 사이에 있는 부분의 유효 질량
⑤ wheel hop : 휠 홉은 차축에 대하여 수직인 축(Z축) 둘레에 상하 평행 운동을 하는 진동을 말한다.
⑥ tramp : 차축에 대하여 앞뒤 방향(X축)을 중심으로 회전 운동을 하는 진동
⑦ fore and shake : x축 방향의 평행진동(전, 후진동)
⑧ wind-up : 좌우 방향으로 뻗은 축(Y축)을 중심으로 하여 회전 운동하는 진동
⑨ side shake : y축 방향의 평행진동(좌우 진동)
⑩ jaw : z축을 중심으로 하여 회전운동을 하는 진동

[3] 스프링 정수(SPRING CONSTANT)

① 스프링의 단단함, 연함 즉 스프링 특성을 표현하는 방법으로서 정수(탄성치=상수)라고 함
② 스프링 상수는 일반적으로 승용차에는 3~5 kg/mm이고 대형트럭의 경우 20~30 kg/mm
③ 스프링 정수
④ W = 외력(하중), a = 변형

자동차의 승차감은 상하 진동수에 의해 좌우되며 이것이 어느 정도 이상(진폭에 따라서 다르나 보통 80~140Hz)이 되면 불쾌감을 주게 됨.

$$C = \frac{1}{2\pi}\frac{\sqrt{K \cdot g}}{W}$$

여기서 K : 스프링 상수 (kg/mm)
g : 중력 가속도 (9.8mm/sec)
W : 외부의 힘 (하중)(kg)
C : 진동수 (C/sec)

5.5.2. 진동수와 승차감

① 사람이 걸어갈 때 머리의 상하 운동 진동수 : 60~70 cycle/min

② 사람이 뛰어갈 때 머리의 상하 진동수 : 120~160 cycle/min

③ 가장 좋은 승차감의 진동수 : 60~120 cycle/min

④ 딱딱해지는 진동수 : 120 cycle/min 이상

⑤ 멀미를 느끼는 진동수 : 45 cycle/min 이하

5.5.3. 각종 센서의 종류

[1] 휠 스피드센서

① 적용 사양 : Active Type(Hall IC type)

② 장착 조건 : Radial, Axial Type

③ 제조사 : Siemens VDO, Honeywell

④ 중량 : 30 g (Head부 Only)

⑤ SPEC.

Supply Voltage : 12 V

Air - Gap : 0.2 ~ 2.0 mm

Operating Temperature : −40 ~ +150 ℃

Frequency Range : 1 ~ 2500 Hz

Output Current : 7 ~ 14 mA

⑥ Tone Wheel 요구 사항 (Passive Type과 동일)

- Number of Teeth = (Rolling Radius × 2 × π) / 40
- Pitch (A+B ≥ 5 mm)
- A : B = 40 : 60

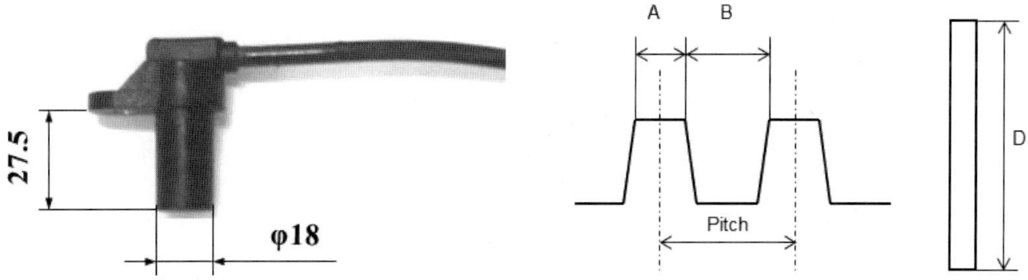

[그림 57] 액티브 휠 스피드센서

[2] Yaw & 橫방향 G Sensor

① 장착 위치 : 차량 Center (30 cm 이내)

② Connector 사양 (Wiring 측) : AMP 2-967360-1

③ 장착 조건 : XYZ 각축 : ± 3 °

④ 제조사 : Siemens VDO

⑤ 중량 : 150 g

⑥ SPEC.

Operating Voltage : 5 ±0.25 V

Operating Temperature : - 40 ~ 85 ℃

G-Sensor Range : - 1.5 ~ 1.5 g

Yaw-Sensor Range : - 75 ~ +75 ° /sec

Zero Output Voltage : 2.5 V

Output Voltage Range : 0.5 ~ 4.5 V

• **Yaw센서 작동원리**

① 구동 소자 진동시 옆의 그림과 같이 두개의 타원형 모드 생성

② Yaw-rate 발생할 경우 코리올리힘에 의해 진동 모드가 바뀌게 되어 절점의 위치가 변경됨.

③ 이 변경에 의한 물리적 변화량을 검출하여 Yaw-rate 값 추정

• **G센서 작동원리**

① 두개의 판 사이에 있는 중간 구조체가 가속도에 의해 판 사이의 간극이 바뀜.

② 이때 양극 사이의 전압 변위 발생

③ 이 변화된 전압을 측정

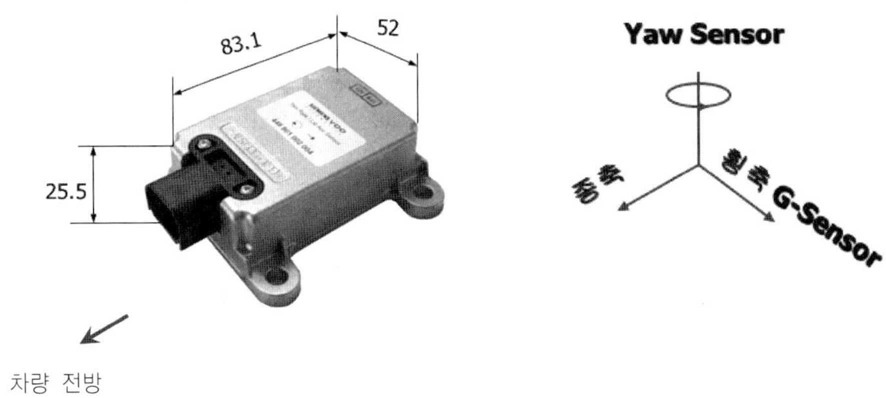

[그림 58] Yaw & G Sensor

[3] 압력센서

① 장착 위치 : - Master Cylinder 장착 공급

- Pri. or Sec. Port 中 1개소 장착

② Connector 사양 : AMP 2-967642-1

③ 장착 조건 : Connector 중력 방향

④ 제조사 : Texas Instrument

⑤ 중량 : 35 g

⑥ SPEC.

Operating Voltage : 5 ± 0.5 V

Pressure Range : 0 ~ 200 bar

Maximum Pressure Limit : 350 bar

Operational Temp : −40℃ ~ 125℃

Accuracy : ± 3%

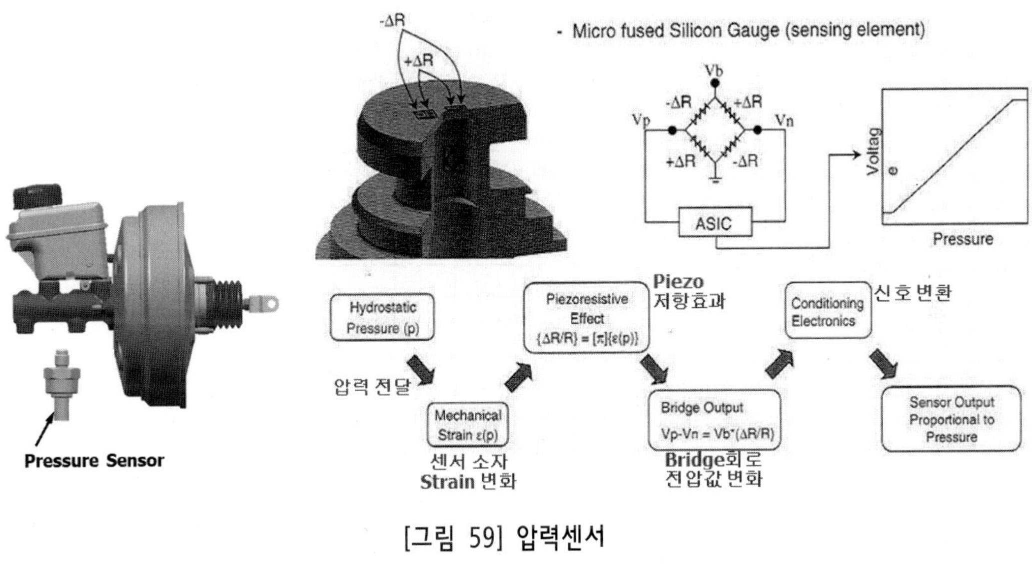

[그림 59] 압력센서

[4] 조향각 센서

① 장착 위치 : Multi Function SW 內

② 제조사 : 대성전기

③ 사양 : LED 발광 Diode

④ 조향각 Offset 보정 : ±55 °

⑤ SPEC.

Operating Voltage : 9 ~ 16 V

Operational Temp : − 30 ~ 75℃

Resolution Degree : 2 °

Detection Range : 1500 ° /sec

Output High V : 3.0 ~ 4.1 V (st1, st2, stn)

Output Low V : 1.3 ~ 2.0 V (st1, st2, stn)

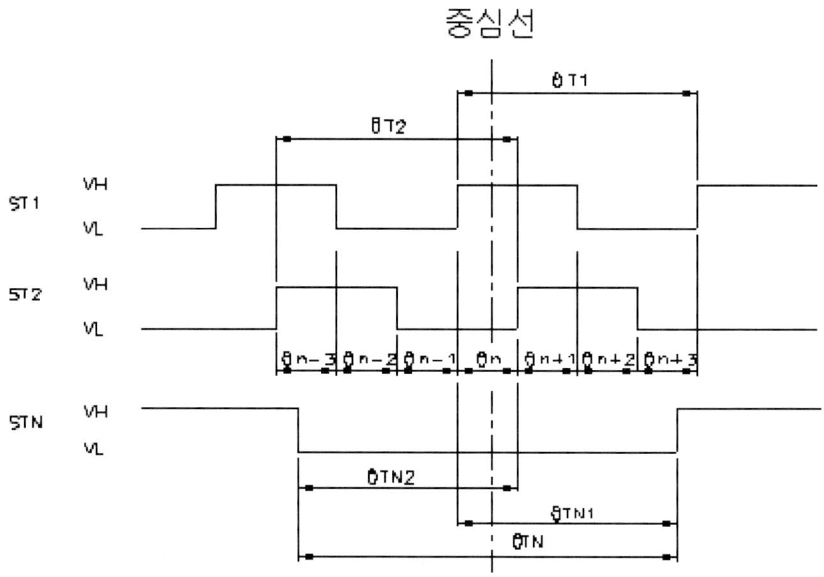

[5] 縱방향 G-Sensor (4WD)

① 장착위치 : 차량 Center (50 cm 이내)

② Connector : KET(MG 641295-4)(Opponent Connector)

③ 장착 조건 : XYZ 각축 : ±2 °

④ 제조사 : 현대 Auto-Net

⑤ 중량 : 20 g

⑥ SPEC.

Operating Voltage : 12 V (8 ~ 18 Vdc)

Operating Temperature : −30 ~ 85℃

G-Sensor Range : −1.5 ~ 1.5 g

Zero Output Voltage : 2.5 V

Output Voltage Range : 0.5 ~ 4.5 V

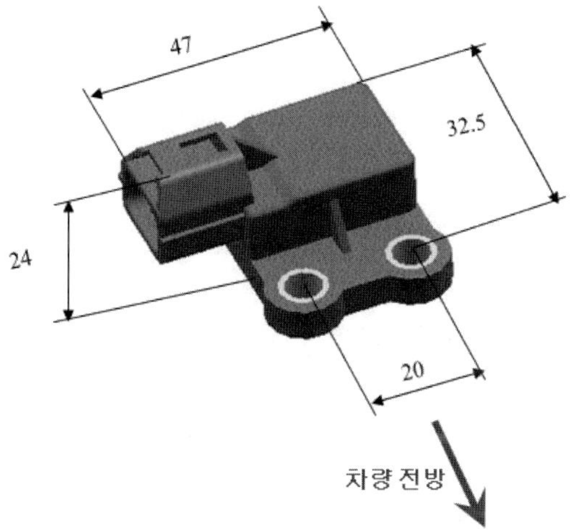

[그림 60] 종방향 G센서

01. 전자제어 현가장치의 반 능동형 현가장치의 종류를 쓰시오.

02. 전자제어 현가장치의 입력요소를 4가지 이상 쓰시오.

03. 전자제어 현가장치에서 차고센서는 최대 몇 개까지 사용하는가?

04. 전자제어 현가장치의 조향 휠 각속도 센서의 역할은 무엇인가?

05. 전자제어 현가장치의 차속센서의 역할은 무엇인가?

06. 전자제어 현가장치의 가속도 센서의 역할은 무엇인가?

07. 전자제어 현가장치에서 초음파에 의해 차체 전방의 노면에 있는 돌기 및 단차를 검출하는 기능을 하며, 앞 범퍼 내측의 좌우에 설치되어 있는 센서는?

08. 전자제어 현가장치의 기능 3가지를 쓰시오.

09. 감쇠력 가변방식 전자제어 현가장치의 종류 2가지를 쓰시오.

10. 스카이 훅 제어에 대하여 설명하시오.

11. 자동차 높이제어의 개념에 대해 설명하시오.

12. 자세제어의 개념에 대해 설명하시오.

13. 전자제어 현가장치에서 자세제어의 종류를 쓰시오.

14. 자동차의 앞쪽에 있는 도로면에 돌기와 단차를 초음파에 의해 검출하여 타이어가 단차 또는 돌기를 넘기 직전에 쇽업소버의 감쇠력을 최적으로 제어하는 것을 무엇이라 하는가?

15. 자세제어 중 안티 롤 제어의 기준신호로 사용되는 센서는?

16. 자세제어 중 안티 스쿼트 제어의 기준신호로 사용되는 센서는?

17. 자세제어 중 안티 다이브 제어의 기준신호로 사용되는 센서는?

18. 주행 중 브레이크 페달을 밟으면 자동차의 무게 중심이 앞쪽으로 이동하면서 차체의 앞쪽은 내려가고 자동차의 뒤쪽은 들리게 현상을 무엇이라 하는가?

19. 자동차의 운동특성 중 스쿼트현상이란 무엇인가?

20. 일반 현가장치와 전자제어현가장치를 비교하여 설명하시오.

21. 타이어 공기압 저하 경보에 대하여 설명하시오.

Chapter 06

자동차 전자제어 조향장치

06 자동차 전자제어 조향장치

6.1. 전자제어 동력 조향장치의 개요

6.1.1. 전자제어 동력 조향장치의 필요성

일반적으로 자동차에서 이상적인 조향 조작력은 주행조건에 따른 최적의 조향 조작력을 확보하는 것이다. 주차를 하거나 저속으로 주행할 때에는 가볍고 부드러운 조향특성이 필요하며, 중속 및 고속영역에서는 안정성을 얻을 수 있는 적당히 무거운 조향 조작력이 좋다. 예전의 유압방식 동력 조향장치(NPS : normal power steering)에서는 저속주행 및 주차를 할 때에는 운전자가 조향 휠에 가하는 조향 조작력을 감소시키기 위해 유압에너지를 이용하는 방식을 사용하였다.

따라서 기계방식의 조향장치에서 발생하였던 저속주행 및 주차할 때의 조향 조작력 증가 문제를 해결할 수 있었으나 고속으로 주행할 때 도로면과의 접지력 저하 때문에 조향 휠의 조작력이 가벼워지는 문제점이 발생하였다. 그리고 배력작용이 일정한 동력 조향장치에서는 저속 주행에서의 특성을 중요시하면 고속으로 주행 할 때 조향 조작력이 너무 가벼워져 불안정하고, 고속주행에서의 특성을 중요시하면 저속으로 주행할 때 조향 조작력이 무겁게 되어 조향이 어려워진다.

따라서 예전의 유압방식 동력 조향장치(NPS)에서는 서로 반대되는 저 · 고속 2가지 조건의 요구특성을 만족시키기 어렵기 때문에 저속과 고속특성 양자의 최적점에서 설계한다.

이와 같은 상반되는 저 · 고속 2가지 조건의 요구특성을 만족시키기 위해 전자제어 동력 조향장치(ECPS; electronic control power steering)가 개발되었다. 전자제어 동력 조향장치는 [그림 1]에 나타낸 바와 같이 자동차의 주행속도에 따라 조향 조작력을 적절히 변화시킨다. 즉 주차 또는 저속으로 주행할 때에는 조향 조작력을 가볍게 하여 수월한 조향성능을, 고속으로 주행할 때에는 조향 조작력을 무겁게 하여, 주행 안정성을 제공한다.

따라서 전자제어 동력 조향장치는 주행조건에 따른 조향특성을 최적화한 이상적인 장치라 할 수 있다. 국내에서는 1990년 초반부터 전자제어 동력 조향장치가 적용되어 자동차의 고급화, 고부가 가치화에 대응하고 있다.

속 도	타이어 접지력	조향휠의 작용력	
		일반 PS	EPS
저속 (주차)	크다	크다	가벼움 적다
고속	적다	적다	묵직함 크다

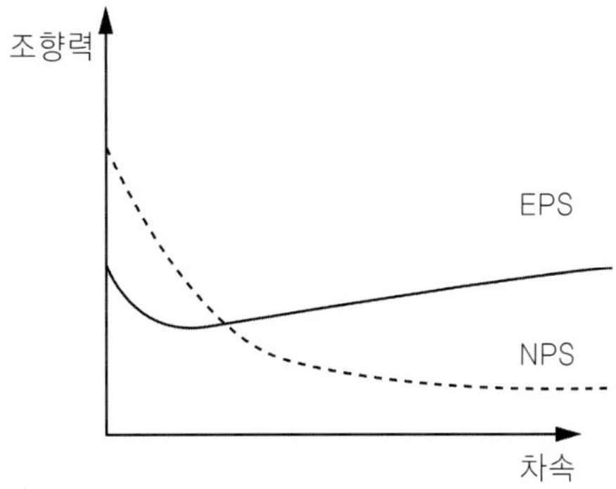

[그림 1] **주행속도와 조향 조작력의 관계**

[1] 전자제어 동력 조향장치의 일반적 요구사항

① 소형 · 경량이고 구조가 간단하여야 한다.

② 작동이 원활하고, 고속주행에서 안정성이 있어야 한다.

③ 내구성과 신뢰성이 있어야 한다.

④ 정숙성이 있어야 한다.

⑤ 광범위한 사용조건에 대한 안정성이 있어야 한다.

[2] 전자제어 동력 조향장치의 특징

① 기존의 동력 조향장치와 일체형이다.

② 기존 동력 조향장치의 변경 없이 사용할 수 있다.

③ 제어밸브에서 직접 입력회로 압력과 복귀회로 압력을 바이패스 시킨다.

④ 조향 회전각도 및 횡가속도를 검출하여 캐치 업(catch up)을 보상한다. 캐치 업(catch up)이란 고속, 또는 급조향을 할 때(유량이 적을 때) 조향하는 방향으로 잡아당기는 현상을 말한다.

[3] 전자제어 동력 조향장치의 효과

① 저속에서 편하고 안정적인 핸들링이 가능하다.
② 고속으로 주행할 때 최적화 된 load contact에 의한 안전한 조향이 가능하다.
③ 정밀한 밸브장치에 의한 정교하고 민감한 핸들링이 가능하다.
④ 필요에 따라서 고속주행에서 안전한 유압의 지원이 가능하다.
⑤ 마이크로 프로세스의 프로그래밍에 의한 자동차 특성과의 최적화가 가능하다.

[4] 전자제어 동력 조향장치(ECPS)의 기능

전자제어 동력 조향장치는 아래와 같은 기능을 수행한다.

[표 1] **전자제어 동력 조향장치의 기능**

번호	기 능	내 용
1	차속감응 기능	자동차의 주행속도에 따른 최적의 조향 조작력을 제공한다.
2	조향각도, 각속도 검출 기능	조향 휠 각속도를 검출하여 중속 이상에서 급 조향을 할 때 발생되는 순간적 조향 휠의 걸림 현상(catch- up)을 방지하여 조향 불안감을 해소한다.
3	주차, 저속 영역에서 조향 조작력 감소 기능	자동차의 주차 또는 저속으로 주행할 때 조향 조작력을 가볍게 하여 조향을 용이하게 한다.
4	직진 안정 기능	고속으로 주행할 때 중립으로의 조향복원력을 증가시켜 직진 안정성을 도모한다.
5	롤링 억제기능	주행속도에 따라 조향 조작력을 증가하여 빠른 조향에 따른 롤링의 영향을 방지한다.
6	FAIL-SAFE 기능	축전지 전압변동, 주행속도 및 조향 휠 각속도 센서의 고장과 솔레노이드 제어 이상을 검출한다.

6.1.2. 전자제어 동력 조향장치(ECPS)의 종류

전자제어 동력 조향장치의 종류는 크게 동력원을 유압으로 사용하는 유압방식과 전동기를 사용하는 전동방식으로 분류된다.

[1] 유압방식 전자제어 동력 조향장치

유압방식 전자제어 동력 조향장치는 [그림 2]에 나타낸 바와 같이 기관에 의해 구동되는 오일펌프의 유압을 동력원으로 사용한다. 구성부품으로는 오일펌프, 조향기어박스, 그리고 각종센서로부터 정보를 받아 최적의 조향 조작력을 제어하는 ECU로 구성된다.

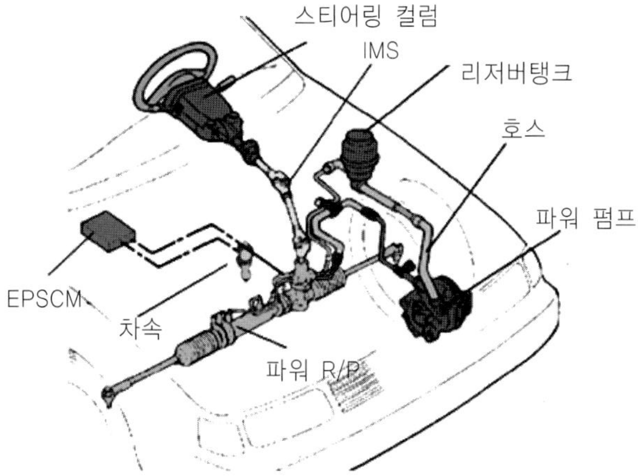

[그림 2] **유압방식 전자제어 동력 조향장치**

[2] 전동방식 전자제어 동력 조향장치

전동방식 전자제어 동력 조향장치는 [그림 3]에 나타낸 바와 같이 오일펌프 대신 전동 전동기를 사용한 방식이다. 따라서 구성부품으로는 전동 전동기, 조향 기어박스, 그리고 각종 센서로부터 정보를 받아 최적의 조향 조작력을 제어하는 ECU로 구성된다.

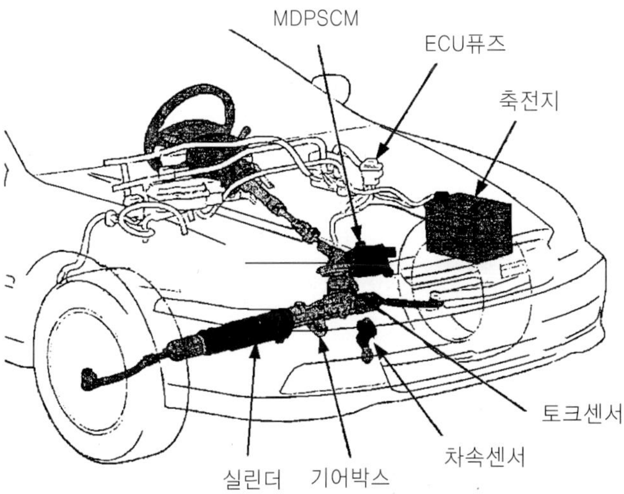

[그림 3] **전동방식 전자제어 동력 조향장치**

6.2. 유압방식 전자제어 동력 조향장치(EPS)

6.2.1. 유압방식 전자제어 동력 조향장치의 개요

조향장치는 자동차의 주행속도가 증가함에 따라 구동력 증가에 대한 반력이 발생하거나 양력 또는 항력에 의한 조향축 하중 감소 등으로 조향할 때 바퀴와 도로면 사이의 접지저항이 감소한다.

따라서 고속으로 주행할 때에는 조향 안전성이 떨어져 불안하게 되므로 자동차의 주행속도가 증가할수록 조향 조작력은 무겁고 주행속도가 낮을수록 가볍게 할 필요가 있다. 이렇게 조향 조작력을 변화시키는 장치가 전자제어 동력 조향장치이다. 이를 실현하기 위해 유압방식 동력 조향장치(EPS : electronic power steering)에서는 기관으로 구동되는 유압펌프의 유압을 동력원으로 사용하는 예전의 유압방식 동력 조향장치(NPS : normal power steering)에 유량제어 기구인 유량제어 솔레노이드밸브를 추가하여, 주행속도의 변화에 대응하여 조향 기어박스로 공급되는 유량을 적절하게 제어한다. 이 유량제어 솔레노이드밸브는 주행속도 및 조향 휠 각속도 센서의 정보를 입력받은 ECU에 의해 제어된다.

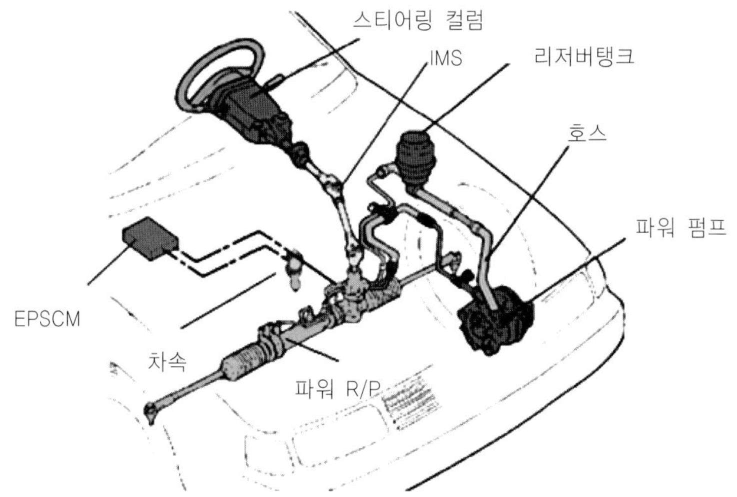

[그림 4] **유압방식 전자자제어 동력 조향장치**

6.2.2. 유압방식 전자제어 동력 조향장치의 기본원리

여기서는 유압방식 동력 조향장치 중 승용자동차에서 주로 사용되는 래크 & 피니언 방식(rack & pinion type)을 기준으로 설명하도록 한다. 조향 기어박스 내부는 기본적으로 래크 & 피니언에 의해 좌우방향으로 조향된다. 래크 & 피니언 어셈블리에는 좌우에 유압실린더가 있으며 운전자가 조향 휠을 조작하면 토션 스프링(torsion spring)이 오일의 방향을 바꿔주므로 유압펌프에서 형성된 유압이 해당 유압실린더로 작용하여 원활한 조향이 이루어진다.

[1] 정차 및 저속으로 주행할 때

정차 또는 저속으로 주행(0~60 km/h)할 때 ECU에서 솔레노이드밸브에 약 1A의 전류가 공급되어 솔레노이드밸브에는 가장 큰 출력이 위쪽으로 작용한다.

이로 인해 압력 제어밸브는 위쪽에 위치한 스프링을 압축하면서 상승하여 유압펌프의 유압이 작용하는 오일통로 A와 반력 플런저로 공급되는 오일통로 D를 차단하는 위치에 있게 되므로 반력 플런저에 작용하는 유압을 제어하면(이때의 유압은 0이다) 반력 플런저가 입력 쪽을 누르는 힘이 없어지기 때문에 가장 경쾌한 조향 조작력을 얻을 수 있다.

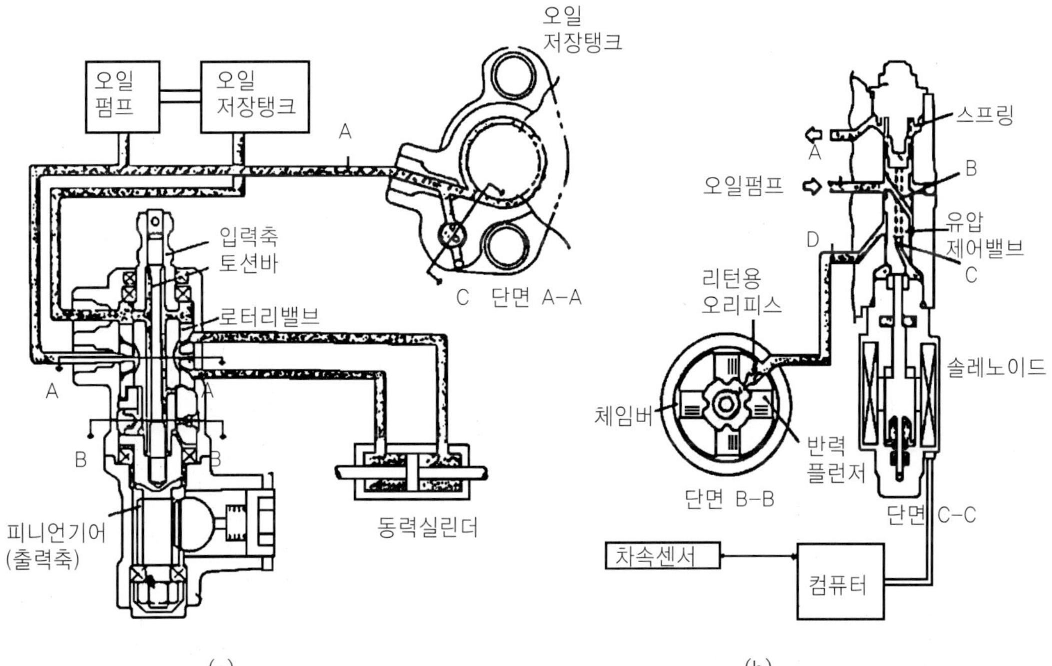

[그림 5] **유압방식 전자제어 동력 조향장치 기본 원리도**

[2] 중속 및 고속으로 주행할 때

솔레노이드밸브 및 압력 제어밸브는 오일통로 A에서 D로의 통로를 연다. 이 상태에서 조향 휠을 통상의 조향범위 내에서 조작하면 유압펌프의 유압은 저속으로 주행할 때와 같이 조향각도에 대해서 상승하기 때문에 조향 조작력에 비례한 유압이 얻어져 중·고속 주행에서 적절한 조향감각을 얻을 수 있다.

[3] 고속으로 주행할 때

솔레노이드밸브 위쪽에 가해지는 유압이 주행속도의 증가에 따라 감소하므로 압력 제어밸브가 아래쪽으로 이동하여 오일통로 B가 열리면서 D로 오일이 공급되어 반력 플런저 뒤쪽을 밀게 되므로 플런저가 유압의 입력을 차단하여 토션 바(torsion bar)와 피니언이 일체가 되도록 하여 조향 조작력이 무거워진다. 또 험한 도로를 주행하거나 바퀴가 펑크 난 경우 등 도로면에서 큰 반력이 작용하면 유압펌프의 유압이 일반적인 조향의 경우보다 상승하여 반력 플런저에 작용하는 유압을 규정 값 이하로 제어한다.

이에 따라 주행할 때 도로면에서 큰 힘이 작용한 경우에도 조향 조작력을 일정 값 이하로 제어하여 험한 도로를 주행하더라도 조향 휠을 놓치는 일이 없다.

6.2.3. 유압방식 전자제어 동력 조향장치의 종류

[1] 유량 제어방식(속도감응 제어방식)

유량 제어방식은 차속센서 및 조향 휠 각속도 센서 입력에 대응하여 ECU가 유량조절 솔레노이드밸브의 전류를 제어하고 조향 기어박스에 유압(유량)을 조절하여 주행속도에 따른 최적의 조향 조작력을 실현한다. 즉, 메인밸브에서 공급된 유량을 바이패스(by pass)시켜 공급유량을 조절하여 특성의 변화를 얻는다.

특성의 가변 폭은 밸브가 지니는 유량특성의 범위 내에 있기 때문에 작고, 또 유량을 제어할 때 조향응답성의 저하 때문에 현재는 일부 자동차에서만 사용되고 있다.

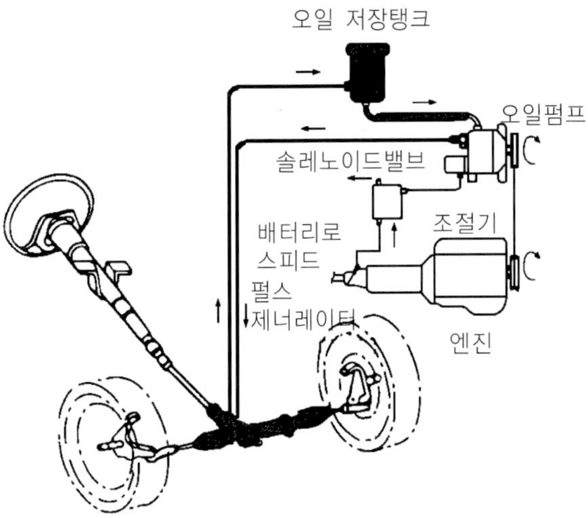

[그림 6] **유량제어방식**

(1) 유량제어 방식의 작동원리

1) 주차할 때

솔레노이드(solenoid)의 작용에 의해 유량조절 밸브스풀(valve spool)은 바이패스 라인을 차단하여 저속밸브에 의해 유압이 발생 되도록 하여 가벼운 조향 조작력을 제공한다.

2) 주행할 때

솔레노이드의 작용에 의해 유량조절 밸브스풀(spool)은 메인(main) 유압의 바이패스 양을 주행속도에 따라 증대시켜 무거운 조향 조작력을 제공한다.

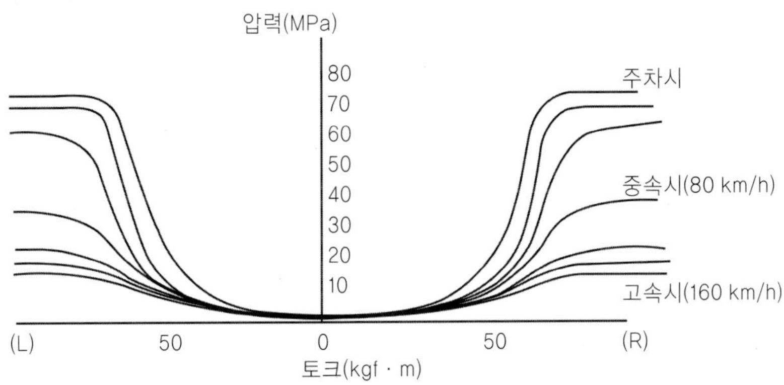

[그림 7] **유량제어방식의 조향 조작력 특성**

[2] 실린더 바이패스 제어방식

실린더 바이패스 제어방식은 조향 기어박스의 실린더 양쪽을 연결하는 바이패스밸브와 오일통로를 두고 주행속도의 상승에 따라 바이패스밸브의 면적을 확대하여 실린더에 작용하는 유압을 감소시켜 조향 조작력을 제어한다. 이 방식은 바이패스밸브 내의 흐름 방향이 조향방향에 따라 역회전하므로 좌우의 특성을 갖추기 위해 설계와 제작에서 배려가 이루어지고 있다. 그리고 급조향할 때의 응답성 지연의 제약 및 대응방법은 유량 제어방식과 마찬가지로 조향 조작력의 변화량은 유량 제어방식보다 약간 크다. 그리고 바이패스밸브와 바이패스통로를 조향기어박스에 설치해야 하므로 가격이 비싸다.

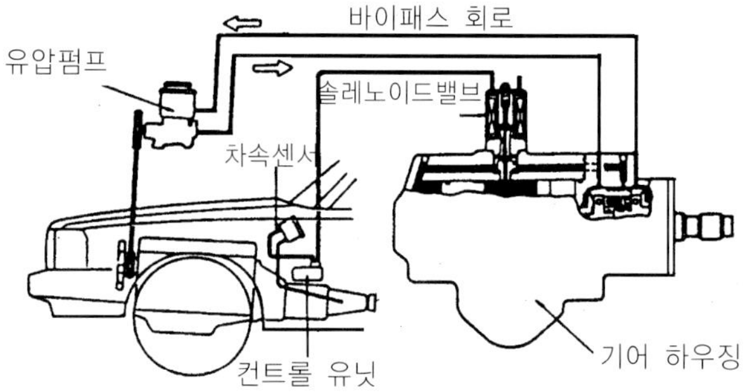

[그림 8] **실린더 바이패스 제어방식**

[3] 유압반력 제어방식

유압반력 제어방식은 동력 조향장치의 밸브부분에 유압반력 제어장치를 두고 유압 반력 제어밸브에 의해 주행속도의 상승에 따라 유압 반력실에 도입하는 반력압력을 증가시켜 반력기구의 강성을 가변 제어하여 직접 조향 조작력을 제어하는 방식이다.

조향 조작력의 변화량은 반력압력의 제어에 의해 유압 반력기구의 용량 범위에서 임의의 크기가 주어지며 급조향할 때 응답지연의 문제가 없어 승용자동차에 유리한 조향 장치이다.

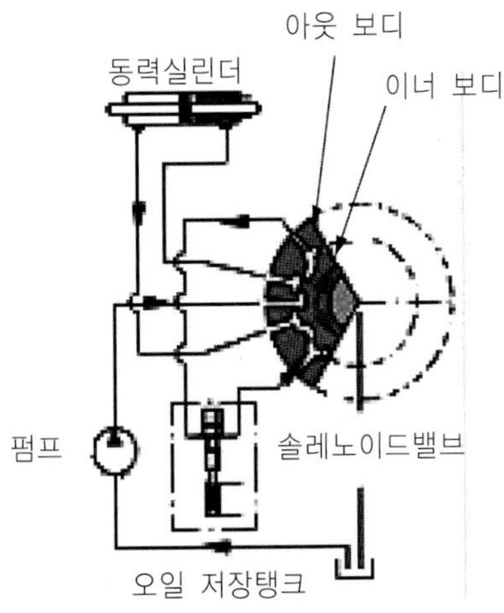

[그림 9] **로터리밸브 유압**

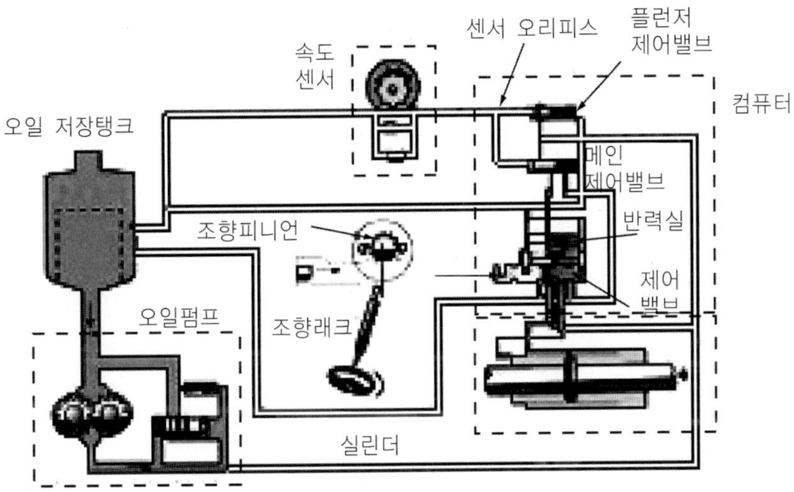

[그림 10] **유압 반력제어 방식**

(1) 유압반력 제어방식의 작동원리

1) 주차할 때

솔레노이드(solenoid)에 의해 유량조절 밸브 스풀(valve spool)은 반력라인을 차단하고, 로터리 밸브(rotor valve)에 의해 유압이 발생되도록 하여 가벼운 조향 조작력을 제공한다.

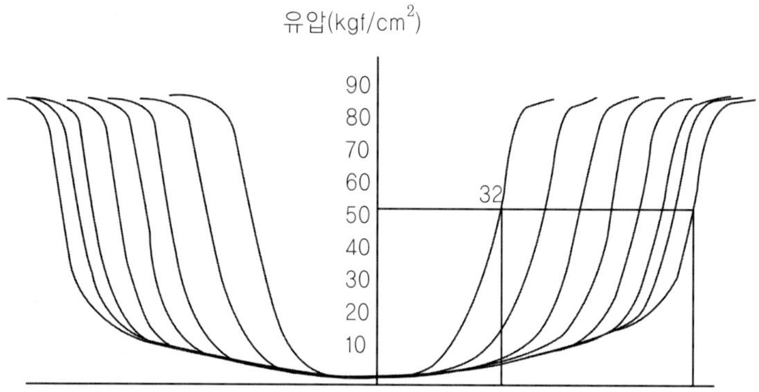

[그림 11] **유압반력 제어방식의 조향 조작력 특성**

2) 주행할 때

솔레노이드에 의해 유량조절 밸브스풀은 반력라인에 유압이 발생 되도록 하고 그 반력 유압은 주행속도에 따라 증가시켜 무거운 조향 조작력을 제공한다.

6.2.4. 유압방식 전자제어 동력 조향장치의 구성요소

일반적으로 전자제어 동력 조향장치(ECPS)에는 여러 가지 종류가 있지만 그 구성은 ECU(전자제어 유닛), 차속센서, 동력조향 기어박스로 되어있다. 또 동력조향 기어박스에는 주행속도 등에 의해 유량특성을 제어하는 유량제어 솔레노이드밸브가 설치된다. 또 필요에 따라서는 조향 휠 각속도 센서로부터 조향각속도를 검출하여, 중속 이상의 영역에서 급 조향을 할 때 발생되는 캐치 업(catch up)을 방지하여 조향 불안감을 해소하기도 한다.

그리고 스로틀 위치센서로 부터 스로틀밸브의 열림 정도를 검출하기도 하는데, 이것은 스로틀밸브의 열림 정도가 일정 값 이상 열린 상태에서 주행속도가 입력되지 않을 경우 전자제어 동력 조향장치의 핵심 입력정보인 차속센서의 고장으로 판단하기 위함이다.

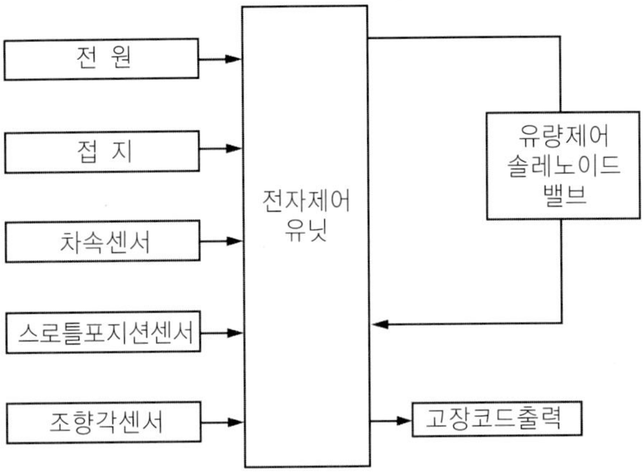

[그림 12] **유압방식 전자제어 동력 조향장치 입·출력 구성도**

일반적으로 전자제어 동력 조향장치에서 차속센서가 고장나면 주행 안정성을 확보하기 위해 조향 조작력을 중속(조금 무겁게)조건으로 일정하게 유지한다.

[1] ECU(electronic control unit))

차속센서, 스로틀 위치센서, 조향 휠 각속도 센서로 부터 정보를 입력받아 유량제어 솔레노이드밸브의 전류를 듀티 제어한다. 즉 유량제어 솔레노이드밸브에 저속으로 주행할 때에는 많은 전류를, 그리고 고속으로 주행할 때에는 작은 전류를 보내어 유량 제어 밸브의 상승 및 하강을 제어하여 주행조건에 따른 최적의 조향 조작력을 확보한다. 또 고장이 발생하면 안전모드로의 전환제어 및 고장코드를 출력하는 기능을 한다.

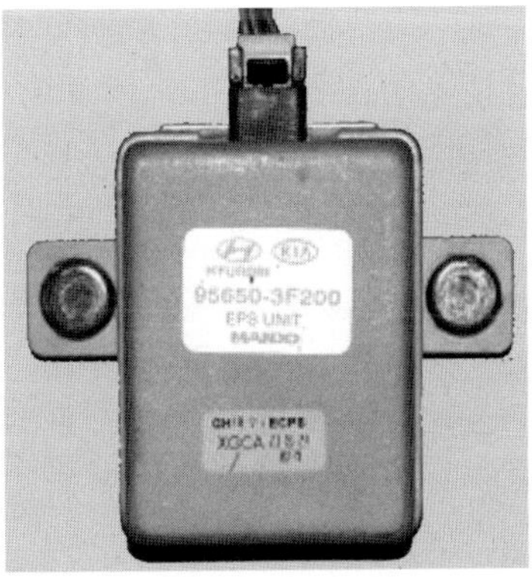

[그림 13] **ECU 부품**

[2] 차속센서(vehicle speed sensor)

ECU가 주행속도에 따른 최적의 조향 조작력으로 제어할 수 있도록 자동차의 주행속도를 입력시킨다. 또 ECU는 차속센서가 고장나면 중속의 조향 조작력으로 일정하게 유지하여 중속 이상에서의 주행안정성을 확보한다.

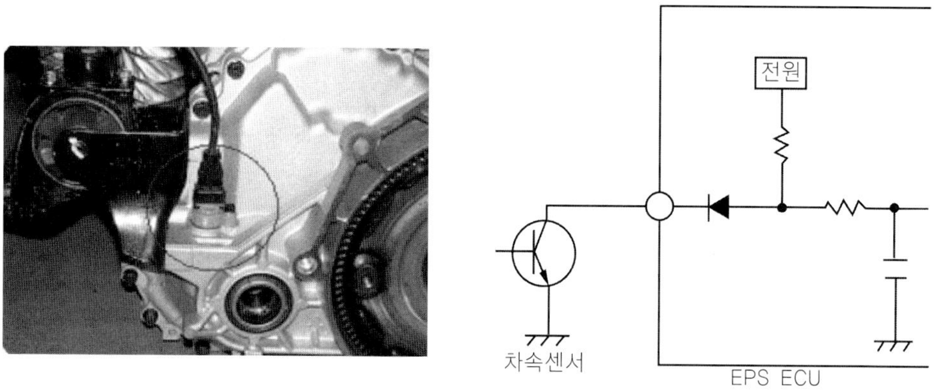

[그림 14] **차속센서**

[3] 스로틀 위치센서(throttle position sensor)

스로틀 위치센서는 스로틀 보디(throttle body)에 설치되어 있으며, 운전자가 가속페달을 밟은 양을 검출하여 ECU로 입력시켜 차속센서의 고장 여부를 검출하기 위해 사용된다. ECU는 스로틀밸브의 열림 정도가 일정 값 이상 열린 상태에서 주행속도의 신호가 입력되지 않으면 전자제어 동력 조향장치의 핵심 입력 정보인 차속센서의 고장으로 판단한다.

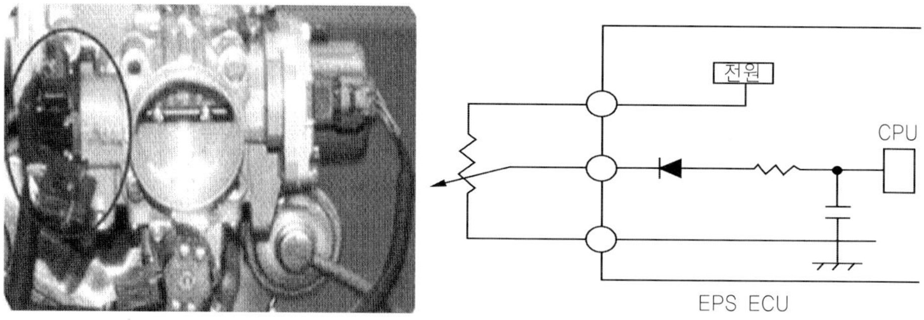

[그림 15] **스로틀 위치센서**

일반적으로 전자제어 동력 조향장치에서 차속센서가 고장이 나면 주행 안정성을 확보하기 위해 조향 조작력을 중속(조금 무겁게)조건으로 일정하게 유지한다.

[4] 조향 휠 각속도 센서(steering wheel angle speed sensor)

조향 휠 각속도 센서는 조향각 속도를 감지하여, 중속 이상 조건에서 급 조향할 때 발생되는 순간적 조향 휠 걸림 현상인 캐치 업(catch up))을 방지하여 조향 불안감을 해소하는 역할을 한다.

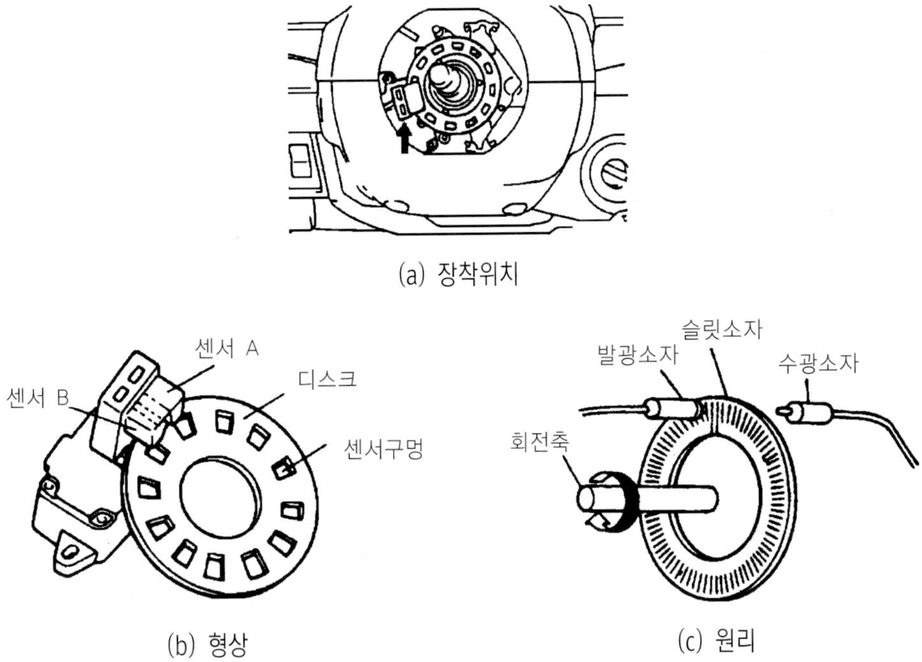

[그림 16] **조향 휠 각속도 센서**

[5] 유량제어 솔레노이드밸브

유량제어밸브는 주행속도와 조향각도 신호를 기초 데이터로 하여 최적상태의 유량을 제어하는 밸브이다. ECU는 공회전 또는 저속으로 주행할 때에는 유량제어밸브에 큰 전류가 흐르도록 하여 스풀밸브를 상승시키고, 고속으로 주행할 때에는 적은 전류가 흐르게 하여 스풀밸브를 하강시켜 입력 및 바이패스(by-pass)통로의 개폐를 조절한다.

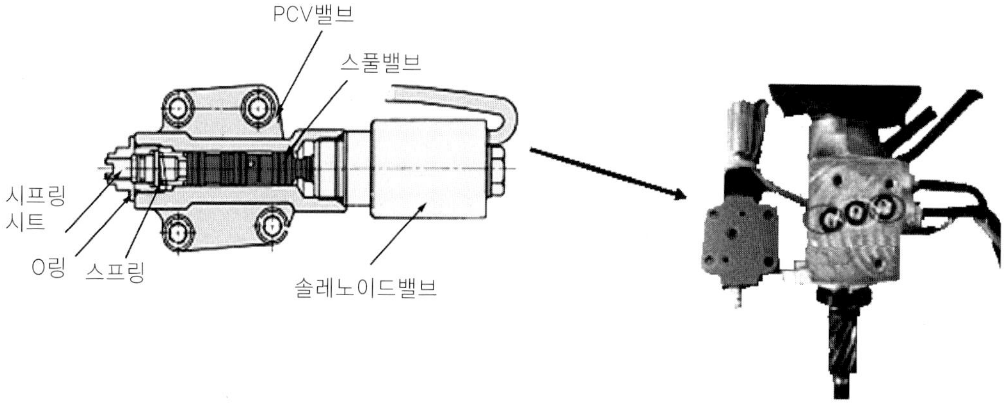

[그림 17] **유량제어 솔레노이드밸브**

이렇게 유량제어밸브에서 유량을 제어하여 저속에서는 큰 조향 조작력을, 고속에서는 가벼운 조향 조작력이 되도록 변화시키는 작용을 한다.

동력조향장치 ECU는 [그림 18]에 나타낸 바와 같이 유량제어 솔레노이드밸브에 흐르는 전류를 제어하여 조향 조작력을 제어하는데 저속에서는 큰 전류를, 고속에서는 작은 전류가 흐르도록 하여 반력 플런저로 공급되는 유량을 제어한다.

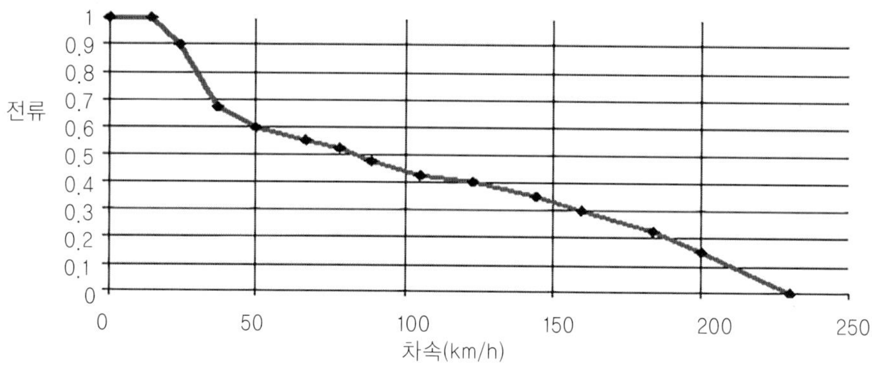

[그림 18] **유량제어 솔레노이드 작동전류 특성도**

6.3. 전동방식 전자제어 동력 조향장치

6.3.1. 전동방식 전자제어 동력 조향장치의 개요

동력 조향장치의 보급이 증가함에 따라 그 요구 성능도 단순히 조향 조작력의 감소에 그치지 않고 주행속도나, 주행조건에 따른 최적의 적절한 조향 조작력의 설정도 중요한 요구 성능 중 하나가 되었다. 그 요구에 대응하기 위해 기존의 유압 동력장치에 유압제어 기구와 ECU를 추가한 전자제어 동력 조향장치가 이미 개발 되었지만, 예전의 일반적인 유압 동력 조향장치(normal power steering)에 비하면 복잡하고 비싸다.

한편 유압 동력장치의 고성능화와는 별도로 위의 요구에 대응하는 방법으로 전동전동기(motor)를 이용하여 조향 조작력을 보조(assist)하는 전동방식 동력 조향장치(MDPS ; motor driven power steering)의 개발이 매우 급속히 증가되고 있다. 그 이유는 유압방식 동력조향장치에 비해 간단한 제어기구로 조향 조작력 제어의 자유도를 넓히면서 가격과 무게감소, 그리고 작업 성능 등이 향상되는 효과가 있고, 특히 최근의 개발방향이 지구 환경에 근거를 둔 연료소비율 향상에 중점을 두고 있기 때문이다.

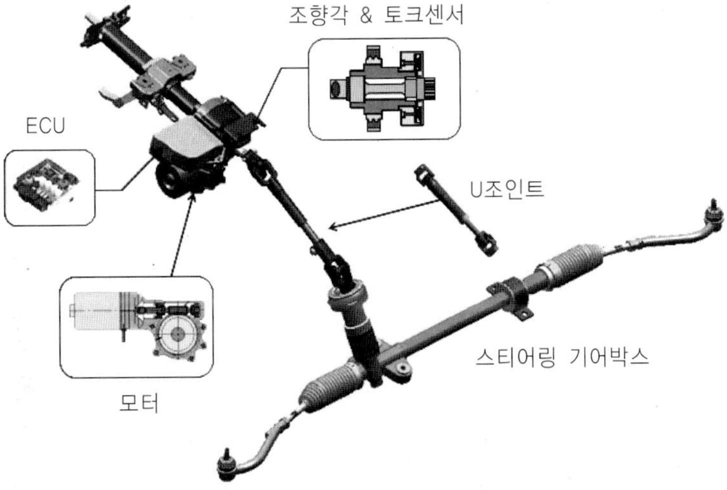

[그림 19] **전자제어 동력 조향장치의 구성도**

전동방식 동력 조향장치는 자동차의 주행속도에 따라 조향 휠의 조향 조작력을 전자제어로 전동기를 구동시켜 주차 또는 저속에서는 조향 조작력을 가볍게 해주고, 고속에서는 조향 조작력을 무겁게 하여 고속주행 안정성을 운전자에게 제공하는 것으로 자동차의 연료소비율 향상과 전기자동차에 적극적으로 대응하기 위한 장치(system)이라 할 수 있다.

[2] 전동방식 동력 조향장치의 특징

전동방식 동력 조향장치의 특징을 유압방식 동력 조향장치 비교하면 다음과 같다.

① 유압방식에서 필요한 오일을 사용하지 않으므로 환경 친화적이다.

② 유압 발생기구나 유압파이프 등이 없어 부품수가 감소하여 조립성능 향상 및 경량화(약 2.5 kg) 할 수 있다.

③ 경량화로 인해 연료소비율을 향상(약 3~5%)시킬 수 있다.

④ 전동기를 운전조건에 맞추어 제어하므로 자동차 주행속도별 정확한 조향 조작력 제어가 가능하고 고속 주행안전성이 향상되어 조향성능이 향상되었다.

⑤ 유압방식보다 가격이 비싸다.

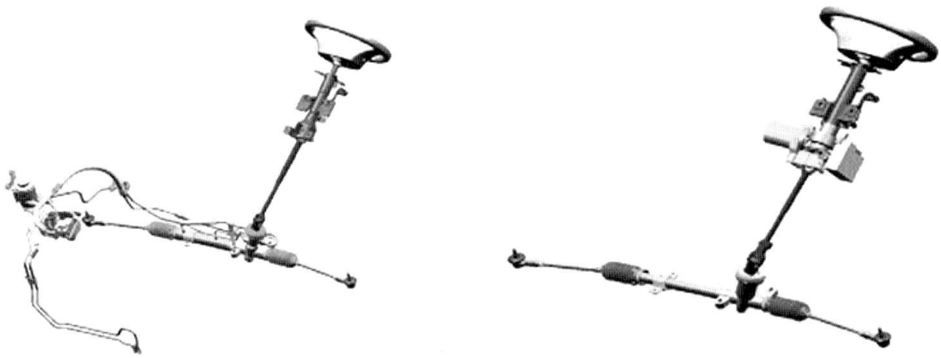

(a) 유압식 (b) 전동식

[그림 20] **유압방식과 전동방식 동력 조향장치의 비교**

6.3.2. 전동방식 동력 조향장치의 종류

전동방식 동력 조향장치(MDPS ; motor driven power steering)는 전동기의 설치위치에 따라 다음과 같이 구분한다.

[1] 조향칼럼 구동방식

(1) 조향칼럼 구동방식의 구성 및 작동

전동기를 조향칼럼 축에 부착하여 클러치, 감속기구(웜 & 웜휠) 및 조향 토크센서 등을 통하여 조향 조작력 증대를 수행한다(경차 및 소형자동차에서 주로 사용됨). ECU가 차속센서, 조향 토크센서 등을 통하여 운전상황을 검출하여 전동기의 구동토크를 제어하여 적절한 조향 조작력 증대를 수행한다.

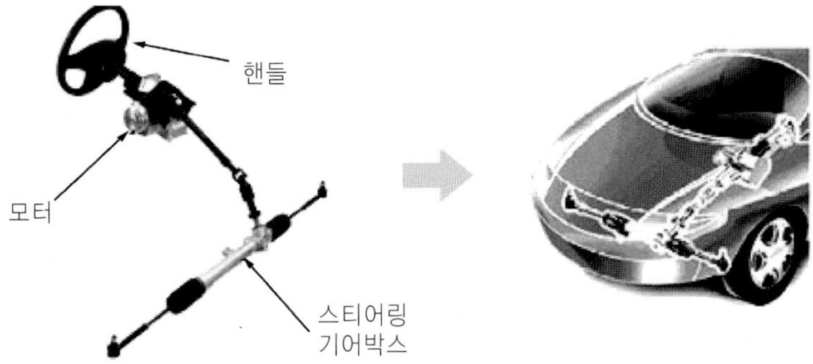

[그림 21] **조향칼럼 구동방식의 구조**

(2) 조향칼럼 구동방식의 장점 및 단점

1) 조향칼럼 구동방식의 장점

① 연료소비율 감소와 낮은 에너지 소비 그리고 단순한 형식이 가능하다.

② 기관의 작동이 정지된 상태에도 조향 조작력 증대가 가능하다.

③ 조향특성 튜닝이 용이하다.

④ 기관 룸(room) 레이아웃 설정이 쉽고 및 모듈화가 용이하다.

⑤ 오일 및 유압제어 기구를 사용하지 않기 때문에 환경 친화의 실현이 가능하다.

2) 조향칼럼 구동방식의 단점

① 전동기의 작동소음이 비교적 크고 설치 자유도가 제한적이다.

② 유압방식 비해 조향 휠의 복원력이 약해 핸들링이 저하된다.

③ 토크의 한계로 중 · 대형 자동차에서는 사용이 어렵다.

④ 조향성능 향상 및 경량화가 필요하며, 관성이 적은 전동기의 개발이 필요하다.

[2] 피니언 구동방식(pinion drive type)

전동기를 조향기어의 피니언 축에 설치하여 클러치, 감속기구(웜 & 웜휠) 및 조향 토크센서 등을 통하여 조향 조작력 증대를 수행한다(경차 및 소형자동차에 주로 사용됨). ECU가 차속센서, 조향 토크센서 등을 통하여 운전상황을 검출하여 전동기의 구동토크를 제어하여 적절한 조향 조작력 증대를 수행한다. 피니언 구동방식의 장점 및 단점도 조향칼럼 구동방식과 같다.

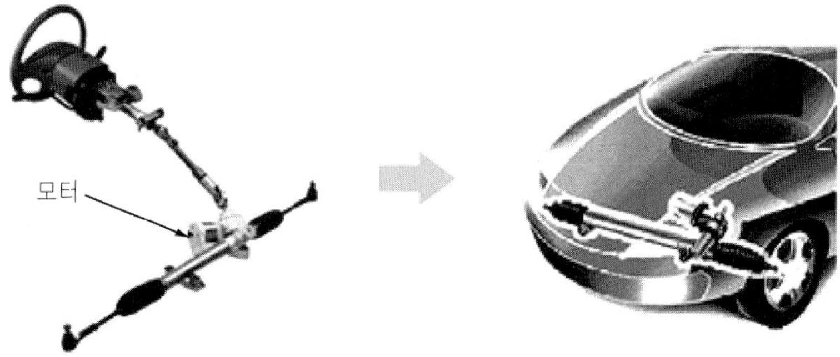

[그림 22] **피니언 구동방식**

[3] 래크 구동방식(rack drive type)

(1) 래크 구동방식의 구성 및 작동

전동 전동기를 조향기어의 래크 축에 설치하여 감속기구(ball nut & ball screw)및 조향 토크센서 기구 등을 통하여 조향 조작력 증대를 수행한다(중대형 승용자동차에 사용 가능).

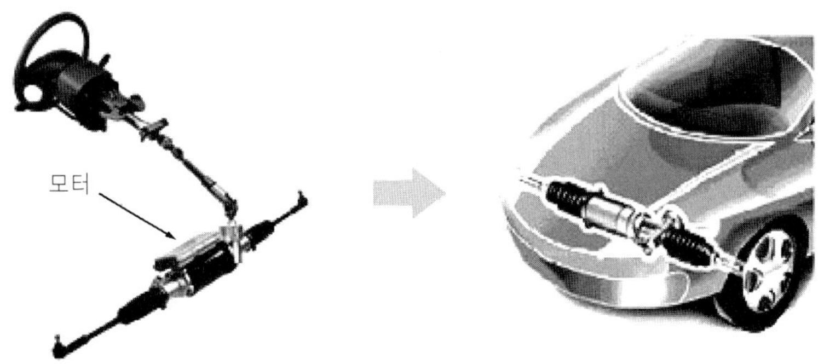

[그림 23] **래크 구동방식**

ECU가 차속센서, 위치센서, 조향 토크센서 등을 통하여 운전 상황을 검출하여 전동기의 구동토크를 제어하며, 복원력 및 댐핑 제어(damping control)로 킥백(kick back), 시미(shimmy) 등의 감소 및 최적 조향 조작력 증대를 수행한다.

(2) 래크 구동방식의 장점 및 단점

1) 래크 구동방식의 장점

① 연료소비율 감소(3~5%)와 낮은 에너지 소모 및 단순한 형식이 가능하다.

② 기관의 가동이 정지된 상태에서도 조향 조작력 증대가 가능하다.

③ 조향특성 튜닝이 용이하다.
④ 기관 룸 레이아웃 설정 및 모듈화가 용이하다.
⑤ 오일 및 유압 제어기구가 없기 때문에 환경친화 및 소음을 감소시킬 수 있다.
⑥ 높은 전압(42V 전원)에 대한 대응 및 크기의 축소가 가능하다.

2) 래크 구동방식의 단점
① 유압방식 비해 복원력이 작아 핸들링 성능이 저하된다.
② 조향감각의 향상 및 경량 그리고 관성이 낮은 전동기 개발이 필요하다.
③ 조향 기어박스 크기가 증대된다.

TIP

① 킥백(kick back) : 요철이 있는 도로면을 주행할 경우 등에 조향 휠 주방향에서 발생하는 충격을 말한다. 바퀴가 도로면의 요철에 의해 킥(발로 참)함으로서 백(되돌아가는 것)하고, 조향 휠을 충격적으로 회전하는 데에서 이렇게 부르고 있다.
② 시미(shimmy) : 앞바퀴의 옆방향 흔들림에 따라서 조향 휠의 회전축 주위에 발생하는 진동으로 저속시미와 고속시미로 분류할 수 있다. 저속시미는 도로면의 요철부분을 지나갈 때의 외란에 의해, 고속시미는 바퀴의 회전 불균형 등에 의해서 발생하기 쉽다.

6.3.3. 전동방식 동력 조향장치의 구성 및 기능

전동방식 동력 조향장치에는 여러 가지 종류가 있지만 그 제어방식이 비슷하므로 여기서는 조향칼럼 구동방식 조향장치를 위주로 설명하도록 한다.

[1] 전동방식 동력 조향장치의 구성

전동방식 동력 조향장치는 입력부분, 제어부분, 출력부분으로 구성되어 있다. 입력부분은 입력센서(조향 토크센서, 차속센서, 기관 회전속도) 신호로 부터 운전상황을 판단하는 역할을 하며, 제어부분은 입력센서의 정보를 바탕으로 ECU에 설정된 제어논리에 따라 출력부분을 제어한다. 출력부분은 ECU의 신호를 받아 전동기를 구동하며, 경고등, 아이들 업, 자기진단 기능을 수행한다.

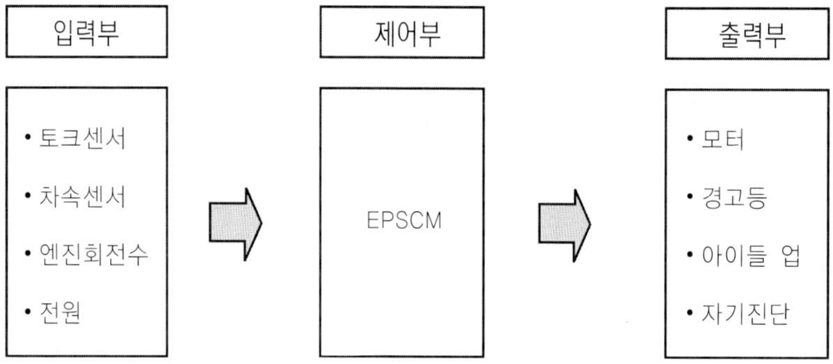

[그림 24] **칼럼 구동방식의 입 · 출력 다이어그램**

[2] 전동방식 동력 조향장치의 입력부분

(1) 차속센서

차속센서는 변속기 출력축에 설치되어 있으며 홀센서 방식이다. 이 센서는 자동차 주행속도에 따라 최적의 조향 조작력(고속으로 주행할 때에는 무겁고, 저속으로 주행할 때에는 가볍게 제어)을 실현하기 위한 기준신호로 사용된다.

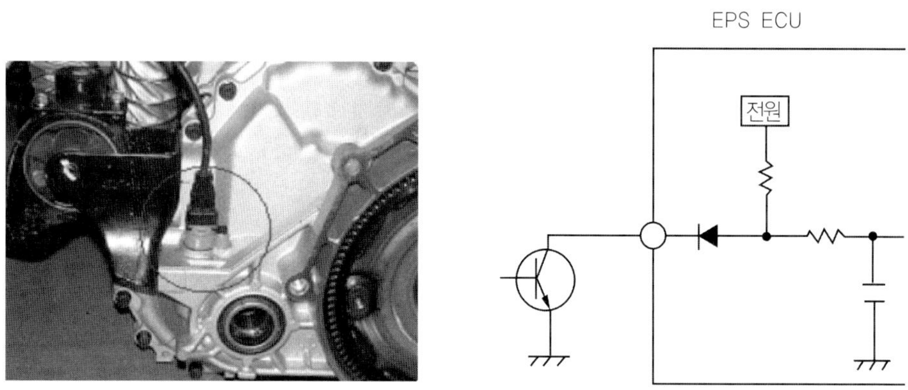

[그림 25] **차속센서**

(2) 기관 회전속도

기관 회전속도는 전동 전동기가 작동할 때 기관 부하(발전기 부하)가 발생되므로 이를 보상하기 위한 신호로 사용된다. 기관 ECU로 부터 기관 회전속도를 입력받으며 500 rpm 이상일 때 정상적으로 작동한다.

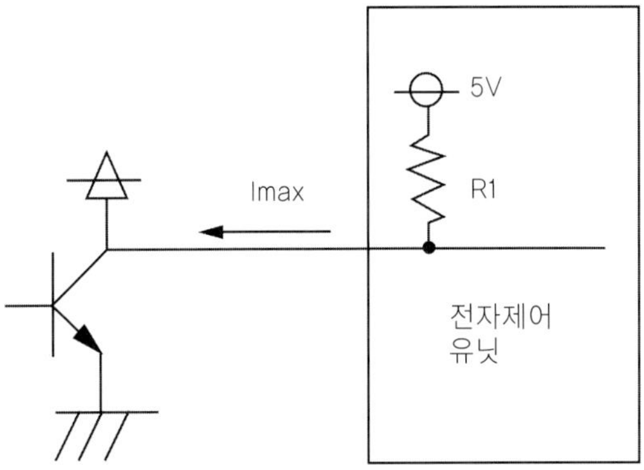

[그림 26] **기관 회전속도 검출**

(3) 조향 토크센서

조향 토크센서는 조향칼럼과 일체로 되어 있으며, 운전자가 조향 휠을 조작하면 조향 칼럼을 통해 래크와 피니언 그리고 바퀴를 돌릴 때 발생하는 토크를 측정한다. ECU는 조향 토크센서의 정보를 기초로 조향 조작력의 크기를 연산한다. 조향 토크센서의 종류에는 여러 가지가 있지만 여기서는 비접촉 광학형 조향 토크센서를 기본으로 설명한다.

1) 조향 토크센서의 구성

조향 토크센서는 발광 다이오드(led)와 수광소자(linear array) 각 2개와 입 · 출력 디스크(wide 1개, narrow 1개), 그리고 2개의 토크 연산부분으로 이루어져 있다.

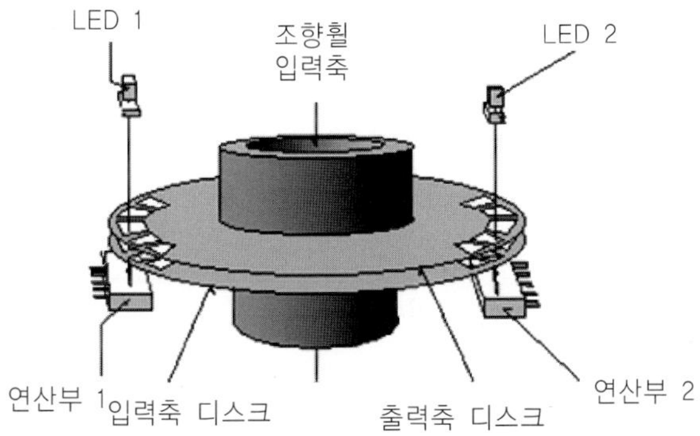

[그림 27] **조향 토크센서의 구조**

2) 조향 토크센서의 원리

조향할 때 조향 휠의 조작력은 입력디스크와 출력디스크 사이의 토션 바에 가해진다. 이때 토션 바가 비틀어짐에 따라 입·출력 디스크의 위상은 토션 바의 비틀림 양만큼 변화한다.

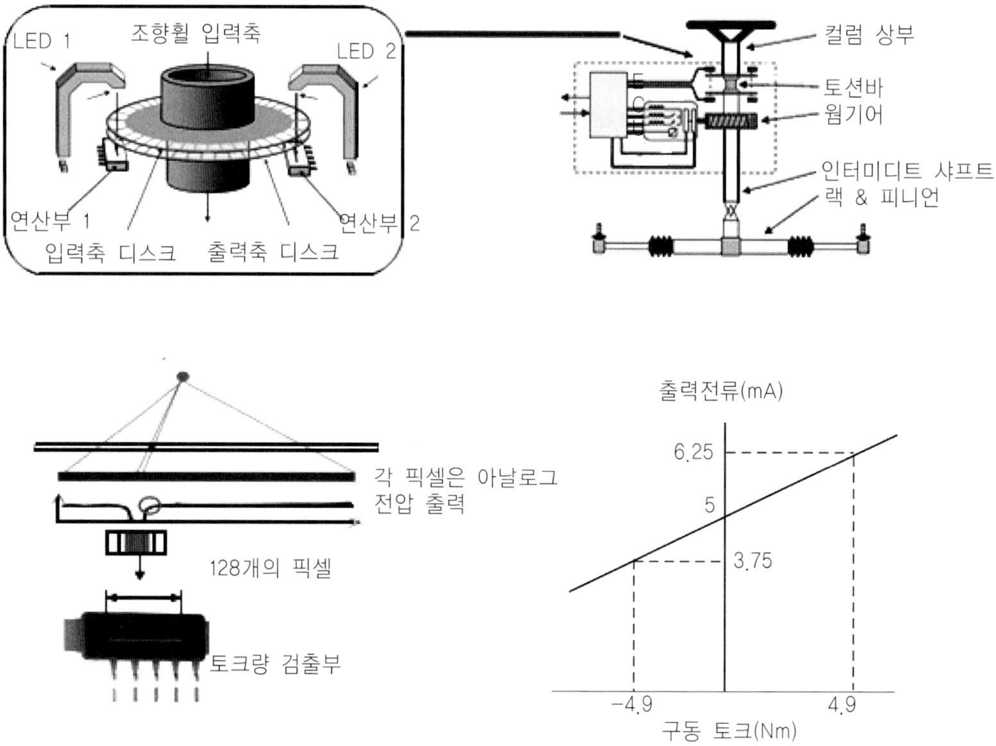

[그림 28] **조향 토크센서의 작동원리**

따라서 128개의 픽셀(pixel)로 이루어진 센서 A·B에는 발광 다이오드로 부터 가해지는 투과 양이 변화하며, 센서는 투과 양을 전류로 변환하여 ECU로 보낸다. ECU는 이 정보로 전동기를 작동하여 조향 조작력을 제어한다.

(4) 전동기 회전각도 센서(encoder)

전동기 회전각도 센서는 전동기 내에 설치되어 있으며, 전동기(motor)의 로터(rotor) 위치를 검출한다. 이 신호에 의해서 ECU가 전동기출력의 위상을 결정한다.

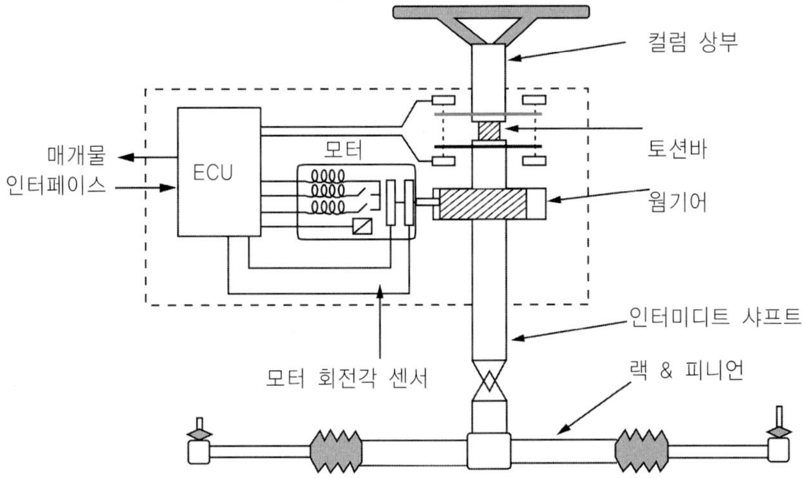

[그림 29] **전동기 회전각도 센서**

[3] 전동방식 동력 조향장치의 제어부분

ECU는 조향 토크센서의 신호에 의해 최적의 조향 조작력을 제어하기 위해 설정된 제어논리에 따라 출력부분의 전동기를 제어한다. 전동기의 구동력은 조향 휠을 조작하는 조작력에 비례하여 구동된다. 또 각종 신호를 모니터(monitor)하고, 고장이 발생하였을 때에는 수동조작이 가능하도록 하는 페일세이프(fail safe)기능을 지니고 있다. 또 삼상전동기를 사용하므로 제어의 고속성능이 필요하여, 16bit 마이크로컴퓨터를 사용한다. 또 경고등 및 아이들 업(idle up)제어 등을 수행한다.

[그림 30] **ECU 내부모습**

[4] 전동방식 동력 조향장치의 출력부분

(1) 전동기

전동방식 동력 조향장치는 조향할 때 전동기에 의해 조향 휠의 조작력을 보조받도록 되어 있다. 전동기는 스테이터(stator)에는 코일을, 로터(rotor)에는 영구자석을 배치한 삼상 직류 브러시 리스(brushless)전동기와 로터 안쪽에 래크 축(rack shaft)과, 볼 너트(ball nut)를 배치하고, 너트의 회전(전동기의 회전)에 의해 래크 축과 일체로 된 볼 너트가 직선운동 한다.

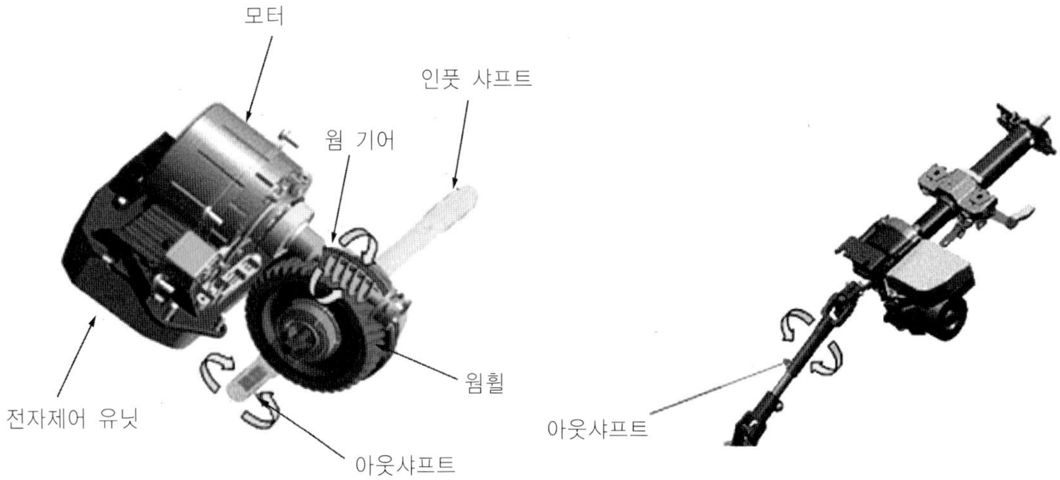

[그림 31] **전동기의 구조**

6.3.4. 전동식 동력 조향장치의 작동과정

① 운전자가 조향 한다. 이때 조향 휠(입력 축)과 전동기의 래크(출력축)를 연결하는 토션 바(torsion bar)에 비틀림이 발생하고 ECU는 토션 바의 비틀림 각도를 조향 토크센서에 의해 투과 양이 검출된다.

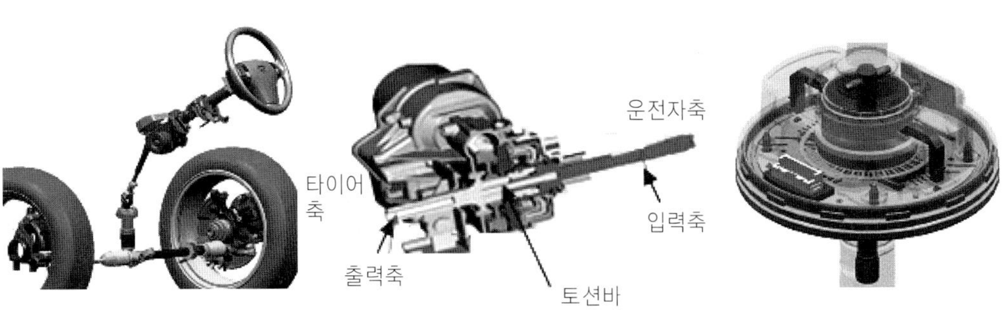

(a) 운전자 조향 (b) 토션바 비틀림 (c) 투과량 감지

[그림 32] **전동방식 동력 조향장치 작동과정**

② ECU는 조향 토크센서 출력 값으로 조향 조작력 및 배력을 연산하고 전동기에 전류 신호를 송신한다.

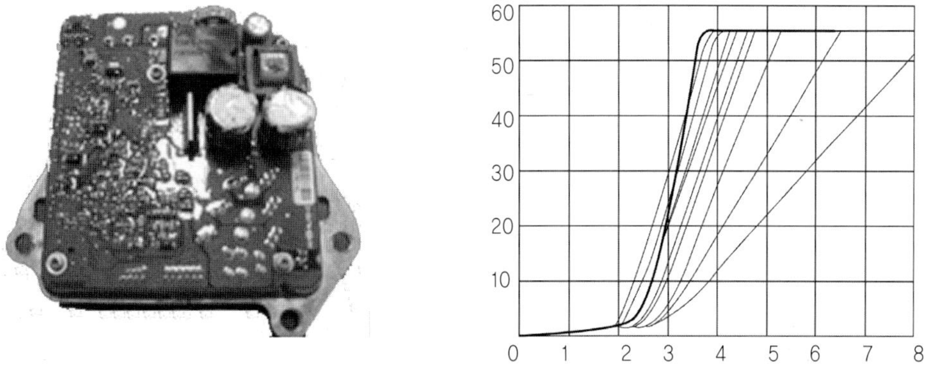

[그림 33] **조향튜크 및 어시스트 토크연산**

③ 이때 전동기는 연산 값만큼 회전하며, 웜 & 웜 휠(worm & worm wheel)기구에 의해 전동기의 회전을 20.5 : 1로 감속시킨다. 전동기는 출력축과 연결되어있으므로 출력축이 회전하며, 이와 연결된 자재이음에 의해 조향 기어박스의 피니언 축에 전달되어 최종적으로 원하는 만큼 바퀴가 회전하게 된다.

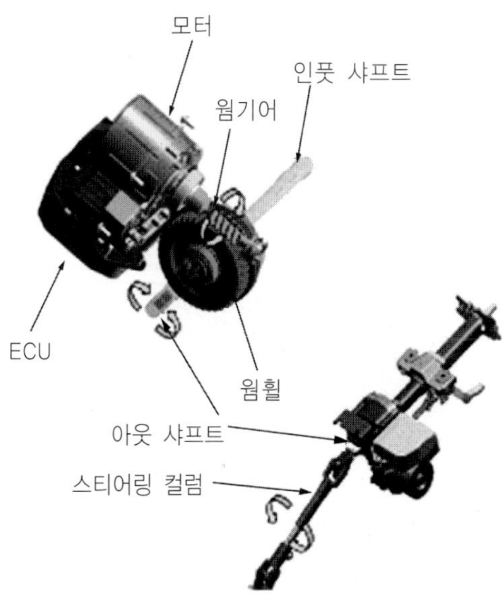

[그림 34] **모터 및 랙 구동**

6.3.5. 전동방식 동력 조향장치의 주요제어

ECU는 각종 입력정보에 의해 전동기 제어, 경고등 제어, 아이들 업 제어, 자기진단 및 고장코드 출력기능을 수행한다.

[1] 주행속도에 따른 전동기 구동전류 제어

전동기에 가해지는 전류의 크기는 조향 조작력 의해 결정된다. ECU는 운전자가 조작하는 조향 휠의 조작력을 조향 토크센서를 통해 검출한다. 이 조작력의 크기는 전류로 환산되어 ECU로 입력된다. 이 값은 조향 조작력 제어의 기본정보로 사용되며, 여기에 주행속도를 결합하여 하나의 테이블 형식의 표가 형성된다.

예를 들어 주행속도가 0 km/h일 경우는 조향 토크센서가 5.26 mA일 경우부터 전동기에 전류를 공급하고 6.28 mA 이상이 되면 전동기의 최대전류인 45 A가 공급된다. 그 이상의 조작력이 발생하더라도 전동기에 공급되는 전류는 변화하지 않는다. 그러나 여기서 주행속도가 점차 빨라지면 공급되는 전류는 변화한다.

[그림 35]에 나타낸 특성표와 같이 120 km/h에 도달하면 전동기의 전류는 약 12 A로 제한이 된다. 즉 조향 조작력이 무거워진다. 따라서 속도 감응방식 조향이 적용된다.

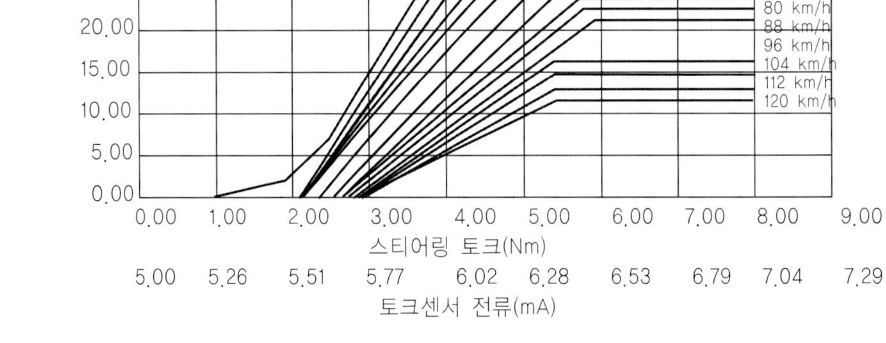

[그림 35] **주행속도에 따른 전동기 구동전류 제어**

[2] 과부하 보호제어

자동차 정지 상태에서 비정상적으로 연속 조향을 할 때 전동기에 걸리는 전류가 최대 45A이므로 발생하는 열이 증가한다. 이 전류는 ECU 내부에 열에 의한 영향을 미치게 된다. 이것은 회로의 고장을 초래하므로 피해야 한다.

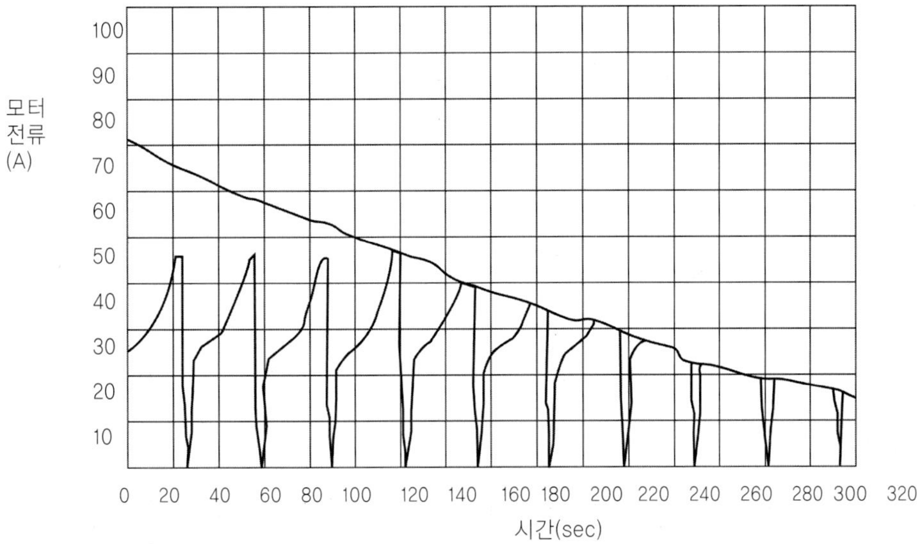

[그림 36] **과부하 보호제어**

이를 방지하기 위해 ECU는 내부에 서미스터를 설치하여 ECU의 온도를 직접 측정하며, 전동기가 일정시간 동안 계속해 작동하면 일정시간 후에 전류를 제한하기 시작한다. 이 전류는 약 8A 정도까지 제한한다. 조향을 하지 않는 상태로 최대 20분 정도 흐르면 정상상태로 복귀된다. 비정상적인 상태이므로 실제 주행 및 주차할 때에는 문제가 되지 않는다. 이 시간은 ECU 내부에 걸리는 온도에 따라 달라진다.

[3] 인터록 회로기능(interlock circuit function)

중·고속으로 주행할 때 장치의 고장(ECU 고장 등)으로 예기치 못한 급조향을 방지하기 위한 기능으로 전동기에 전류가 공급되지 못하도록 전류 제한범위를 설정해 놓은 기능이다.

[4] 보상제어

전동기가 정지 상태에서 작동을 하거나 또는 작동상태에서 정지를 할 때, 전동기의 회전속도가 변화하고 이에 따라 회전 가속도가 변화한다. 전동기를 정밀하게 제어하기 위해 전동기의 회전속도나 가속도에 따라 보상을 수행하는 제어를 보상제어라 한다. 즉 조향감각을 향상시키기 위해 보상을 실행하는 것이다.

(1) 마찰 보상제어

마찰 보상 제어는 전동기가 회전을 할 때 발생하는 마찰 값에 대한 보상을 의미한다. 기계적으로 모든 물체는 처음 작동할 때 마찰을 갖게 되는데 이를 보상해주는 제어이다. 이 보상 값은 전동기의 전류에 계산되어 전동기의 회전이 원활하게 되도록 도와준다. 마찰제어는 최초 움직이는 값을 도와주는 것이다.

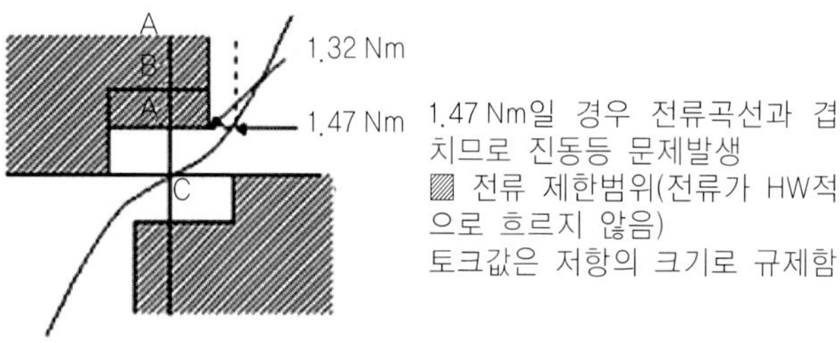

	표준값	설정값
A	2.9 A	2.9 A
B	6.5 A	6.5 A
C	1.47 Nm	1.32 Nm

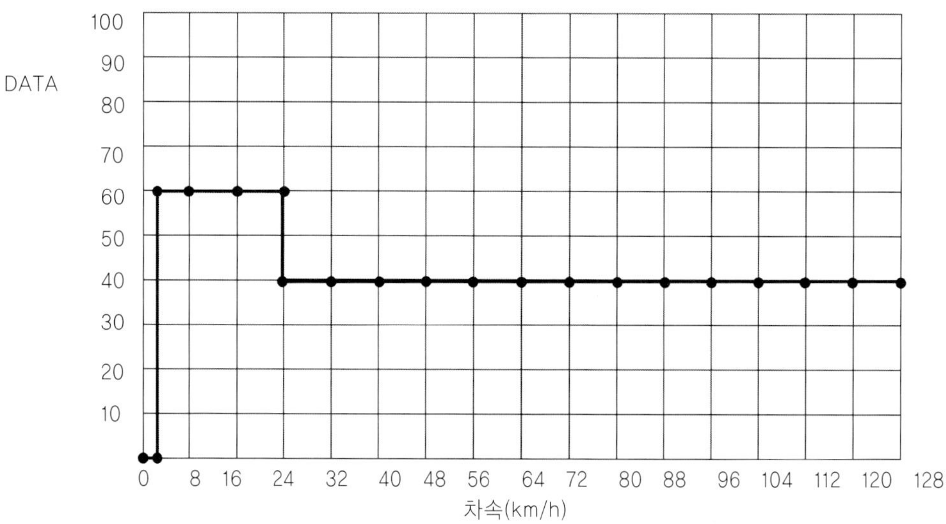

[그림 37] **마찰 보상제어**

(2) 관성 보상제어

전동기의 회전속도에 따라서 전동기의 관성이 다르기 때문에 원활한 회전을 시키기 위하여 전류보상을 실행한다. ECU는 일정한 상수를 두어 제어할 때 그 값에 맞는 데이터 값을 주어 제어하는 것을 관성보상이라 하며 회전속도에 따른 가속도를 정밀하게 제어하기 위함이다.

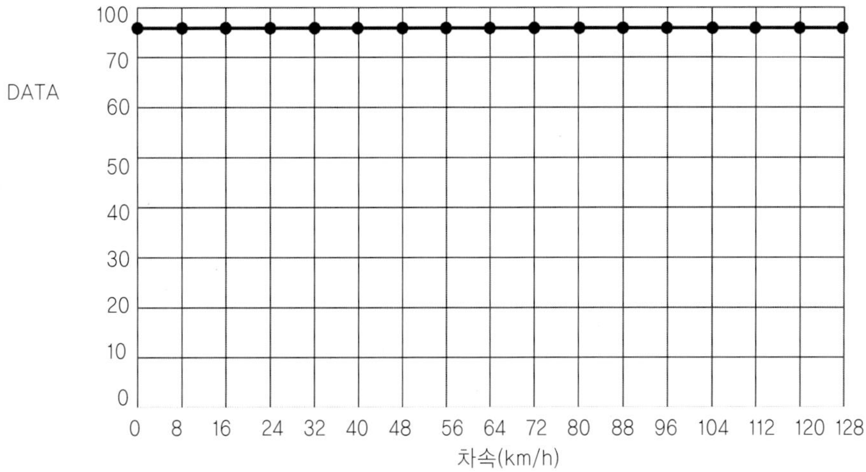

[그림 38] **관성 보상제어**

(3) 댐핑(damping) 보상제어

고속에서 급격한 차로변경과 같은 조향을 하였을 경우 저속에 비해 상대적으로 큰 복원력이 발생한다. 전동방식 동력 조향장치에서는 전동기와 같이 관성이 큰 부분에 영향을 미쳐 조향 휠이 중립을 벗어나게 되며, 이것은 자동차의 주행에 물고기 꼬리(fish tailing)와 같은 영향을 미친다.

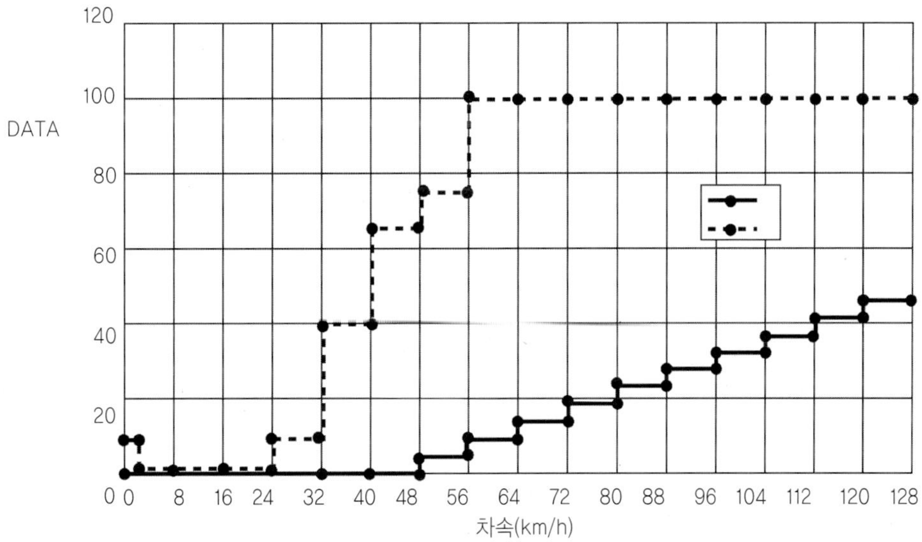

[그림 38] **댐핑 보상제어**

따라서 전류 값을 낮추는 보상을 하여 전동기의 회전속도에 따른 진동을 흡수하기 위한 제어이다. 조향속도 즉, 전동기가 회전하는 일정 각속도를 기준으로 느릴 때와 빠를 때에 따라 제어를 변화시킨다.

[5] 아이들 업 제어(idle up control)

전동방식 동력 조향장치는 전동기를 사용하므로 전동기가 작동할 때 소모전류가 매우 크다(약 45A). 따라서 전동기가 기관이 공회전할 때 작동하면 발전기의 부하가 커져 기관의 회전속도가 불안정해질 우려가 있다.

ECU는 이를 방지하기 위해서 아이들 업 제어를 실행하는데 [그림 40]에 나타낸 바와 같이 ECU는 전동기가 작동할 때 트랜지스터(TR)를 ON으로 하여 기관 ECU로 작동신호를 보낸다. 이때 기관 ECU는 기관 회전속도를 상승시킨다.

[6] 경고등 제어

전동방식 동력 조향장치는 주행안정성과 밀접한 관계에 있는 장치이므로 고장이 발생하였을 때 운전자에게 고장상태를 알리기 위해 일반적으로 계기판에 경고등이 점등된다.

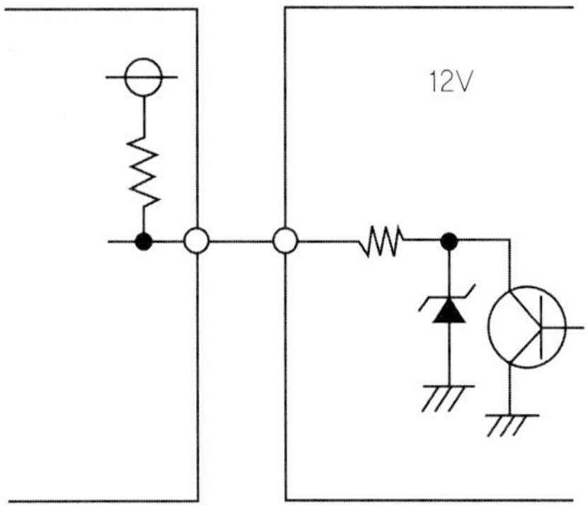

[그림 40] **아이들업 제어**

[그림 41] **경고등제어**

6.4. MDPS 고장진단

6.4.1. 모터점검

MDPS 모터는 파워헤드어셈블리로 공급되어 고장이 발생되어도 별도의 단품으로 교환할 수 없다. 이는 모터와 ECU 등을 조립 후 별도의 전수검사 장비로 검사를 해야 하기 때문이다.

모터는 진단장비를 통한 서비스 데이터와 고장코드로 점검할 수 있다. 서비스 데이터 점검은 데이터 항목 중 모터 전류, 모터 전류 목표값, 모터 온도, 출력강하레벨로 확인이 가능하다. 모터 전류는 스티어링 휠 토오크값과 비교하여 운전자 조향에 따른 토오크값 변화 시 모터 전류가 변하지 않는다면 모터 관련 고장을 의심할 수 있다.

모터 온도는 ECU 내부 온도센서를 이용하여 모터 코일의 온도를 연산하며 약 255℃ 이상 출력 시 모터의 문제가 발생된다. 모터 전류 목표값은 모터 전류와 비교하여 약 10A가 48초 이상 차이가 나면 관련 고장을 의심할 수 있다.

출력강하레벨은 모터의 출력을 제한하는 비율 값을 표기한 것으로 온도나 전압 등이 영향을 준다. 정상작동 시 100%이고 모터 최대부하발생시 40%로 내려간다. 모터 관련 고장 시는 EPS 경고등이 점등되며, MDPS의 동작을 중지하여 매뉴얼로 조향된다.

MDPS는 모터 과열 방지 제어(Over Heat Protection)를 하여 운전자가 최대 조향상태로 조향휠을 계속 잡고있다면 과열방지를 위해 모터의 출력을 줄여 제어하므로 선회 끝단부에서 반대방향으로 움직이는 이질감을 느낄 수 있다. 이것은 장치 고장이 아닌 모터의 과열을 방기하기 위함이다.

6.4.2. 사양인식

파워 스티어링 사양인식은 MDPS 제조사에 따라 현대모비스는 조향감으로 설정하고 만도는 엔진별로 설정한다.(일부 VDC 사양 포함) 또한 설정방법에 따라 진단장비를 이용한 방법과 차량에 장착된 선택형 스티어링 버튼을 이용한 방법으로 나뉜다.

만도사의 MDPS는 주로 소형 차량과 RV 차량에 적용된다. 소형 차량은 VDC가 옵션이므로 EPS 사양인식시 엔진사양과 함께 VDC 적용유무가 포함되며, RV차량은 엔진사양별(R-엔진/세타-엔진)로 인식한다.

- 플렉스스티어(Flex Steer)는 운전자 선택형조향력 가변 시스템을 의미한다.
  기존의 MDPS는 파워 스티어링 사양인식을 진단장비를 이용하여 설정하기 때문에 운전자가 직접 변경할 수 없었으나 플렉스스티어 적용차종은 운전자 성향에 맞는 조향력을 간단한 스위치 조작만으로 설정 가능하도록 되어있다. 단 조향모드변경은 반드시 차량 정차 상태에서만 가능하다.

• 플렉스스티어적용차종 : i30(GD), 싼타페(DM), K3(YD)

• 조향모드(모드 변경 시 계기판 현재 모드 3초간 표시)

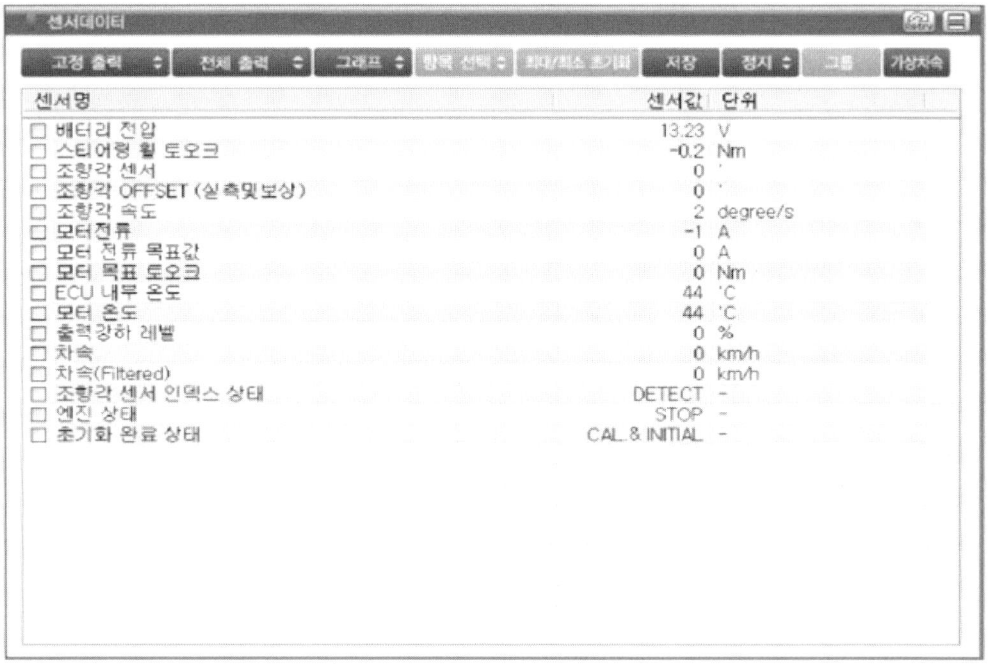

센서명	센서값	단위
□ 배터리 전압	13.23	V
□ 스티어링 휠 토오크	-0.2	Nm
□ 조향각 센서	0	˚
□ 조향각 OFFSET (실측및보상)	0	˚
□ 조향각 속도	2	degree/s
□ 모터전류	-1	A
□ 모터 전류 목표값	0	A
□ 모터 목표 토오크	0	Nm
□ ECU 내부 온도	44	˚C
□ 모터 온도	44	˚C
□ 출력강하 레벨	0	%
□ 차속	0	km/h
□ 차속(Filtered)	0	km/h
□ 조향각 센서 인덱스 상태	DETECT	-
□ 엔진 상태	STOP	-
□ 초기화 완료 상태	CAL. & INITIAL.	-

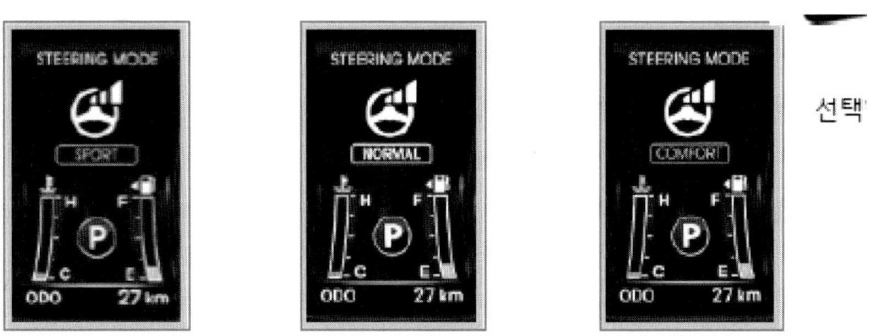

SPORT MODE	NOMAL MODE	COMFORT MODE
고속도로 드라이빙 조향력이 다소 무거움	일반적인 드라이빙	도심 드라이빙, 주차시에 적당 조향력이 다소 가벼움

검사 모드	진단장비를 이용하여 파워 스티어링 사양인식을 실시하시오.

조향감은 운전자가 요구하는 특성이 다르므로 이를 반영하여 진단장비를 사용하여 선택할 수 있고, MDPS 교환 시 반드시 사양인식 작업을 실시해야 한다. 파워 스티어링 사양인식을 하지 않았을 경우에는 고장코드 C1702가 검출될 수 있다. 최근 출시된 차량의 경우 중·고속에서의 조타감 변경을 위해 가벼운 조향감과 무거운 조향감을 구분하여 설정할 수 있다.

EPS 사양인식 선택	파워 스티어링 사양 인식 목적
	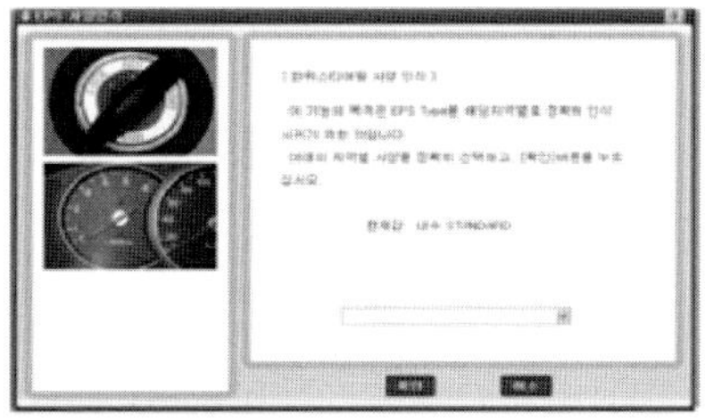
조향감 선택	**파워 스티어링 사양 인식 완료**
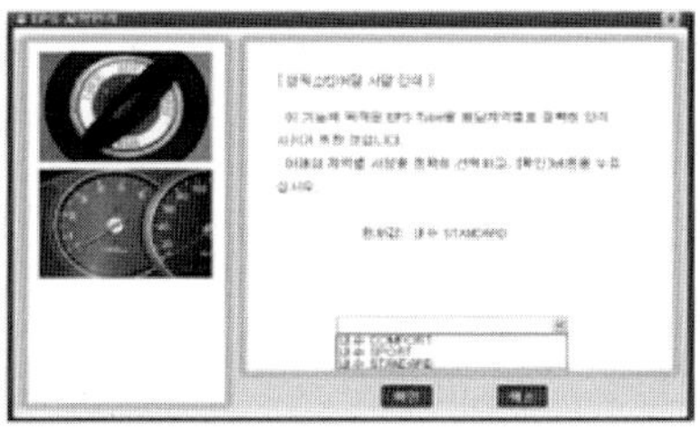	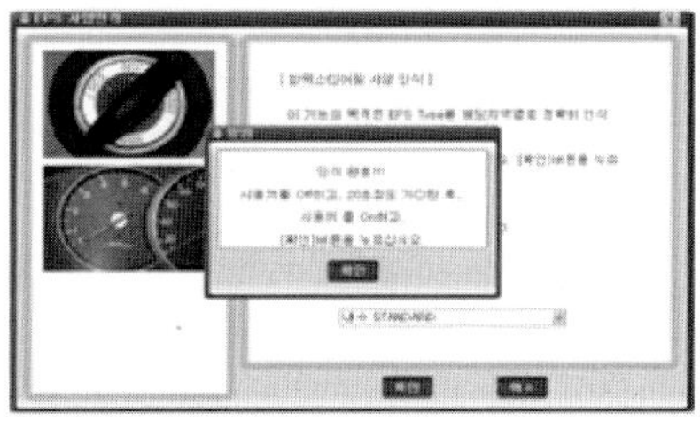

6.4.3. 모터 응용진단

① 차량 현상

시동 OFF 상태 전원단선 : 매뉴얼모드 작동(무거움 발생), EPS 경고등점등 시동 ON 상태 전원 단선 : 모터 어시스트 정상작동

② 고장 코드

시동 OFF 상태 전원 단선 : CAN 통신 에러로 고장코드검출 불가

시동 ON 상태 전원 단선 : 파워 스티어링 C1109(이그니션 전압이상)

제동제어 C1623(조향각센서측 CAN 신호 안나옴)

③ 센서데이터

시동 OFF 상태 전원 단선 : CAN 통신 에러로 센서데이터출력 안됨

시동 ON 상태 전원 단선 : 센서데이터정상 출력됨

④ 내용 분석

MDPS 응용진단과제는 MDPS 모터에 전원을 공급하는 ECU(EPS 컨트롤 모듈 ON/STSRT 전원)의 시동 OFF 상태에서 전원단선과시동 ON 상태에서 전원 단선 시의차이점을 확인할 수 있으며, 시동 ON 상태에서 전원단선은MDPS 릴레이가 상시 전원에 의해 ON되어 모터 어시스트가 유지됨을 알 수 있다.

6.4.4. 조향각 및 토크센서 점검

광학식 센서는 빛을 사용하는 옵티컬방식으로 퀼샤프트(Quill Shaft)를 중심으로 더스트커버, 라이트 가이드, 입 · 출력 디스크, PCB 어셈블리 등으로 구성된다. 라이트 가이드의 발광소자(LED A · B)가 빛을 발생하면 라이트 파이프를 거쳐 두 개의 입 · 출력 디스크를 통과하게 된다. 이 빛을 PCB의 수광소자가 받아 입력된 빛의 양으로 조향각& 토크를 검출하게 된다. 입 · 출력 디스크는 중립상태에서 좌 · 우측의 각도가 동일하여 관통하는 빛의 양이 같으나 조향을 하게 되면 디스크의 한쪽이 가려져 빛의 양이 줄어들게 된다. 이러한 변화된 빛의 양으로 각도와 비틀림 정도를 판단한다. 여기서 중요한 것은 입력축디스크의 기준점인데 이 기준점을 인덱스 포인트라 한다.

MDPS를 교환하게 되면 ECU에 입력된 조향각값과 실제 차량의 조향각이 다르기 때문에 조향각센서 0점 설정을 하여 인덱스 포인트를 찾는다.

※ PCB(Printed Circuit Board) : 인쇄 회로 기판

자기식센서는 메인기어및 위성기어와 입력축 로터의 자석을 이용하여 조향각과 토크를 각각 검출하는 방식으로 조향각 검출부와 토크 검출부로 나뉜다.

조향각 검출은 메인기어 1개와 위성기어 2개로 구성되며, 토크 검출은 입력축로터(자석)와 출력축로터로 구성된다. 조향각은 선회 시 컬럼 샤프트에 일치되어 있는 메인기어회전으로 기어잇수가 다른 2개의 위성기어를 회전시켜 발생되는 위상차를 이용하여 홀 IC로 회전각도를 검출한다.

토크는 선회 시 토션바의 비틀림으로 입력축로터에 붙어있는 자석의 회전으로 자기장의 세기 변화를 이용하여 홀 IC로 출력전압을 감지한다.

참고로 조향각센서 기능이 삭제된 토크 센서도 작동원리는 조향각& 토크센서 일체형과 동일하다.

① 조향각& 토크센서 점검

조향각& 토크센서는 모터와 마찬가지로 파워헤드 어셈블리로 공급되어 고장이 발

생되어도 별도의 단품으로 교환할 수 없다. 이는 조향각& 토크센서를 조립 후 별도의 전수검사 장비로 검사를 해야 하기 때문이다.

조향각& 토크센서는 직접적인 회로나 단품확인보다 서비스 데이터나 고장코드로 점검한다.

서비스 데이터 점검은 데이터항목 중 스티어링 휠 토오크, 조향각센서, 조향각 OFFSET, 조향각속도 등으로 확인이 가능하다. 시동 ON 상태에서 선회 시 각 데이터의 변화량을 확인하거나 좌·우측 풀 턴으로 서로의 데이터를 비교할 수 있다. 만약 선회 시 데이터가 변화되지 않거나 휠 얼라인먼트가 정상적인 상태에서 좌·우측 데이터의 차이가 발생된다면 조향각&토크센서 관련 고장을 의심할 수 있다.

② 조향각센서 초기화

조향각센서 초기화 작업은 MDPS ECU에 입력된 조향각과 실제 차량의 조향각을 일치시켜주는 기능으로 MDPS 및 VDC 성능만족을 위해서 0점 설정이 반드시 필요하다. 0점 설정시기는 MDPS 교환 후, 진단장비의 0점 설정을 요구할 경우, 기어박스 및 유니버셜조인트 교환, 휠 얼라인먼트작업 등이 있다.

초기화가 정상적으로 수행된 경우 초기화 완료 상태는 캘리브레이션& 이니셜(CAL & INITIAL)로 표출된다. 0점 조정 미실시 시에는 계기판에 EPS 경고등이 점멸될 수 있으며, 초기화 작업 종료 후 반드시 고장코드를 삭제한다.

※ DETECT : 조향각센서 인덱스 상태를 감지
CALIBRATION & INITIAL : 조향각센서 0점 설정이 초기화 상태
조향각센서 초기화가 정상적으로 수행되지 않으면 EPS 경고등점멸과 함께 C1259(조향휠각도센서 회로 이상) 고장코드 검출과 함께 조향각은 감지할 수 없다.

③ 조향각& 토크센서는 광학식과 자기식으로 나뉘며, 조향각센서 기능이 삭제된 토크센서 타입이 있다. 각 방식에 따른 적용되는 차종을 기록하시오.

- 광학식 타입 : 아반떼(HD), 포르테(TD), 쏘울(AM)
- 자기식타입 : 그랜저(HG), 쏘나타(YF), 아반떼(MD), 벨로스터(FS), 엑센트(RB), 싼타페(DM), 프라이드(UB)
- 토크센서 타입(조향각센서 기능 삭제) : 엑센트(RB), 모닝(TA)

6.4.5. MDPS 적용방식

MDPS는 장치 내 고장이 발생되면 계기판의 EPS 램프를 점등 또는 점멸시켜 운전자에게 알려준다. 경고등이 점등, 점멸되는 조건을 기록하시오.

- 점등 조건 : MDPS 시스템 고장
- 점멸 조건 : 조향각센서 초기화 미 설정
- 조향각센서 초기화 시기 : MDPS 교환, 진단장비 요구, 기어박스 교환, 휠 얼라인먼트작업

6.4.6. MDPS 초기화

- 조향각센서 초기화 조건 : 시동 ON(엔진 구동), 스티어링 휠 직진방향
- 초기화 완료 후 확인방법 : 센서데이터 항목 중 조향각센서의 값이 ±5º 범위 내에 있는지 확인
- 초기화 미 설정 시 문제점 : EPS 경고등점멸
  C1261(조향각센서- 영점설정안됨) 고장코드 검출
  ※ ASP(Absolute Steering Position) : 절대적인 스티어링 위치

01. 전자제어 동력 조향장치의 일반적인 개요를 설명하시오.

02. 전자제어 동력장치의 일반적 효과를 3가지 이상 쓰시오.

03. 전자제어 동력 조향장치의 일반적 기능에 대해 3가지 이상 쓰시오.

04. 전자제어 동력 조향장치의 종류를 나열하시오.

05. 전자제어 조향장치의 입력요소로 사용되는 센서 3가지를 쓰시오.

06. 유압방식 동력 조향장치에서 유량 제어밸브의 역할을 쓰시오.

07. 전동방식 동력 조향장치의 종류를 나열하시오.

08. 요철이 있는 도로면을 주행할 경우 등에 조향 휠 주방향에 발생하는 충격을 무엇이라 하는가?

09. 자동차에서 발생하는 시미현상에 대해 설명하시오.

10. 전동방식 동력 조향장치의 입력요소로 사용되는 센서 2가지를 쓰시오.

11. 조향 토크센서의 기능에 대해 설명하시오.

12. MDPS 사용시 주의 사항을 설명하시오.

Chapter

07

자동차 섀시 안전장치

07 자동차 섀시 안전장치

7.1. 에어백(air bag)

7.1.1. 에어백의 개요

자동차 제작회사들이 인명보호에 관심을 두지 않았던 1960년대에 교통사고로 인한 인명 피해가 급증하자 미국은 안전규제 대책으로 자동차에 안전벨트를 의무적으로 설치하도록 하였다. 초기의 안전벨트는 허리만 시트(seat)에 고정하는 2점 고정방식 이어서 일정 주행속도 이상에서 정면충돌을 할 때 얼굴과 가슴이 조향 휠(steering wheel)에 부딪혀 사망하는 사고가 잦았다. 이때 미국의 자동차 부품업체가 공기튜브에서 아이디어를 얻어 수년간 연구 끝에 1971년 에어백을 개발하였다.

초기의 에어백은 안전벨트 보조용 승객 보호장치(SRS 에어백, supple mental restraint system air-bag)라는 이름으로 불렸으며, 지금까지 제작회사에 관계없이 SRS 에어백으로 부르고 있다. 에어백은 자동차가 충돌할 때 충돌검출 센서 및 에어백 ECU(air-bag electronic control unit)가 충격량을 검출하여 가스발생장치에 전기적 신호를 주어 가스를 발생시켜 에어백을 부풀리는 장치로 승객이 자동차 내장재에 직접 부딪히는 것을 방지하여 안전을 도모한다. 또 에어백은 탑승자가 안전벨트를 착용한 상태로 올바르게 시트에 고정되었을 경우, 최대 효과가 발휘되므로 안전벨트의 보조 장치로 역할을 수행한다.

초기 에어백은 운전석에만 사용되었으나 가격이 비싸 큰 호응을 얻지 못하다가 1981년부터 벤츠, BMW, 볼보 등이 본격적으로 설치하면서 활성화 되었다. 이후 에어백은 운전석 전용에서 승객석과 뒷좌석뿐만 아니라 측면 에어백을 설치하여 측면 충돌에서도 인명을 보호할 수 있도록 발전했다.

에어백은 어린이나 유아 등, 체구가 작은 사람이 앞좌석 승객석에 탑승한 경우 에어백의 팽창압력에 의한 피해가 있을 수 있으므로 앞좌석 승객석에 에어백을 설치하는 자동차에는 경고 문구를 부착하도록 의무화하여 승객의 안전에 대한 경각심을 높이도록 하였다.

7.1.2. 에어백의 종류

에어백은 설치위치 및 신체 보호부위에 따라 다음과 같이 구분된다. [그림 1]은 에어백의 명칭과 구성이다.

① DAB : 운전석 에어백(drive air bag)

② PAB : 승객석 에어백(passenger air bag)

③ SPT : 안전벨트 프리텐셔너(seat belt pre tensensor)

④ FSAB : 앞 측면 에어백(front side air bag)

⑤ RSAB : 뒤 측면 에어백(rear side air bag)

⑥ CAB : 커튼 에어백(curtain air bag)

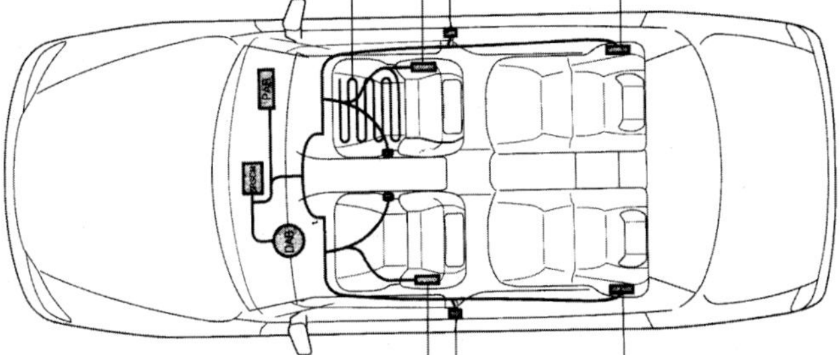

[그림 1] **에어백의 종류**

⑦ PPD : 승객유무 검출센서(passenger presence detect)

⑧ ACU : 에어백 컨트롤 유닛(air bag control unit)

⑨ RAB : 뒤 에어백(rear air bag)

⑩ FIS : 전방충돌 검출센서(front impact sensor)

⑪ SIS : 측면충돌 검출센서(side impact sensor)

⑫ STS : 측면충돌 검출센서(seat track sensor)

[1] 운전석 에어백(driver air bag)

운전석 에어백은 사고 시 운전자의 머리 · 가슴 · 목 등의 상해 정도를 줄여주기 위해 설치되며, 조향 휠 중앙에 공기주머니를 설치한 것으로 용량은 대개 60L 정도이다.

[2] 승객석 에어백(passenger air bag)

승객석 에어백은 승객석 승객의 머리·가슴·목을 보호하기 위한 것으로 대시패널(dash panel)에 설치되므로 탑승자와의 간격이 운전석보다 넓으며, 공기주머니의 용량도 운전석이 대개 60L인데 비해 승객석은 120~150L 정도로 크다. 따라서 승객석 탑승자가 지나치게 앞으로 이동하여 앉거나 어린이를 안고 타는 것은 에어백의 팽창 공간 부족으로 인해 매우 위험한 결과를 가져올 수 있다.

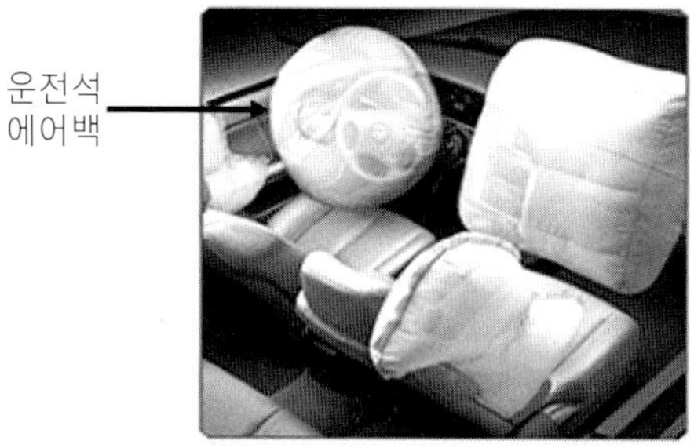

[그림 2] **운전석 에어백**

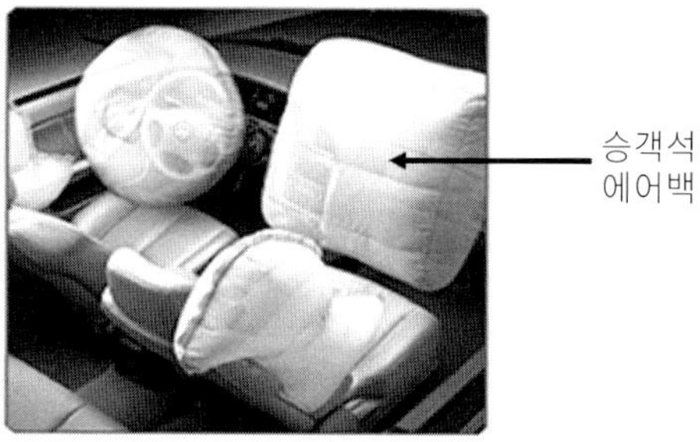

[그림 3] **승객석 에어백**

[3] 측면 에어백(side air bag)

자동차에서 측면 충돌이 발생할 때 탑승자의 머리와 어깨를 보호하기 위한 것으로 자동차의 시트 등받이 또는 도어에 설치한 에어백으로, 측면에서 충돌이 일어나면 에어백이 팽창되어 승객을 보호한다. 측면 에어백은 현재 고급 승용자동차에 주로 설치된다. 작동은 자동차의 측면 충격을 검출하는 측면 충돌센서의 신호를 에어백 ECU가 입력 받아 전개 시킨다.

[그림 4] **측면 에어백 및 측면 충돌센서**

[4] 커튼 에어백(inflatable curtain)

커튼 에어백은 자동차의 루프 레일부분에 설치되어 측면 충돌이나 자동차가 전복할 때 팽창하여 승객의 머리를 보호하고 승객이 자동차 밖으로 튕겨 나가지 않도록 고안된 에어백이다. 측면 에어백은 측면 충돌이 발생하면 자동차의 창문유리가 파손되므로 사이드 에어백을 지지할 수 있는 부위가 없어 승객의 머리를 보호하는데 한계가 있으나, 커튼 에어백은 이러한 성능개발이 용이한 장점이 있다. 또 다목적용 자동차들은 일반 승용자동차에 비하여 자동차 전복 가능성이 상대적으로 높은 편인데, 커튼 에어백은 이러한 자동차가 전복될 때 승객보호 성능이 매우 높다.

그러나 커튼 에어백은 승객의 가슴부위를 보호하는 성능이 부족하므로 일반적으로 가슴 보호용 측면 에어백과 함께 사용되는 추세다.

[그림 5] **커튼 에어백**

[5] 무릎 에어백(knee air bag)

무릎 에어백은 대시패널 아래쪽에 있으며, 대퇴부를 보호한다.

[6] 골반 에어백(pelvis air bag)

골반 에어백은 도어나 시트 쿠션에 들어 있으며, 측면 충돌이 발생할 때 골반을 보호한다.

7.1.3. 에어백의 구성

에어백은 크게 에어백 ECU(air-bag control unit), 에어백, 충돌센서, 전용배선, 안전벨트 프리텐셔너 등으로 구성된다.

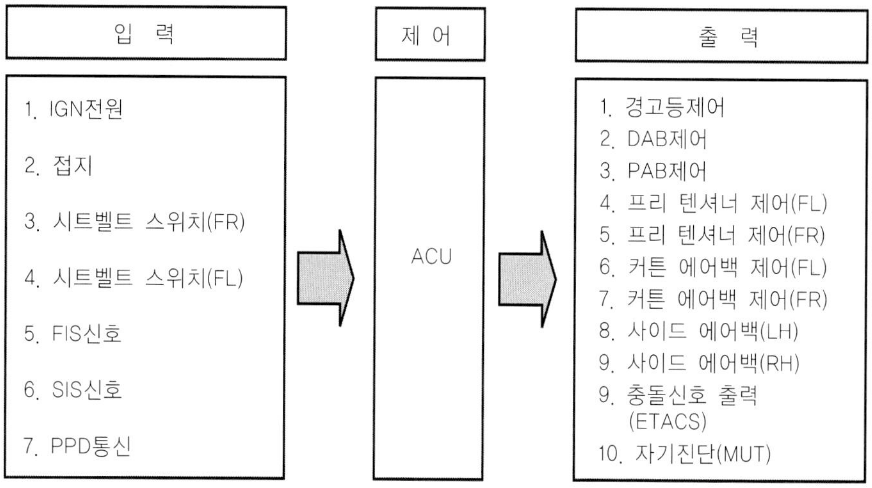

[그림 6] **에어백 입·출력 다이어그램**

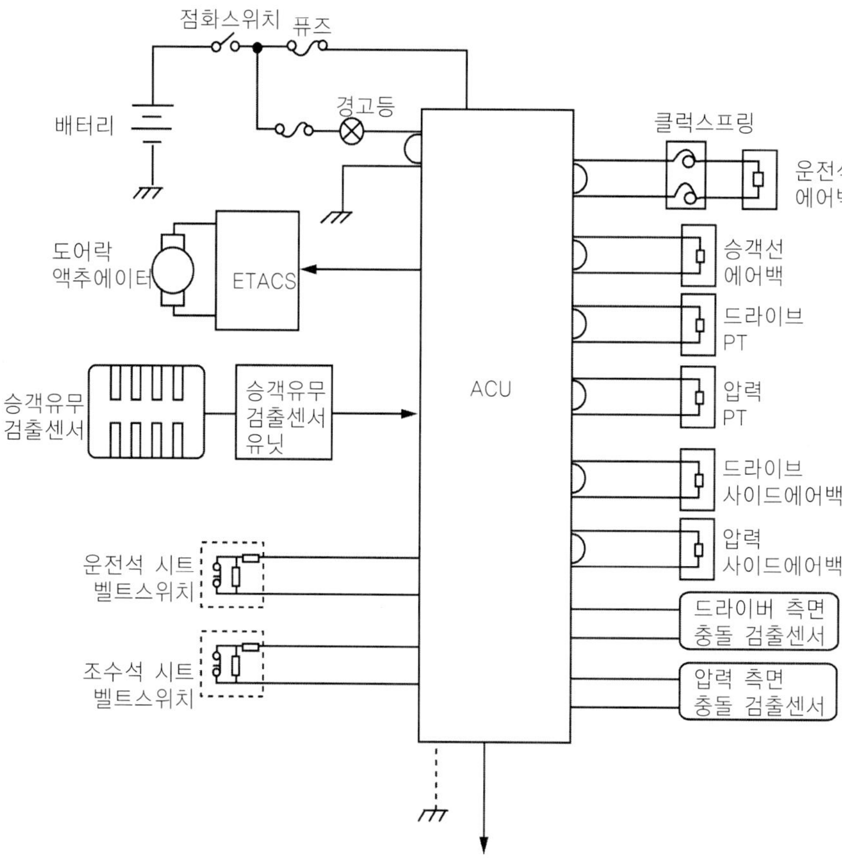

[그림 7] **에어백 제어회로도**

[1] 에어백 ECU(air-bag electronic control unit)

에어백 ECU은 자동차가 충돌할 때 작동하는 에어백 모듈이며, 전류를 출력하여 에어백을 전개시키고 장치에 고장이 발생하면 계기판의 경고등을 점등 또는 점멸시켜 운전자에게 고장여부를 확인하도록 한다. 또 운전석, 승객석 에어백의 경우 자동차가 충돌할 때 뜻하지 않은 전원의 차단으로 인하여 에어백 점화가 불가능 할 때를 대비하여 내장된 에너지가 비축된 콘덴서를 통해 점화회로에 점화 에너지를 제공한다.

벨트 프리텐셔너 및 사이드 에어백의 점화회로는 별도의 점화에너지 비축기구를 가지고 있지 않으며 축전지 전압에 의해 직접 점화에너지가 공급된다. 또 에어백 ECU는 충돌검출 센서를 내장하고 있으며, 설치위치는 자동차의 종류에 따라 조금씩 다르지만 일반적으로 자동차의 중앙에 설치되어 있다.

(a) 에어백 컨트롤 유닛

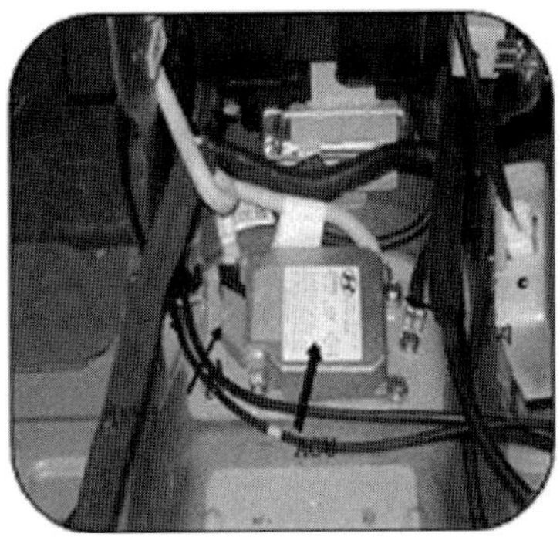
(b) 장착위치

[그림 8] **에어백 ECU 및 설치위치**

에어백 ECU은 기본적으로 다음과 같은 기능을 수행한다.

① 충돌 검출 및 충돌량을 계산한다.
② 충돌량에 따른 에어백 및 벨트 프리텐셔너 작동 또는 비작동을 결정한다.
③ 에어백 센서들과 외부장치들에 대한 고장여부를 검출한다.
④ 에어백장치에 고장이 발생하였을 때 경고등을 통해 경고한다.
⑤ 통신라인을 통한 외부 서비스 기능(진단장비 정보제공)을 제공한다.

그리고 에어백 ECU에 내장된 전자방식 가속도(G)센서는 충돌량을 검출하기위한 것이며, 단결정 실리콘 표면에 마이크로 매칭(micro-machining)기술을 이용하여 제작한 전기저장 방식의 센서이다. 여과기 및 증폭기를 자체 내에 내장하고 있으며, 자기진단 기능을 포함하고 있다. 에어백 ECU은 충돌할 때 이 센서에서 검출된 가속도 값(G값)이 충격 한계 이상일 경우, 에어백을 전개 시켜 운전자의 안전을 확보 한다.

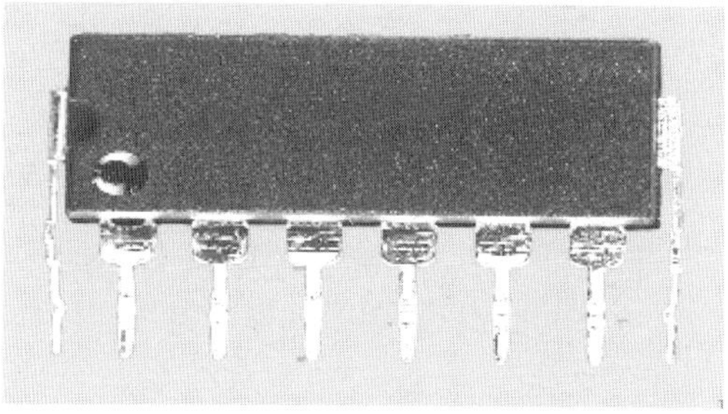

[그림 9] **전자식 가속도(G)센서**

이 센서는 전자방식 센서 이므로 전기적 노이즈에 의한 오판을 방지하기 위해 [그림 10]과 같이 기계방식 안전센서를 내장하고 있으며, 에어백 ECU은 이 센서로부터 물리적 충돌상황을 검출하여 에어백 작동여부를 최종 결정한다. 이 센서는 충돌할 때 기계적으로 작동하는 센서로 충돌이 발생하였을 때 센서내부에 설치된 자석이 관성에 의하여 스프링 장력을 이기고 자동차 진행방향으로 움직여 리드스위치를 ON시켜 물리적 충돌을 검출한다.

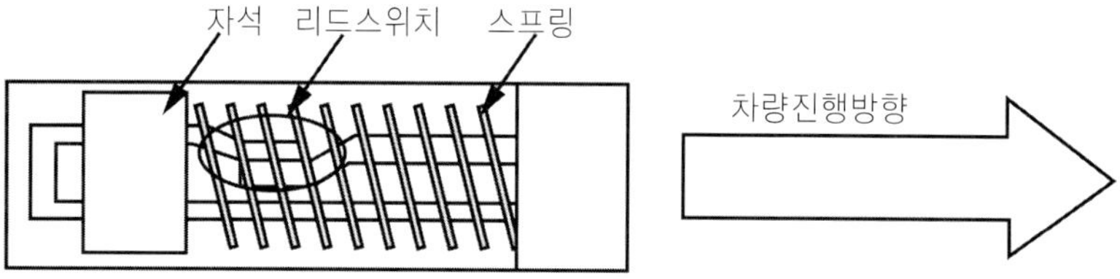

[그림 10] **기계식 안전센서**

[2] 에어백

(1) 에어백 커버(cover)

에어백 커버는 에어백을 둘러싸고 있으며, 에어백을 전개할 때 커버의 티어 심(tear seam)이 갈라지면서 에어백이 부풀어 나올 수 있는 통로를 만드는 구조로 되어있다. 에어백 커버의 기본 요구사항은 전개할 때 티어 심을 따라서 갈라지고 파편 등의 발생이 없이 결합상태를 잘 유지해야 하며 조향 휠 등과의 미적조화를 갖추어야 한다.

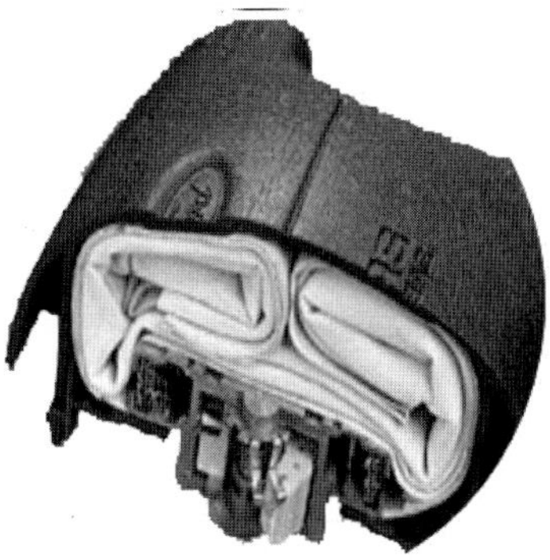

[그림 11] **에어백 커버**

(2) 에어백

자동차가 충돌할 때 운전자와 직접 접촉하여 충격 에너지를 흡수해주는 역할을 한다. 에어백의 구비조건은 높은 온도 및 낮은 온도에서 인장강도, 내열강도 및 파열강도를 지니고 내마모성, 유연성을 유지해야 한다.

에어백은 안쪽에 고무로 코팅된 나일론 제 면으로 되어 있으며 인플레이터와 함께 에어백이 전개할 때 팽창된다. 에어백은 운전석의 경우 60L 정도이며 승객석은 150~200L 정도이다. 에어백은 충돌할 때 점화회로에서 발생한 질소가스에 의해 팽창되는데 충돌 후 운전자의 충격을 최소화시키기 위해 일반적으로 2개의 배기구멍을 두어 가스를 외부로 배출한다.

[그림 12] **에어백 전개상태**

(3) 인플레이터(inflater)

인플레이터는 자동차가 충돌할 때 에어백 ECU(air bag control unit)로 부터 충돌신호를 받아 에어백 팽창을 위한 가스를 발생시키는 장치이며, 단자의 연결부분에 단락바를 설치하여 모듈을 떼어낸 상태에서 오작동이 발생되지 않도록 단자 사이를 항상 단락 상태로 유지한다. 인플레이터는 화약 점화방식과 하이브리드방식이 있다.

1) 화약 점화방식

화약 점화방식 인플레이터는 점화제에 전류를 공급하면 가스 발생제가 연소하여 가스를 발생하는 형식으로 화약, 점화제, 가스발생제, 디퓨저 스크린(diffuser screen) 등을 알루미늄 용기에 넣은 것으로 에어백 모듈 하우징에 설치된다.

인플레이터 내에는 점화전류가 흐르는 전기 접속부분 있어 화약에 전류가 흐르면 화약이 연소하여 점화제가 연소되고 그 열에 의해 가스발생제가 연소하여 가스가 발생한다. 연소에 의해 급격히 발생한 질소가스가 디퓨저 스크린을 통과하여 에어백 안으로 유입된다. 디퓨저 스크린은 연소가스의 이물질을 제거하고 가스온도의 냉각, 가스 발생 소음을 감소하는 역할도 한다. 화약 점화방식은 일반적으로 운전석용 인플레이터에서 사용한다.

정면　　　　후면

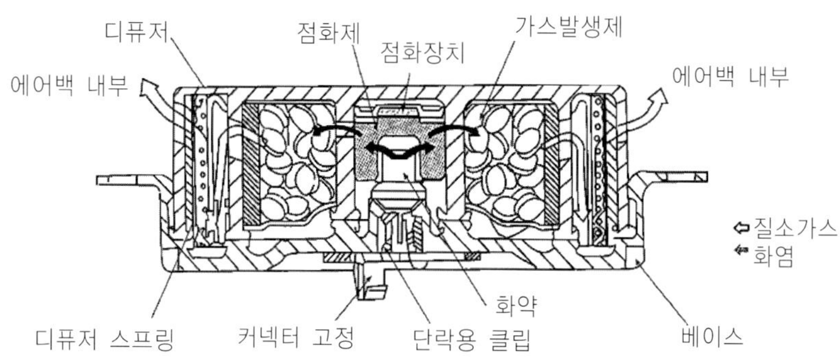

[그림 13] **화약 점화방식 인플레이터의 구조**

2) 하이브리드방식(hybrid type)

하이브리드방식은 주로 승객석용 인플레이터에 사용되는 것으로, 실린더 모양의 케이스의 안쪽에 여과기를 감아 넣고 그 속에 일정량의 가스 발생제(질소+아르곤)를 충전한다. 하이브리드방식은 자동차가 충돌할 때 가스와 에어백을 연결하는 통로를 화약에 의해 폭파 후 연결시키면 충전된 가스에 의해 에어백이 팽창하는 방식이다. 하이브리드방식의 큰 문제점은 오랫동안 모듈 안에 가스를 보관해 놓아야 한다는 것이다. 따라서 저압스위치를 모듈 안에 설치하여 가스의 압력을 항상 감시하여야 한다. 최근에는 가스 누설이 최소화되는 기술을 이용하여 저압 스위치를 제거하였다.

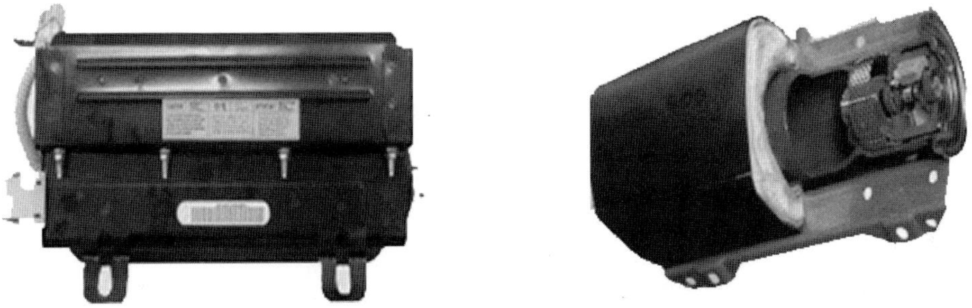

(a) (b)

[그림 14] **하이브리드방식 인플레이터**

[3] 충돌검출 센서

충돌검출 센서는 자동차가 충돌할 때의 충격량을 검출하는 것으로 검출방법에 의한 분류는 다음과 같다.

(1) 충돌 예지센서

자동차가 충돌하기 전에 충돌의 불가피성 및 충돌의 강도를 예측 검출하는 것으로 이는 빛, 음파, 전파의 신호매체로 자동차와 자동차, 자동차와 장애물 사이의 상대속도를 측정하여 충돌을 예측하는 센서이며, 자동차에서는 사용되지 않고 있으나 이 센서를 충돌 방지장치에 사용하기 위한 연구가 진행 중이다.

(2) 충돌검출 센서

충돌검출 센서는 자동차 내 특정지점의 가속도를 측정하여 자동차의 충돌 및 충격량을 검출하는 센서로 대표적으로 가속도센서가 이용되고 있다. 초창기에는 기계방식 또는 전기-기계방식 센서를 주로 사용하였지만, 최근에는 반도체 전자방식 센서를 대부분 사용한다.

충돌검출 센서는 자동차의 종류에 따라 그 수량 및 설치위치가 달라진다. 일반적으로 에어백 ECU 내부에 1개, 정면 좌우 멤버에 전방 충돌센서 2개, 측면 충돌검출 센서는 좌우측 "B" 필러 아래쪽에 1개씩 설치된다. 충돌검출 센서는 현재 에어백장치를 사용하고 있는 대부분의 자동차에서 이용하고 있으며 종류는 다음과 같다.

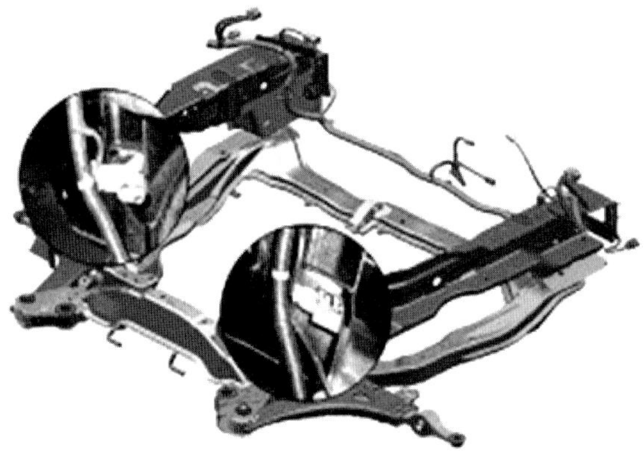

[그림 15] **정면 충돌검출 센서의 설치위치**

1) 기계방식

기계방식 충돌검출 센서는 검출질량에 편향력을 가하기 위한 스프링 또는 자석, 감쇄기구등에 의하여 격침을 작동시켜 충격방식 뇌관을 포함하는 가스 발생기를 작동시키는 구조로 되어 있다.

이 센서는 에어백 모듈, 가스발생기와 일체로 구성이 되어 조향 휠 내부에 설치된다. 외부와 연결을 위한 배선이 필요 없으므로 설치성능이 우수하고 가격이 싼 장점이 있다. 그러나 고장유무를 사전에 확인하기 어렵고 조향 휠의 위치에서 다양한 충돌상황에 대하여 적절히 작동하는 센서를 설계하기가 어렵다.

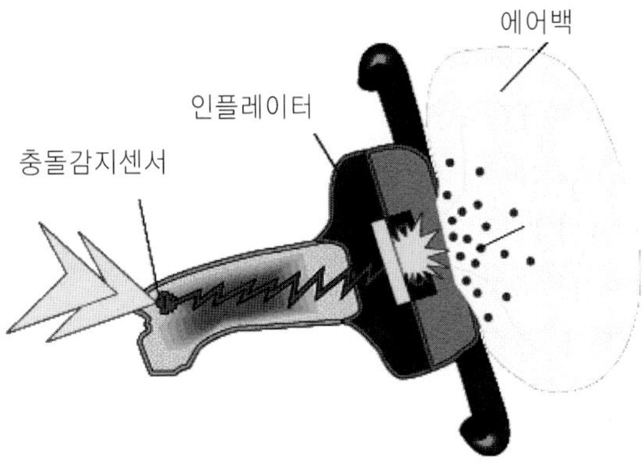

[그림 16] **기계방식 충돌검출센서**

2) 전기-기계방식

전기-기계방식은 구조는 틀리지만 작동원리는 기계방식과 비슷하다. 단지 검출질량의 운동을 전기신호로 바꾸기 위한 전기스위치가 내장된 점이 다르다. 즉 자동차가 충돌할 때 검출질량이 편향력을 극복하고 정지위치에서 이동하여 내장된 전기접점을 닫아 센서에 연결된 외부의 스위치회로가 작동하도록 되어있다. 에어백 ECU은 이들의 작동을 검출하여 에어백의 전개여부에 대한 최종판단을 내린다.

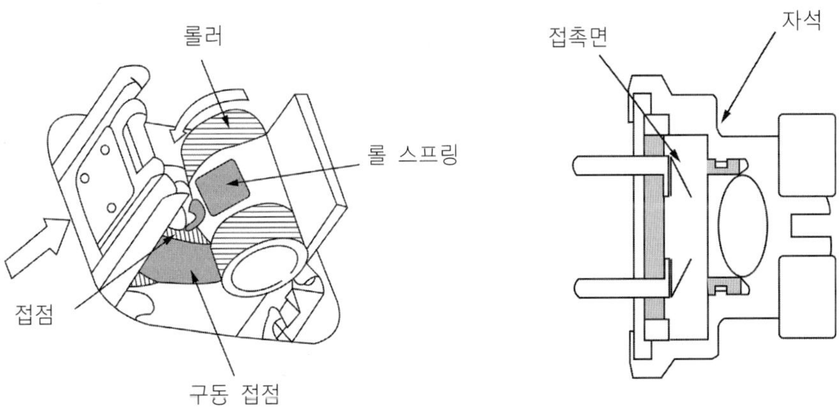

[그림 17] **전기-기계방식 충돌검출센서**

3) 전자방식

에어백 ECU의 전자기판 위에 반도체 가속도 센서와 마이크로프로센서를 내장하여 가속도 신호를 처리함으로서 에어백의 전개여부를 결정하고 전기방식 뇌관을 점화하도록 되어 있다. 전자방식 충돌검출 센서의 핵심은 미세 가공기술(micro-machining)을 응용한 반도체형 가속도 센서와 센서로부터 얻어진 가속도 신호의 처리를 위한 충돌검출 알고리즘(algorithm)에 있다.

[그림 18] **전자방식 충돌검출센서**

[4] 에어백 배선

에어백장치에 사용하는 배선은 일반적으로 사용하는 자동차의 배선과는 별도로 설치가 된다. 에어백의 배선은 자동차가 충돌할 때 폭발하는 모듈(module), 충돌을 검출하는 센서들과 연결이 되어 있으므로 접촉이 확실해야 하고 신뢰성도 우수해야 한다.

따라서 커넥터의 확실한 접촉을 위해 배선 핀에는 금도금을 하거나, 어떠한 조건에서도 커넥터의 이탈을 방지하기 위해 [그림 19]와 같이 커넥터를 끼울 때 1차 및 2차 물림(lock) 장치를 설치한다. 또 커넥터를 분리할 때 정전기에 의한 에어백의 폭발을 방지하기 위해 단락 바(쇼트 바)를 설치하여 커넥터를 분리할 때 회로를 단락시켜 에어백의 전개를 방지한다.

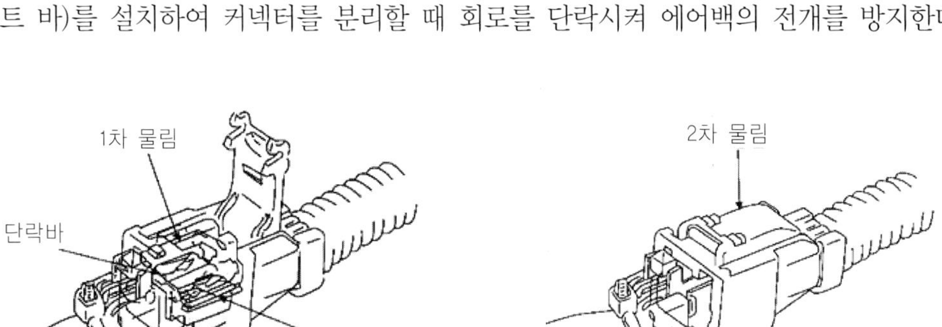

[그림 19] **커넥터 물림장치**

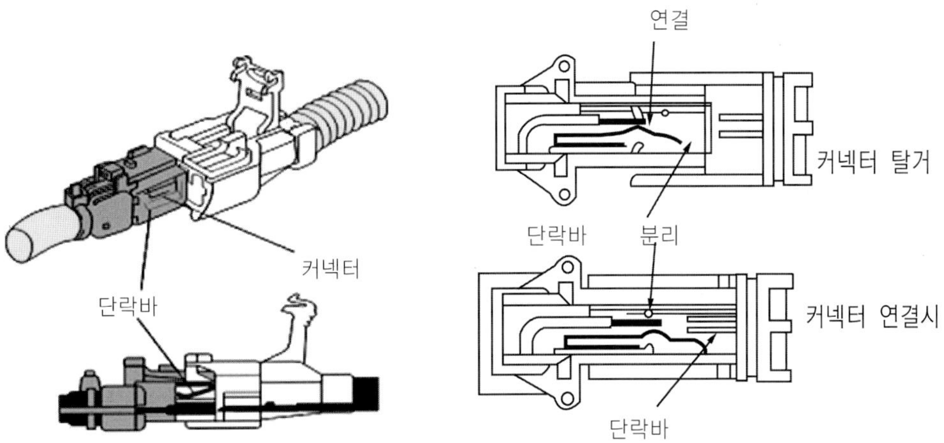

[그림 20] **커넥터 단락바 및 작동**

단락 바는 커넥터를 분리할 때 경고등 전원선과 접지를 단락 바로 연결하여 계기판의 에어백 경고등을 점등 시키고 에어백회로의 High배선과 Low배선을 서로 단락 시켜 에어백이 전개되는 것을 방지한다.

[5] 클럭 스프링(clock spring)

운전석 에어백은 조향 휠에 설치되므로 운전석 에어백과 에어백 ECU사이를 일반 배선을 사용하여 연결하면 좌우로 조향할 때 배선이 꼬여 단선되기 쉽다.

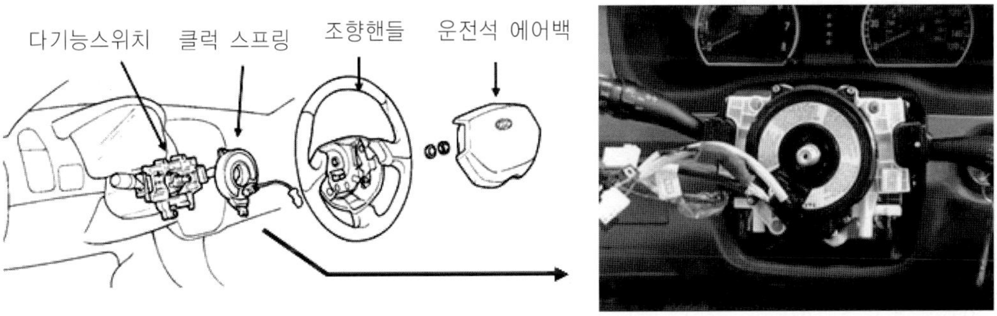

[그림 21] **클럭 스프링**

따라서 [그림 21]에 나타낸 바와 같이 조향 휠과 조향칼럼 사이에 클럭 스프링을 설치한다. 클럭 스프링은 에어백 ECU와 운전석 에어백 모듈 사이의 배선을 연결하는 기능으로 내부에 감길 수 있는 종이 모양의 배선을 설치하여 시계의 태엽처럼 감겼다 풀렸다 할 수 있도록 작동한다.

클럭 스프링은 조향 휠과 같이 회전하기 때문에 반드시 중심점을 맞추어야 한다. 만일 중심이 맞지 않으면 클럭 스프링 내부 배선이 단선되어 에어백이 작동하지 않을 수 있다. 클럭 스프링 중심위치 정열 방법은 다음과 같다.

① 축전지 (-)단자 및 조향 휠을 떼어낸다.

② 클럭 스프링을 시계방향으로 손가락으로 멈출 때가지 회전시킨다.

③ 반 시계방향으로 회전시켜 전체 회전수를 세고(약 5회전) 그 1/2를 시계방향으로 돌려(약 2.5회전) 클럭 스프링에 마킹된 ▶,◀마크를 일치 시킨다.

④ 조향 휠을 설치하고 축전지(-)단자를 연결한 다음 에어백 경고등 점등여부를 확인한다.

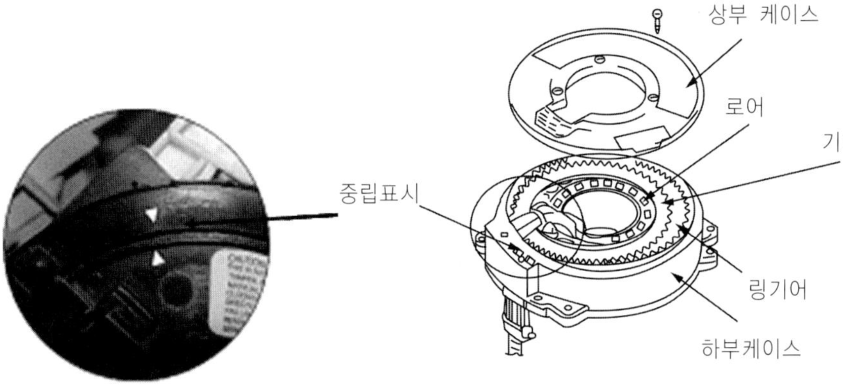

[그림 22] **클럭 스프링 중심위치 정열**

[6] 승객유무 검출센서

승객유무 검출센서는 승객석 시트 쿠션부분에 설치되어 있으며, 승객 탑승유무를 판단하여 에어백 ECU으로 데이터를 송신한다. 즉, 승객석에 승객이 탑승하면 정상적으로 승객석 에어백을 전개시키고 탑승하지 않은 경우에는 전개하지 않는 제어를 하기 위해 설치된다. 이 센서는 압전소자로 이루어져 있으며, 승객이 탑승하였을 경우와 탑승하지 않았을 경우의 하중변화에 따른 저항의 변화로 승객 탑승유무를 판단한다.

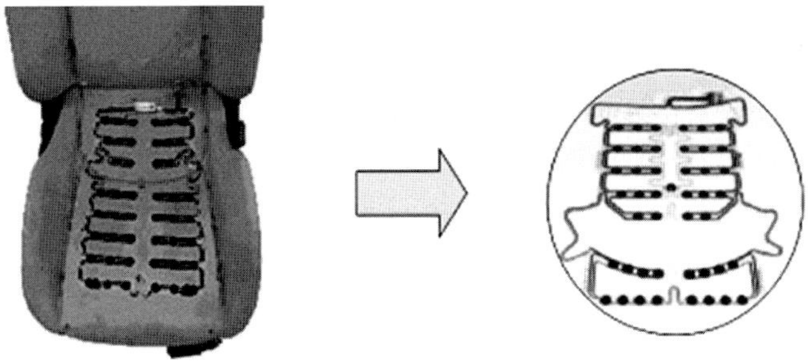

[그림 23] **승객 유무센서 설치위치 및 구조**

[7] 안전벨트 프리텐셔너(seat belt-pretensioner)

안전벨트 프리텐셔너는 자동차가 충돌할 때 에어백이 작동하기 전에 작동하여 안전벨트의 느슨한 부분을 되감아 주는 기능을 수행한다. 따라서 충돌할 때 승객을 시트에 고정시켜 에어백이 전개할 때 올바른 자세를 유지할 수 있도록 한다.

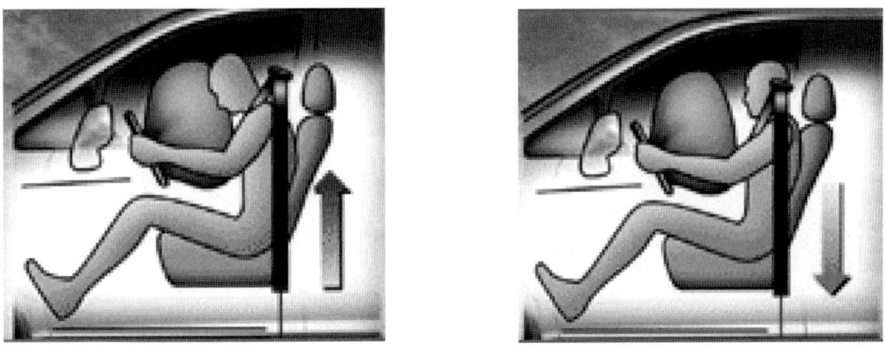

(a) (b)

[그림 24] **프리텐셔너의 작동상태**

(1) 프리텐셔너의 종류

1) 기계방식 프리텐셔너

에어백이 설치되지 않은 자동차에는 기계방식 벨트 프리텐셔너가 설치가 된다. 기계방식 프리텐셔너는 기계방식 센서(mechanical sensor)가 작동순서에 따라 가스 발생기를 발화시키면, 발생가스의 힘으로 실린더 내의 볼을 [그림 25]의 화살표 방향으로 이동시킴에 따라 이에 접촉된 스핀들(spindle)과 스핀들에 연결된 축(shaft)이 회전을 하여 안전벨트를 되감아(약 120 mm) 운전자를 시트에 고정시킨다.

(a) 후기상태　　(b) 작동상태　　(c) 완료상태

[그림 25] **기계식 프리텐셔너의 작동과정**

2) 전기방식 프리텐셔너

전기방식 프리텐셔너는 자동차에서 충돌이 발생할 때 에어백 ECU에서 직접 화약에 점화를 일으킬 수 있는 전류를 공급하는 방식이다. 2개의 배선으로 이루어진 커넥터가 설치가 되어 있고 커넥터의 단선, 단락을 에어백 ECU이 검출하여 고장이 발생하였을 때 코드를 출력한다. 그리고 커넥터 분리할 때 정전기 등에 의해 폭발이 이루어지는 것을 방지하기 위해 단락 바가 설치되어 있다.

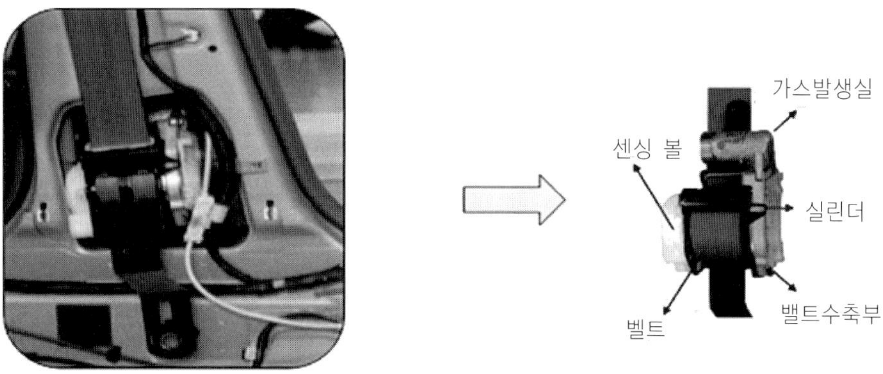

[그림 26] **안전벨트 프리텐셔너 설치위치 및 구조**

7.1.4. 에어백의 작동

자동차가 충돌할 때 에어백의 작동여부와 관련된 소비자와 제작회사 사이의 분쟁은 에어백의 품질 상 문제도 있지만, 대부분 소비자들에게 에어백의 작동조건에 대한 정확한 정보가 전달되지 않아 발생하고 있다. 에어백은 대부분의 충돌사고에서 안전벨트와 함께 탑승자를 보호해 주는 가장 효과적인 장치라고 할 수 있으나, 모든 사고로부터 탑승자를 보호해 주는 것은 아니며, 일정한 작동조건을 가지고 있다.

[1] 에어백 작동 순서

자동차가 상대 자동차 또는 장애물과 정면으로 충돌할 때 일반적으로 운전자는 앞으로 튕겨져 나가면서 조향 휠에 가슴부위와 머리 부분이 충돌하여 상해를 입게 되고, 앞좌석 탑승원은 대시패널에 부딪히거나 앞 유리창을 뚫고 밖으로 튕겨져 나가서 상해를 입게 된다.

에어백은 이러한 탑승원의 상해를 줄이고 생명을 보호하는 안전벨트 보조장치이다. 에어백은 자동차 종류나 에어백의 성능에 따라 약간의 차이는 있으나 에어백이 설치된 자동차를 약 20 km/h의 속도로 주행 중 고정 벽에 정면충돌 했을 때의 과정을 설명하면 [그림 27]과 같다.

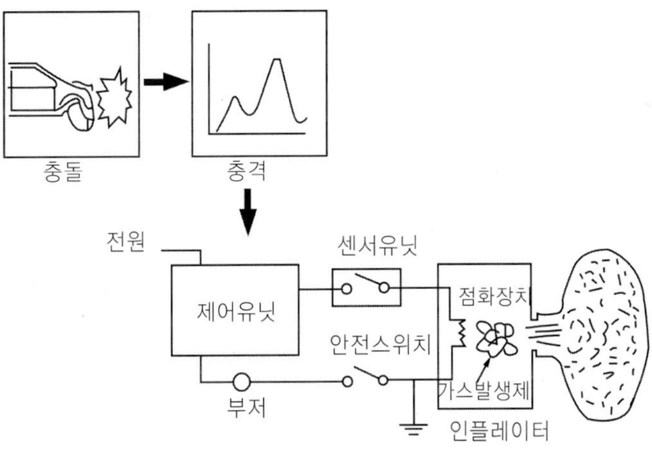

[그림 27] **에어백의 작동순서**

[2] 에어백 팽창과정

자동차 충돌 → 충돌검출 → 인플레이터에 전원공급 → 점화 → 점화제 연소 → 가스발생제 연소 → 가스발생 → 에어백 팽창 → 승객보호 → 에어백 내 가스방출 → 시계확보

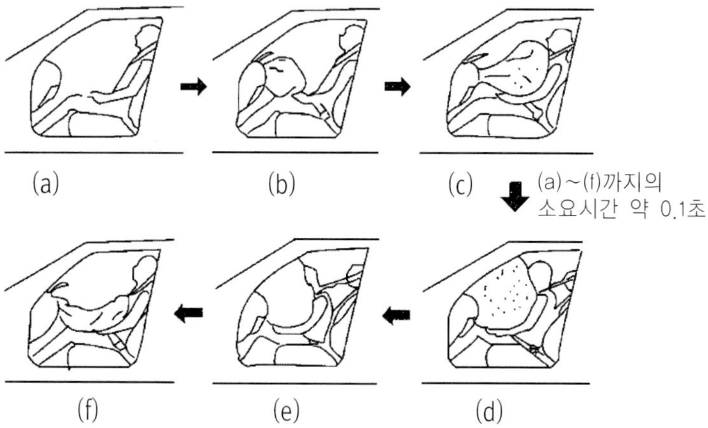

[그림 28] **에어백 팽창과정**

(1) 충돌 후 약 2/100초 경과

충돌에 의한 충격이 차체에 전달되면 자기진단 제어모듈 내부의 센서가 작동하여 에어백 모듈 속의 인플레이터를 폭발시켜 에어백을 팽창시킨다.

(2) 충돌 후 약 5/100초 경과

에어백이 완전히 팽창하여 운전자의 머리 앞에 오면 이때 운전자의 몸체는 안전벨트에 의해 제한된다.

(3) 충돌 후 약 8/100초 경과

운전자의 머리 및 상반신이 에어백을 누르면 에어백 모듈의 뒤쪽에 있는 지름이 약 25 mm 정도인 2개의 배출구멍으로 질소가 배출되어 에어백이 수축하면서 운전자의 충격을 완화시킨다.

(4) 충돌 후 약 20/100초 경과

충격을 흡수한 에어백이 급속히 수축되어 운전자의 전면 시야를 확보한다. 승객석에 설치된 에어백도 동일한 과정을 나타낸다.

[3] 에어백 작동조건

현재 승용차에 설치되어 있는 정면 에어백을 중심으로 에어백의 작동 및 미작동 조건은 자동차 종류마다 다소 차이는 있을 수 있으나 일반적으로 다음과 같다. 자동차 충돌사고 중 경미한 사고는 안전벨트만으로도 탑승자를 보호할 수 있기 때문에 에어백은 안전벨트로 보호할 수 없는 충격이 정면에서 발생한 경우에만 작동하는 것이 일반적이다.

대개 자동차의 정면에서 좌우로 30° 이내의 충돌사고로서 일정속도 이상으로 고정된 벽면에 정면충돌 했을 때의 충격이 차체에 전달된 경우 에어백이 작동한다.

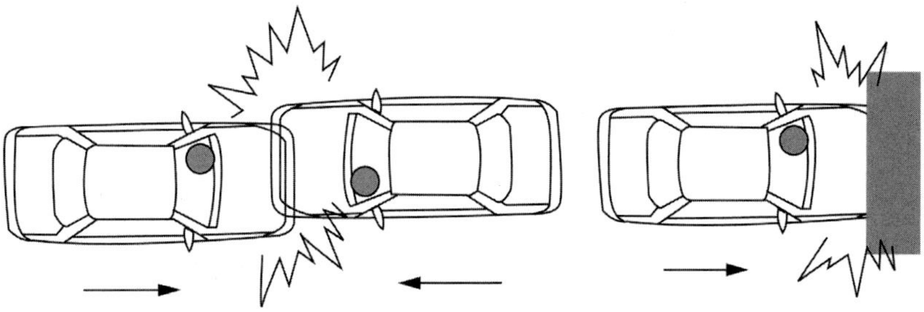

[그림 29] **정면충돌 상황**

(1) 충돌 방향과 에어백 작동 관계

일반적으로 충돌 방향에 따른 에어백 작동은 다음과 같다.

① 정면 에어백 전개 영역(좌우 30°) : 정면 에어백 작동 및 시트벨트 프리텐셔너 작동으로 승객을 보호 한다.

② 정면 에어백 전개 영역을 벗어난 경사 측면 충돌인 경우 : 충돌이 발생할 때 정면 및 측면 방향의 분력에 따라 정면 및 사이드 에어백은 전개되나 에어백으로 인한 승객보호 효과는 충돌할 때 승객의 이동방향이 에어백으로부터 보호범위를 벗어나 효과가 떨어진다.

③ 충돌각도가 90도(직각)에 가까운 측면 충돌인 경우 : 사이드 에어백(SAB)이 작동하여 승객을 보호한다.

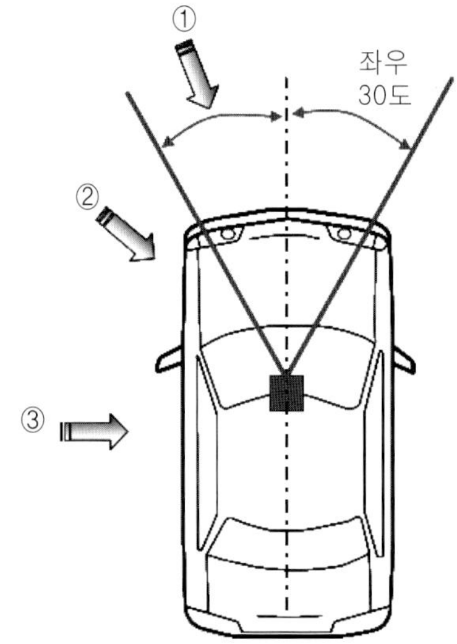

[그림 30] **충돌방향과 작동관계**

[4] 에어백이 작동하지 않는 조건

(1) 안전벨트로 탑승자를 보호할 수 있는 경미한 충돌

에어백은 충돌 사고에서 안전벨트에 의해 탑승자를 보호할 수 있는 충격에서는 작동하지 않는 것이 일반적이며, 또 상황에 따라 에어백이 작동할 수도, 작동하지 않을 수도 있는 영역인 “그레이존” 이 있으며, 대개 작동조건의 충돌속도 보다 낮은 속도 영역으로 설정되어 있다.

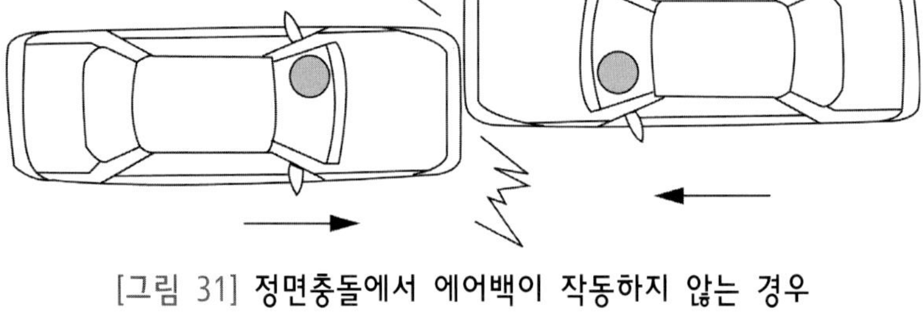

[그림 31] **정면충돌에서 에어백이 작동하지 않는 경우**

(2) 후방 추돌이나 충돌

후방에서 다른 자동차가 추돌하거나 후진 중 뒤에 있는 물체와 충돌할 경우에는 탑승자가 충돌 반력에 의해 시트 등받이 쪽으로 움직이게 되므로 에어백이 작동하여도 탑승자를 보호하는데 아무런 도움이 되지 않기 때문에 작동하지 않는다.

[그림 32] **후방추돌**

(3) 측면에서 충돌 당한 경우

측면에서 충돌 당한 경우 탑승자는 조향휠이나 대시패널에 부딪치는 것이 아니라 측면에 있는 도어등과 부딪치기 때문에 정면 에어백이 작동하는 것은 도움이 되지 않으며, 이러한 사고에서는 탑승자를 보호하기 위하여 사이드 에어백을 별도로 설치한다.

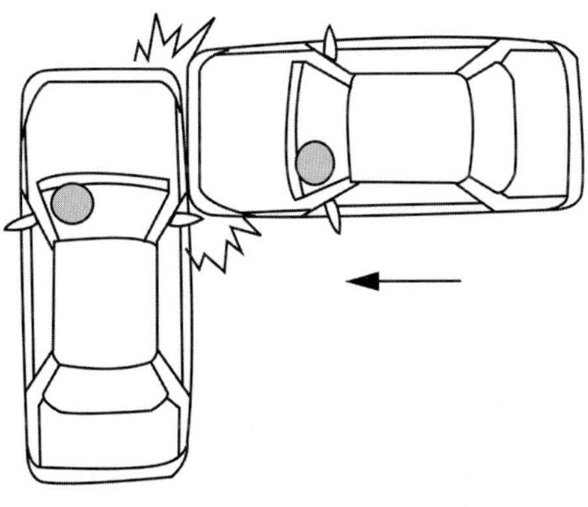

[그림 33] **측면 충돌**

(4) 버스, 트럭을 후미에서 추돌 또는 충돌

운행 중이거나 서있는 버스나 트럭을 후미에서 추돌하거나 충돌할 경우, 자동차간 충돌부위의 높이 차이 및 다이브 현상(급제동으로 인해 차체의 앞부분이 낮아지는 현상)으로 인해 에어백이 작동하지 않을 수 있다. 이러한 사고는 충격부위가 자동차의 골격부분(프레임)이 아니라 본넷, 펜더 등으로 충격이 흡수되기 때문에 사고시의 충격이 프레임에 설치되어 있는 센서에 전달되지 않아 에어백이 작동하지 않을 수 있다. 그러나 충돌부위가 범퍼 등과 같이 차체에 직접 충격이 전달되는 경우에는 에어백이 작동된다.

[그림 34] **버스 및 트럭 후미에서의 추돌**

7.1.5. 에어백의 효과 및 안전

[1] 에어백의 효과

에어백은 안전벨트와 함께 자동차 충돌 사고에서 탑승자를 보호해 주는 중요한 역할을 하는 장치이며, 사고가 발생하였을 때 탑승자 보호를 위한 각종 구속 장치 중 탑승자에게 어떠한 구속감도 주지 않고 가장 안락함과 편안함을 제공하면서 정면충돌을 하였을 때 탑승자의 상체와 머리를 거의 동등하게 보호하는 기능이 있다. 정면충돌은 가장 일반적으로 사망이나 부상을 가져오는 충돌사고로, 모든 운전자와 승객석 승객 사망률의 대부분을 차지하고 있다.

이에 대해 미국의「국립 고속도로 교통안전국(NHTSA)」에 의하면 에어백을 설치한 자동차의 경우 정면충돌에서 안전벨트를 착용한 운전자 및 승객석 탑승자의 사망률과 안전벨트를 하지 않은 운전자 및 승객석 탑승자의 사망률은 각각 아래의 표와 같이 감소한다고 한다.

[표 1] **정면충돌에서의 에어백 효과**

분 류	사망률 감소비율
승용차 운전자 벨트착용 벨트 미착용	31% 21% 34%
29세 이하의 운전자	32%
30~55세의 운전자	35%
56~69세의 운전자	25%
70세 이상의 운전자	11%
경승용차 운전자	30%
중형차 운전자	24%
대형 승용차 운전자	39%
소형 트럭 운전자	27%

NHTSA에 의하면 오늘날 에어백 덕분에 약 9,325명의 생명을 구했다고 추정했다. 또 에어백과 안전벨트를 동시에 사용할 경우 심각한 머리 부상 위험을 81% 정도, 안전벨트만 사용한 경우는 60% 정도 줄일 수 있는 것으로 추산하고 있다. 이렇게 에어백은 정면충돌에서 사망을 감소시키는데 대단히 효과적인 것으로 증명되었다.

그러나 이와 반대로 에어백이 어떤 상황에서는, 특히 어린아이에게 치명적인 부상을 입힌다는 사실이 최근 가장 큰 관심을 불러일으키고 있다. 어린이와 관련한 사망사고는 보호 장구 사용면에서 보면, 유아들은 유아보호 장구를 착용하고, 이보다 나이든 어린이들은 아무런 보호 장구도 착용하지 않았거나, 유아들과 어린이들이 에어백이 전개 될 때 대시보드에 상당히 근접해 있는 등의 상당히 일치되는 특징을 가진다.

[2] 에어백의 사고 대비책

① 에어백의 동작원리를 잘 인지한다(에어백과 적당한 거리 유지).

② 올바른 운전습관을 가진다. - 좌석의 안쪽으로 깊이 자리 잡은 상태에서 등을 좌석 등받이에 바짝 붙이고 허리 쪽 벨트는 느슨하지 않게, 어깨 쪽의 벨트는 어깨의 중앙을 걸치도록 좌석안전 벨트를 착용한다(조향 휠에 근접하여 운전할 경우 충돌할 때 팽창된 에어백이 운전자에게 큰 압박을 가할 수 있어 매우 위험). 에어백을 설치한 자동차라도 반드시 안전벨트를 매는 게 안전하다.

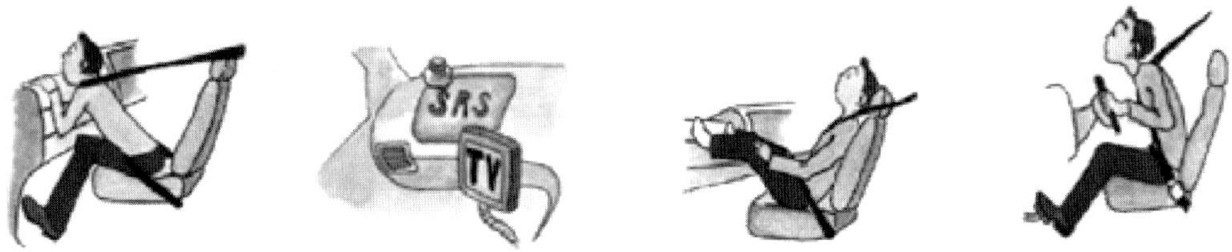

(a) (b) (c) (d)

[그림 35] **잘못된 운전습관**

③ 유아나 어린이를 운전자 옆 좌석에 탑승을 금지한다. - 유아나 어린이를 뒷좌석에 앉힌다. 부득이 앞좌석에 앉히는 경우는 시트를 뒤쪽으로 밀어내어 대시패널로부터 거리를 두어 앉혀야 한다(유아용 안전시트를 뒤쪽으로 향하게 설치했을 때 에어백이 팽창하게 되면 어린이가 좌석등받이와 안전시트에 끼여 위험). 그리고 어른이 앞좌석에 앉은 후 어린이를 안고 타는 경우는 에어백 설치 유무에 관계없이 매우 위험하다.

[그림 36] **유아 승차요령**

7.1.6. 에어백의 개발기술

[1] ON-OFF스위치 에어백

ON-OFF 스위치 에어백은 에어백의 전개를 사람이 직접 제어할 수 있도록 만든 에어백이다. 이 에어백은 운전석, 보조석 모두 설치 가능하다. 에어백의 잘못된 사용을 막기 위하여 ON-OFF 스위치를 작동시키기 위해서는 반드시 키가 있어야 한다.

만약 에어백의 작동이 꺼진다면 "drive air-bag off" 또는 "passenger air-bag off" 라는 경고 메시지가 켜진다. 에어백은 키를 사용하여 다시 에어백의 작동을 켤 때까지 그 상태를 유지한다. ON-OFF 스위치 에어백을 설치하여야 하는 경우는 다음과 같다.

① 앞 승객석에 유아의 시트를 자동차의 진행방향과 반대방향으로 마주 보도록 설치하여 유아를 태울 경우

② 앞 승객석에 1세부터 12세 사이의 아이를 승차시킬 경우
③ 습관적 운전 자세를 가지고 있는 운전자나 조향 휠의 중심과 운전자 가슴의 중심 사이의 거리가 25.4 cm 이하로 운전하는 경우
④ 에어백이 작동하지 않을 때의 충격보다 에어백이 터지면서 받는 충격이 더 큰 사람의 경우 등은 ON-OFF 스위치 에어백을 설치하여 에어백의 전개를 제한해야 한다.

[2] 디파워드(de powered) 에어백

에어백의 부작용은 낮은 주행속도에서 충돌사고에 의해 사람이 입을 것으로 예상되는 부상의 정도보다 에어백이 전개되는 폭발력에 의해 입는 부상이 더 큰 경우가 발생한다.

따라서 낮은 속도로 충돌할 때에는 에어백의 출력을 약 30% 가량 줄이도록 만든 에어백이다. 체격이 큰 사람을 충분히 보호하지 못하는 단점을 갖고 있다.

[3] 스마트(smart) 에어백

스마트 에어백은 승객 몸집의 크기, 앉은 자세, 안전벨트의 착용여부에 따라 에어백의 작동여부를 결정하는 것이다. 스마트 에어백은 정면충돌 에어백의 부작용을 최소화하기 위하여 시트에 검출기구를 부착하고 탑승자의 체중과 자세 등에 대한 정보를 수집해 에어백 ECU가 충돌할 때 에어백의 팽창속도를 조정하거나 체중이 일정한 수치 이하일 경우 에어백 작동을 차단하는 최첨단 에어백이다.

스마트 에어백은 미연방 도로교통 안전국(NHTSA)이 추진 중인 신 법규에 의해 결정된다고 해도 무방하며, 이 신 법규에서 요구하고 있는 사항은 다음과 같다.

① 안전벨트 착용 유무에 따른 승객 구속 장치 작동 기준의 최적화.
② 비정상적인 위치나 자세의 승객에 대해서는 에어백 전개를 금지하거나 전개 폭발력을 감소시킴.
③ 승객석이 비어있는 경우에는 승객석 에어백 전개 금지.
④ 거꾸로 놓인 유아 시트(RFIS : rear-facing infant seat)가 승객석에 있는 경우 승객석 에어백 전개 금지.
⑤ 몸집이 큰 승객 또는 안전벨트 미착용 승객에 대해서는 구속의 강도(stiffness of restraint)를 증대시키고, 반대로 몸집이 작은 승객(여자, 어린이, 노약자 등) 또는 안전벨트를 착용한 승객에 대해서는 구속 강도 저하시킴.

이러한 스마트 에어백의 요구사항을 실현하기 위한 요소 기술들의 개발은 관련 기술의 발달에 따라 단계적으로 도입될 것으로 예상하고 있다.

에어백은 충돌할 때 일정 이상의 주행속도에서 충돌이 발생하면 무조건 에어백이 작동하여 승객을 보호하는 장치이었지만 이런 에어백의 작동원리로 인해 상해를 입는 경우도 종종 발생했다. 이런 문제를 해소하기 위해 스마트 에어백 등 첨단 신기술을 응용한 새로운 장치 개발의 필요성이 대두되고 있다.

7.2. 타이어 공기압력 모니터링장치

7.2.1. 타이어 공기압력 모니터링장치의 개요

자동차 운행 중 타이어 문제로 발생되는 사고 중 상당수는 못이나 그 밖의 원인에 의해 타이어 공기압력이 서서히 줄어드는 상태로 주행 때 발생된다. 이에 대한 대처방안으로 타이어 상태를 계속적으로 감시해 정차 및 운행 중 타이어의 공기압력 변화로 주행 안정성에 방해가 될 상황에 도달하면 운전자에게 경고해 주어 주행 안정성을 확보토록 한 장치가 타이어 공기압력 모니터링장치(TPMS : tire pressure monitoring system)이다.

또 타이어 공기압력 모니터링장치는 타이어 공기압력의 저하 및 과대 공기압력 상태의 경고뿐만 아니라 미연에 타이어 상태를 검출하여 운전자로 하여금 타이어 마모와 연료소비를 감소시킬 수 있도록 하였다.

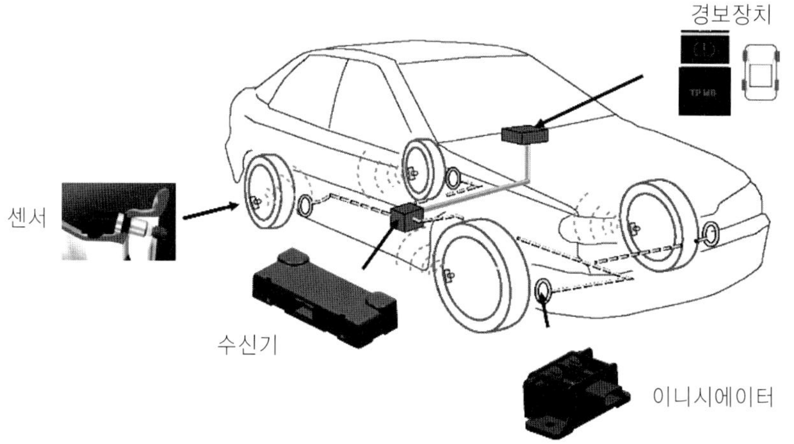

[그림 37] **타이어 공기압력 모니터링장치의 구성도**

타이어 공기압력 모니터링장치는 각 타이어 내부의 압력 및 온도 그리고 자신의 고유번호를 무선으로 송신하는 타이어 공기압력 센서와 이 신호를 수신하여 처리하는 수신기, 그리고 센서 작동여부를 제어하는 이니시에이터(initiator)와 표시장치로 구성된다.

7.2.2. 타이어 공기압력 모니터링장치의 구성 및 작동

[그림 38]은 타이어 공기압력 모니터링장치의 작동순서를 나타낸 것으로 세부작동은 아래와 같다.

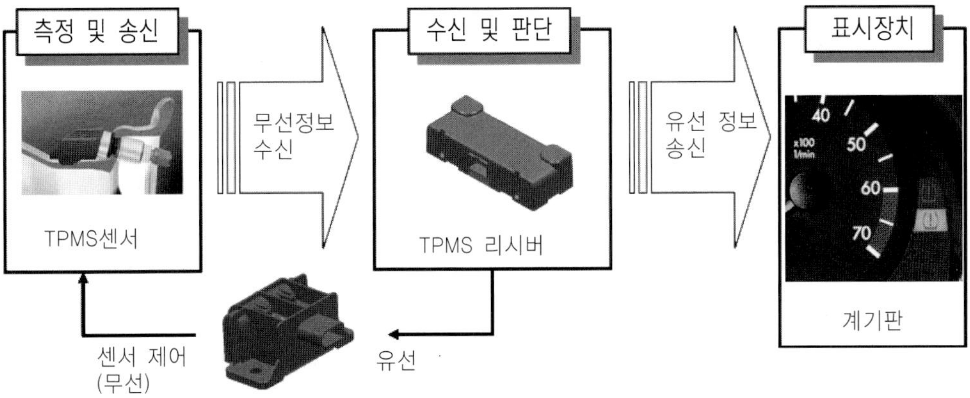

[그림 38] **타이어 공기압력 모니터링장치의 작동도**

[1] 타이어 공기압력 센서

타이어 공기압력 센서는 각 타이어의 휠에 설치되어 타이어에 공기를 주입하거나 배출 할 수 있는 밸브와 타이어 공기압력을 검출해 무선으로 데이터를 송신하는 휠 일렉트로닉스(wheel electronics)로 구성되어 있다.

타이어 공기압력 센서는 각 타이어의 휠에 설치되며, 타이어와 함께 회전하므로 별도의 기계적 접촉을 구성하기가 불가능 하므로 자체에 내장된 축전지를 사용한다. 수명은 주행시간 및 자동차 상태에 따라 다소 차이가 날 수 있지만 정상적으로 작동 할 경우 약 7~10년 정도이다.

휠 모듈(wheel module) 내부의 축전지는 대기압력 상태에서는 소모되지 않지만 일단 타이어에 설치되면 내부 공기압력에 의해 작동되기 시작한다. 타이어 공기압력 센서는 자체 축전지 소모량을 줄이기 위해 약 1분에 1번씩 타이어 공기압력 및 온도, 자신의 ID을 수신기로 송신하게 되는데 타이어의 비정상적인 상황이 발생하면 약 4초에 1번씩 데이터를 송신하므로 자체 축전지의 소모량이 많아진다. 따라서 타이어의 비정상적인 상황을 빠르게 대처해야만 휠 모듈의 자체 축전지 수명을 연장시킬 수 있다.

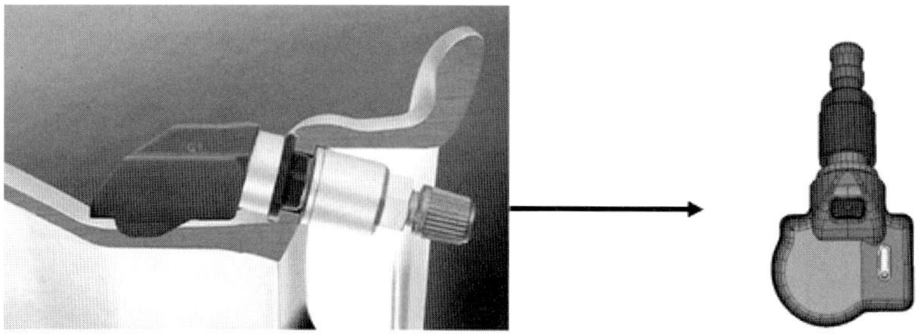

[그림 39] **휠 모듈 부품**

[2] 수신기

타이어 공기압력 센서의 정보를 수신하여 타이어 공기압력 이상 유무를 판단하고 계기판 등의 표시장치로 이 정보를 송신한다. 타이어 공기압력에 이상이 있을 때에는 경고등 점등 신호를 송신한다.

[3] 표시장치

수신기로 부터 수신된 정보를 운전자에게 알려준다. 타이어의 상태 표시장치는 제작회사 및 자동차 종류에 따라 다르지만 일반적으로 계기판에 설치된다. 공기압력 확인(check), 공기압력 부족(warning low), 공기압력 과대(warning high), 공기압력 불균형(imbalance)과 각 타이어의 압력이 표시되며 장치에 결함이 검출되면 경고등이 점등된다.

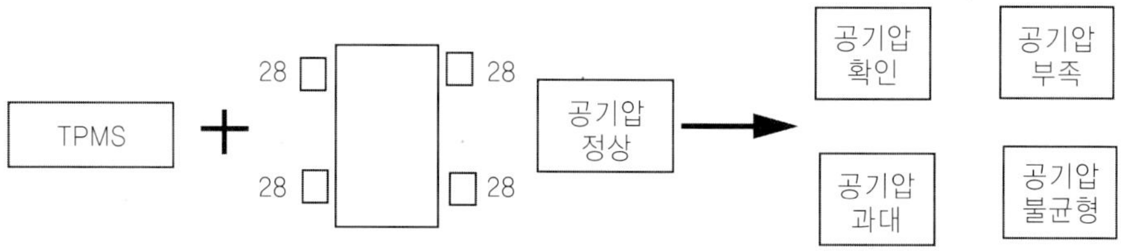

[그림 40] **표시장치의 예**

표시장치에 표시되는 공기압력은 각 휠의 타이어 공기압력 센서에서 송신한 온도보상 압력 값을 표시해주므로 일반적인 타이어 공기압력 게이지가 지시하는 값과는 다소 차이가 날 수 있다.

즉, 온도보상 공기압력은 실제 타이어 내부의 공기압력을 18℃ 조건으로 환산해 나타낸 것으로 일반적인 타이어 공기압력 게이지의 절대압력과는 약간 차이가 발생한다. 따라서 타이어에 공기를 주입 때 계기판의 변화되는 압력 값을 기준으로 공기를 주입해야 한다.

[4] 이니시에이터(Initiator)

타이어 공기압력 센서를 제어하는 기능을 하며, 점화스위치 ON상태에서는 타이어 공기압력 센서를 작동모드로 진입하도록 무선전파 송신하고, 점화스위치 OFF상태 에서는 타이어 공기압력 센서를 작동 중지 모드로 진입하도록 무선전파 송신한다.

7.3. EPB(electronic parking brake ; 전자 주차 브레이크장치)

7.3.1. EPB의 개요

현재 대부분의 주차 브레이크장치는 운전자에 의해 주차 브레이크 페달을 밟거나 레버를 당겨서 자동차를 안정화시킨다. 그러나 EPB장치(electronic parking brake)는 간단한 스위치 조작으로 운전자의 수동조작 모드 및 각종 ECU 등과 연계하여 자동으로 주차브레이크를 작동시키거나 풀어주고 긴급한 상황에서는 제동 안정성을 확보할 수 있도록 구성된 주차 브레이크장치이다.

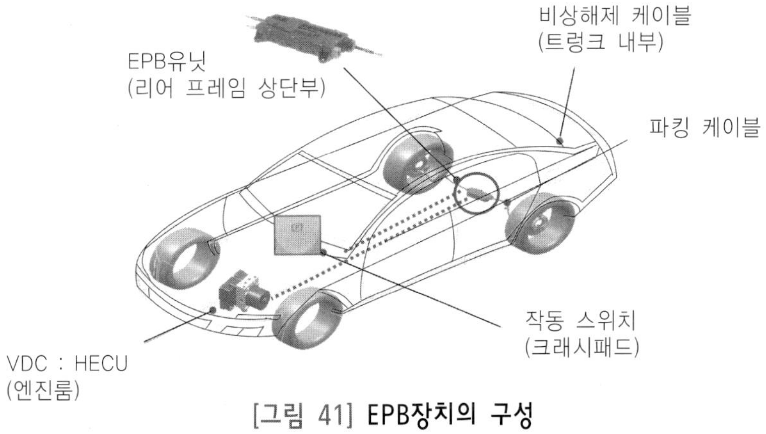

[그림 41] **EPB장치의 구성**

또 EPB장치는 도로 구배 및 주행조건에 따라 주차케이블의 장력이 내부센서의 작용으로 자동 조정되므로 케이블 장력조정 등이 불필요하게 되었으며, EPB장치의 고장이 발생해 주행이 불가능 할 경우 해제 레버를 조작하여 주행이 가능하도록 하는 안전장치가 구성되어 있다.

7.3.2. EPB의 구성부품

[1] EPB(electronic parking brake)

EPB유닛에는 EPB ECU, 구동 모터, 주차 케이블 구동기어, 주차 케이블 및 제동력 검출센서(force sensor) 등이 일체로 구성되어 있다. EPB ECU는 CAN을 통해 기관 ECU 및 TCU 등으로부터 관련정보를 입력받고 운전자의 의도를 파악한 후 EPB 구동모터를 구동시킨다. 구동모터의 구동으로 주차 케이블 구동기어가 작동하고 주차 케이블을 당겨 자동차의 자유이동을 방지한다.

이때 주차 케이블의 장력은 제동력 검출센서(force sensor)가 검출해 자동차의 조건 및 경사도에 따라 적절한 제동력이 가해지도록 제어하여 주차 케이블의 내구성 향상 및 간극 조정 등의 영향을 받지 않도록 한다. 또 EPB장치의 고장으로 주차 브레이크가 전기적으로 해제되지 않을 경우 비상 해제 케이블을 당김(200N)으로 주행성을 확보하도록 하였으며, EPB장치의 고장발생 때 진단 커넥터의 CAN라인을 통해 진단장비와 통신하도록 되어 있다.

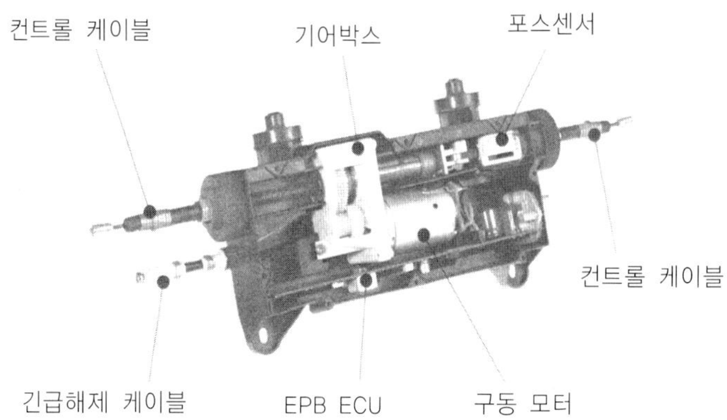

[그림 42] **EPB어셈블리**

[2] EPB 스위치

EPB 스위치는 수동 주차 브레이크 모드 및 비상 모드(다이내믹 모드) 작동 때 사용되는 중요한 스위치이며, 장치의 안전성을 위해 2중 구조로 구성되어 있다. 2개의 접점이 정상적으로 입력되어야만 EPB유닛이 작동하도록 되어있다. 만약, 2개의 스위치 접점이 비정상적으로 입력되면 EPB유닛은 결함으로 인식하고 결함코드를 저장하게 된다.

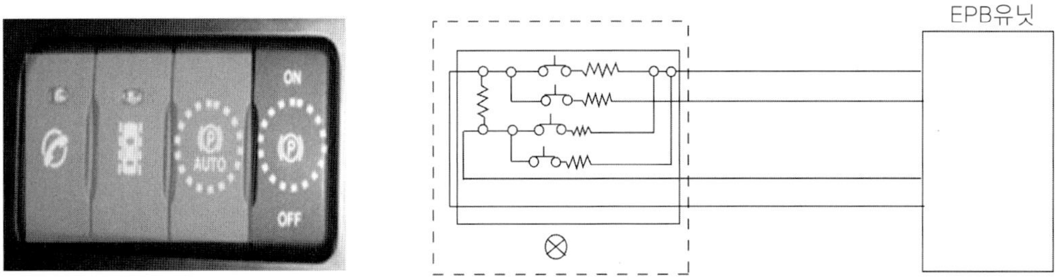

[그림 43] **EPB스위치**

[3] 자동 주차(auto park)스위치

자동 주차스위치는 자동 주차 모드의 설정 및 해제에 사용되는 스위치로 한번 누르면 설정되고 다시 한번 더 누르면 해제되는 셀프 리턴(self return)형식이다. 이 스위치는 단일 구조의 아날로그 방식으로 스위치 작동신호는 먼저 계기판으로 입력되고 다시 계기판은 이 신호를 CAN라인을 통해 EPB 유닛으로 전달한다.

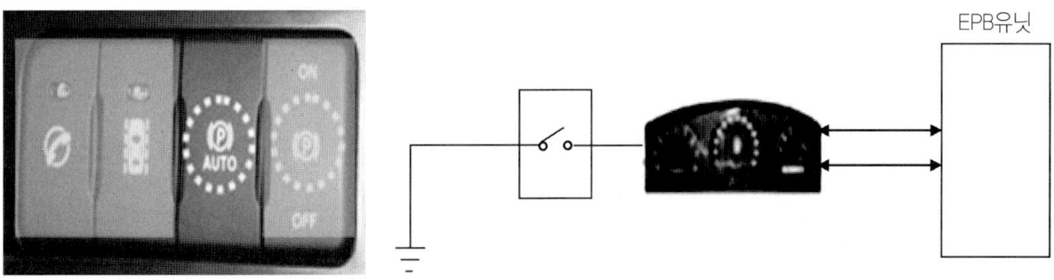

[그림 44] **자동 주차스위치**

7.3.3. EPB의 제어기능

[1] 수동 주차 브레이크 모드

이 기능은 주행속도 3 km/h 이하에서 EPB스위치의 조작으로 작동 및 해제가 가능하며, 해제를 위해서는 브레이크 페달을 밟고 점화스위치 ON상태에서만 가능하다. 만약, 수동 주차 브레이크 모드가 설정되었다면 EPB유닛은 기관 ECU로 부터 가속페달을 밟은 정도 및 기관 회전력 등을 CAN을 통해 전달받아 운전자가 가속페달을 조작 때 자동으로 주차 브레이크를 해제하도록 설정되어 있다. 또 변속레버가 'D 또는 R' 레인지일 경우 자동차의 경사도에 따라 체결력이 결정되며, 'P 또는 N' 위치일 경우는 최대 작동력으로 작동된다.

자동차의 경사도는 EPB유닛 내부에 적용된 G-센서에 의해 경사도를 인식한다. 특히 'D 또는 R' 레인지일 경우 경사로에서 화물 등을 운반 및 적차할 때 안전성을 기하기 위해 EPB스위치를 한번더 누르면 최대 작동력으로 전환된다.

[2] 비상모드(다이내믹 모드)

비상모드는 비상모드로 주행(3 km/h 이상) 중 브레이크 페달을 조작하기 힘든 상황(브레이크 페달사이에 병 같은 이물질 삽입 또는 갑작스런 다리 마비 등)일 경우, 주행속도를 최대한 감속시켜 제동 안정성을 확보하기 위한 모드이며, EPB스위치 상단부분(ON위치)을 계속 누르면 운전자가 원하는 주행속도까지 감속 할 수 있다.

VDS를 설치한 경우에는 자동차 정지 직전(3 km/h 이상)까지는 VDC의 브레이크장치가 작동하고 정지 순간(3 km/h 이하)에는 EPB장치가 작동해 주차 브레이크를 작동시킨다. VDC가 고장 난 경우나 ABS사양의 경우는 주행상태에서 정지시점 및 정지순간까지 모든 사항을 EPB가 직접 제어한다.

비상 모드가 작동 중 일 때는 제동등이 점등되지 않으므로 주의해야 하며, 빈번한 작동 때 주차 브레이크 라이닝에 결함이 발생되므로 꼭 필요한 비상 상황이 아니면 사용하지 말아야 한다. 비상모드 작동 중에는 관련 표시등이 점멸하고 단속 경고음이 울려 운전자에게 인지시켜 준다.

[3] 자동 주차 모드(auto park 모드)

자동주차 모드는 자동 주차스위치의 조작으로 작동 및 해제가 가능하다. 즉 스위치를 한번 누르면 설정되고 한 번 더 누르면 해제된다. 수동 주차 브레이크 모드는 EPB 스위치를 작동(EPB스위치 ON부분 짧게 누름)한 후 다시 주행하게 되면 수동 주차 브레이크 모드가 해제되지만 자동 주차 모드에서는 'AUTO PARK 스위치' 를 한번 누르게 되면 자동차가 정지한 상태(브레이크 페달을 2초 이상 계속 밟을 경우)에서 항상 주차 브레이크가 체결되도록 한 모드이다.

또 자동주차 모드에서도 자동차의 경사 정도에 따라 EPB 작동력이 자동으로 조절되며, 가속페달을 밟은 정도를 연산하여 출발 때 자동으로 주차 브레이크가 풀리도록 설정되어 있다.

[4] 점화스위치를 분리 때의 자동주차 모드

EPB스위치 및 AUTO PARK 스위치와 무관하게 기관의 가동을 정지시키고 점화스위치를 빼면 자동적으로 주차 브레이크가 작동하는 모드로 15초 동안 경고등이 점등되어 주차 브레이크가 체결되었음을 알려주고 소등된다. 이때 EPB의 체결력은 최대가 되고 안전상 3 km/h 이하에서 작동하도록 설정되어 있으므로 주차 브레이크가 체결되기 전까지는 브레이크 페달을 밟도록 해야 한다.

혼잡한 주차장에서 2열 주차 등을 할 경우 다른 사람에 의해 자동차를 움직일 수 있도록 하기 위해 이 모드를 해제 할 필요가 있다. 이때는 점화스위치를 분리하기 전 각종 표시등이 소등된 상태에서 EPB스위치 아래쪽(OFF부위)을 한번 누르고 키를 3초 이내에 분리하면 주차 브레이크가 체결되지 않는다.

[5] 기관의 작동을 정지 때 EPB 작동모드

자동차가 출발하려는 순간 예기치 않은 상황으로 기관의 가동이 멈추었을 때 EPB장치는 안전모드(safety mode)로 자동으로 주차 브레이크를 작동시킨다. 이 모드는 점화스위치 ON상태에서 주행속도 3 km/h 이하 일 때 작동하며 경고등이 점등된다.

[6] EPB고장 및 EPB 고장일 때 관련 스위치 조작 때

EPB장치 고장(CAN통신 이상 포함) 때 계기판의 EPB 경고등이 점등되는데, 이때 고장을 인지하지 못하고 EPB스위치 및 AUTO PARK스위치를 조작하게 되면 경고등이 점멸한다.

01. SRS는 무엇을 의미 하는가 ?

02. 에어백의에서 설치위치 및 역할에 따른 종류를 4가지 이상 나열하시오.

03. 운전석 에어백 및 승객석 에어백의 용량에 대해 쓰시오.

04. 측면 에어백이 완전히 펼쳐질 때 작동되는 센서에 대해 간략하게 설명 하시오.

05. 자동차의 루프 레일부분에 설치되어 측면 충돌이나 자동차가 전복될 때 팽창하여 승객의 머리를 보호하고 승객이 자동차 밖으로 튕겨 나가지 않도록 고안된 에어백을 무엇이라고 하는가?

06. 에어백에서 점화제에 전류를 공급하면 가스 발생제가 연소하여 가스를 발생하는 형식으로 화약, 점화제, 가스발생제, 디퓨져 스크린 등을 알루미늄 용기에 넣은 것을 무엇이라 하는가?

07. 인플레이터 형식 중 하이브리드 방식에 대해 간략하게 설명하시오.

08. 에어백에 사용되는 충돌센서의 위치 및 종류를 쓰시오.

09. 에어백 배선에서 어떠한 조건에서도 커넥터 이탈을 방지하기 위해 설치한 장치는 무엇인가?

10. 에어백 배선에서 커넥터를 분리할 때 정전기에 의한 에어백의 폭발을 방지하기 위해 설치한 안전장치를 무엇이라 하는가?

11. 에어백에서 클럭 스프링의 역할을 간단하게 설명하시오.

12. 에어백의 작동과정을 단계별로 설명하시오.

13. 에어백에서 후방에서 다른 자동차가 추돌하거나 후진 중 뒤에 있는 물체와 충돌할 경우 에어백 작동여부는 ?

14. 에어백은 대개 자동차의 정면에서 좌우로 (   )이내의 충돌사고로서 일정 주행속도 이상으로 고정된 벽면에 정면충돌했을 때의 충격이 차체에 전달된 경우 에어백이 작동한다. 괄호 안을 채우시오.

15. 타이어 공기압력 모니터링장치(TPMS : tire pressure monitoring system)의 개요에 대해 간단하게 설명하시오.

16. 전자주차 브레이크장치(EPB : electronic parking brake)에 대해 간략하게 설명하시오.

17. 에어백이 장착된 차량의 관리 및 승차요령을 설명하시오.

Chapter

08

자동차 안전기준 및 전기자동차(EV)기초

8.1. 자동차 안전기준

8.2. 전기자동차(EV) 기초

08 자동차 안전기준 및 전기자동차(EV)기초

8.1. 자동차 안전기준

8.1.1. 검사의 종류

형식승인검사	제조사에서 차량을 만들고자 할 때 하는 검사(건교부)
신규검사	최초등록 시 → 메이커에서 등록
구조변경검사	자동차의 구조 변경 시 구조변경 승인 내용대로 변경하였는지의 여부를 검사
정기검사	신규 등록 후 일정기간 마다 정기적으로 실시(승용차 : 최초 4년 이후 2년 마다)
임시검사	단속하여 위법에 대한 정비명령을 받은 후 받는 검사

8.1.2. 검사기준 및 방법

(1) 검사는 규정에 의한 지정 정비사업자가 시설, 장비, 기술인력 및 기타 필요한 설비를 갖춘 곳에서 한다.

(2) 국토교통부장관이 정하는 방법에 의하여 아래의 경우 출장검사를 하게 할 수 있다.

① 섬 지역(제주도 및 육지와 연결된 섬 제외)

② 검사소로부터 멀리 있거나 검사소가 부족하여 출장검사가 필요하다고 인정하는 지역

③ 공항 등과 같이 차가 일정지역을 벗어날 수 없을 경우

(3) 제원 측정은 공차상태에서 시행하며 그 외의 항목은 공차상태에서 운전자 1명이 승차하여 시행한다. 다만, 긴급자동차 등 부득이한 사유가 있는 경우에는 적차상태에서 검사를 시행할 수 있다.

8.1.3. 용어의 정리

(1) 공차상태 : 연료, 냉각수 및 윤활유를 만재하고 예비타이어를 설치 운행할 수 있는 상태

(2) 적차상태

① 공차상태의 자동차에 승차정원의 인원이 승차하고 최대적재량의 물품이 적재된 상태

② 승차정원 1인(13세 미만의 자는 1.5인을 승차정원 1인으로 본다)의 중량은 65킬로그램(kgf)으로 계산한다.

(3) 축중 : 1개의 차축에 연결된 모든 바퀴의 윤중을 합한 것

(4) 윤중 : 1개의 바퀴가 수직으로 지면을 누르는 중량

(5) 차량중량 : 공차상태의 자동차의 중량

(6) 차량총중량 : 적차상태의 자동차의 중량

(7) 연결자동차 : 견인자동차와 피견인자동차를 연결한 상태의 자동차

(8) 접지부분 : 적정공기압의 상태에서 타이어가 지면과 접촉되는 부분

(9) 승차정원 : 자동차에 승차할 수 있도록 허용된 최대인원(운전자를 포함)

(10) 최대적재량 : 자동차에 적재할 수 있도록 허용된 물품의 최대중량

8.1.4. 자동차 안전기준

(1) 길이 : 13 m 이내일 것(단, 연결자동차의 경우 16.7 m 이내)

(2) 너비

① 2.5 m 이내일 것

② 후사경, 환기장치 또는 밖으로 열리는 창의 경우 승용차 25 cm, 기타 자동차 30 cm 초과 가능

(3) 높이 : 4 m 이내일 것

참고) 길이, 너비, 높이 측정조건

① 공차상태

② 직진상태에서 수평면에 있는 상태

③ 후사경, 밖으로 열리는 창, 긴급자동차의 경광등 등의 바깥 돌출부분은 이를 제거하거나 닫은 상태

(4) 최저 지상고 : 12 cm 이상일 것

(5) 차량총중량 : 20톤 이내(승합자동차의 경우에는 30톤, 화물자동차 및 특수자동차의 경우에는 40톤)

(6) 조향바퀴의 중량분포 : 조향바퀴에 걸리는 중량은 차량총중량의 20% 이상일 것(3륜 18% 이상)

(7) 중량분포 : 축중은 10톤, 윤중은 5톤을 초과하여서는 아니 된다.

(8) 조향바퀴의 윤중 합

① 차량중량 및 차량총중량의 각각에 대하여 20% 이상일 것

② 3륜의경형 및 소형자동차의 경우에는 18% 이상

(9) 최대안전경사각

① 좌, 우 각각 35° 기울인 상태에서 전복되지 않을 것

② 차량총중량이 차량중량의 1.2배 이하인 차량은 30°

③ 고소작업, 방송중계, 진공흡입청소차 등은 제외된다.

(10) 최소회전반경 : 바깥쪽 앞바퀴 자국의 중심선을 따라 측정시 12 m 이내일 것

(11) 접지압력

① 적차상태에서 접지부분은 소음의 발생이 적고 도로를 파손할 위험이 없는 구조일 것

② 무한궤도를 장착한 자동차는 무한궤도 1제곱 센티미터 당 3킬로그램(kgf)을 초과하지 아니할 것

(12) 원동기 톤당 마력

① 최대출력은 차량총중량 1톤당 출력이 10마력(PS) 이상일 것

② 다만, 전기자동차 · 경형자동차 및 차량총중량이 35톤을 초과하는 자동차는 제외

(13) 타이어

① 마모측정은 120° 간격으로 3곳, 폭은 1/4지점 3/4지점을 측정한다.

② 요철형무늬의 홈의 깊이가 1.6 mm 이하 시 교환한다.

③ 자동차(승용자동차를 제외한다)의 바퀴 뒤쪽에는 흙받이를 부착하여야 한다.

(15) 제동장치

① 차량 총중량이 750 kgf 미만 인 피 견인자동차(소형트레일러)는 제외

② 주 제동장치와 주차제동장치는 각각 독립적으로 작용하는 구조로 주제동장치는 모든 바퀴를 동시에 제동하는 구조일 것

(16) 연료장치

① 가솔린연료장치

㉠ 배기관 끝으로부터 30 cm 이상 떨어져 있을 것(연료탱크는 제외)

㉡ 노출된 전기단자 및 전기개폐기로부터 20 cm 이상(연료탱크는 제외)

② 가스연료장치

㉠ 도관은 강관, 동관 또는 내유성의 고무관으로 할 것

㉡ 양끝이 고정된 도관(내유성고무관 제외)은 완곡된 형태로 최소한 1 m 마다 차체에 고정할 것

㉢ 고압 부분의 도관은 가스용기 충전압력의 1.5배의 압력에 견딜 것

㉣ 가스용기는 차체 최 후단으로부터 300 mm 이상, 최외측면으로 부터 200 m 이상 간격을 두고 설치할 것

(17) 전기장치

① 배선은 절연물질로 씌우고 차체에 고정할 것

② 단자 및 개폐기는 절연물질로 씌울 것

③ 축전지는 절연물질로 씌울 것

(18) 차대 및 차체

① 뒤 오버행(자동차의 가장 뒤의 차축 중심에서 차체의 뒷부분 끝까지의 수평거리)

㉠ 자동차의 뒤 오버행(범퍼 및 견인용 장치 등은 제외)은 축거의 2분의 1이하일 것

㉡ 경형및 소형자동차의 경우에는 20분의 11 이하일 것

㉢ 승합자동차와 화물을 차체 밖으로 나오게 적재할 우려가 없는 자동차의 경우는 3분의 2 이하일 것

② 화물자동차의 뒷면에는 차량 총중량 및 최대적재량(탱크로리에 있어서는 차량 총중량 · 최대적재량 · 최대적재용적 및 적재물품명)을 표시한다.(다만, 차량 총중량이10톤 미만인 경우에는 차량총중량을 표시하지 아니할 수 있다)

③ 측면보호대 : 차량총중량이 8톤 이상이거나 최대적재량이 5톤 이상인 화물자동차 · 특수자동차 및 연결자동차

㉠ 측면보호대의 양쪽 끝과 앞 · 뒷바퀴와의 간격은 각각 400 밀리미터 이내 일 것

㉡ 가장 아래 부분과 지상과의 간격은 500 밀리미터 이하, 가장 윗부분과 지상과의 간격은 700 밀리미터 이상일 것

④ 후부안전판 : 차량총중량이 3.5톤 이상인 화물자동차 · 특수자동차 및 연결자동차

㉠ 너비는 자동차너비의 100퍼센트 미만일 것

㉡ 가장 아래 부분과 지상과의 간격은 550밀리미터 이내, 단면 최소높이는 100 밀리미터 이상일 것

㉢ 차량길이방향의 안쪽으로 400밀리미터 이내에 설치할 것

⑤ 고압가스 운송 용기 : 뒤쪽 끝이 차체의 뒤 범퍼 안쪽으로 300 mm 이상의 간격을 두고 설치할 것

(19) 연결장치 및 견인장치 : 앞면 또는 뒷면에 차량중량의 2분의 1이상의 힘에 견딜 수 있는 구조로 설치

(20) 승차장치 : 유효높이는 대형승합자동차의 경우에는 180 cm 이상일 것

(21) 승객 좌석 규격

① 가로 · 세로 각각 40 cm 이상, 앞뒤 좌석간 거리는 65 cm 이상이어야 한다.

② 어린이용 좌석은 가로 · 세로 각각 27 cm 이상, 앞뒤 좌석간 거리는 46 cm 이상이어야 한다.

③ 승합자동차(15인승이하, 어린이운송용은 제외)의 승객좌석의 높이는 40 cm 이상 45 cm 이하이어야 한다.

④ 접이식 좌석 : 30인승 이하의 승합자동차에 한하여 설치할 수 있다.

(22) 머리 지지대 : 승용자동차와 경형승합자동차 및 소형승합자동차의 앞좌석(중간좌석은 제외한다)

(23) 비상구

① 승차정원 30인 이상의 자동차는 의무 설치

② 다만, 창문의 규격이 너비 1,200 mm 이상, 높이 400 mm 이상인 강화유리로 되면 비상구로 대용할 수 있다.

③ 위치는 차체의 좌측 면 뒷쪽 또는 뒷면으로 할 것

(24) 물품적재장치

① 일반 형 및 덤프 형 화물자동차의 적재함은 위쪽이 개방된 구조일 것

② 밴 형 화물자동차의 물품 적하 구는 뒷쪽 또는 옆쪽으로 하되, 문은 좌우 · 상하로 열리는 구조 이거나 미닫이식으로 할 것

③ 사체 · 독극물 · 고압가스 · 화약류 기타 위험물을 적재하는 장치는 차실과 완전히 격리 한다.

④ 운행 중 적재물의 탈락의 우려가 있는 청소용 자동차 등의 물품 적재장치는 덮개 등을 설치한다.

(25) 창유리

① 앞면 창유리는 접합유리이고 기타의 창유리는 안전유리이어야 한다.

② 가시광선 투과율 70% 이상일 것

(26) 배기관

① 열림 방향은 왼쪽 또는 오른쪽으로 열려 있어서는 아니 된다.

② 열림 방향이 차량 중심선에 대하여 왼쪽으로 30도 이내인 것도 적합

③ 배기관이 차량 중심선에서 왼쪽에 위치하고 차량 중심선에 대하여 오른쪽으로 30도 이내인 것도 적합

(27) 어린이 운송용 승합차

① 앞뒤에는 분당 60회 이상 120회 이하로 점멸되는 각각 2개의 적색표시등과 2개의 황색표시등을 설치할 것

② 적색표시등은 바깥쪽에, 황색표시등은 안쪽에 설치하되, 좌·우 대칭이 되도록 설치할 것

③ 발광면적은 120제곱센티미터 이상일 것

④ 도로에 정지하려고 하거나 출발하려고 하는 때에는 황색표시등이 점멸, 정지한 때에는 적색 표시등이 점멸

(28) 등화장치

등화장치	등광색	광도	설치높이 (공차상태)	비 고
전조등	백색	2등식 : 15,000cd 이상 4등식 : 12,000cd 이상 각각 112,500cd 이하	50 ~ 120 cm	10 m 거리에서의 주 광축의 진폭 ① 운전석 : 좌 15 cm, 우 30 cm 이내 ② 조수석 : 좌우 각각 30 cm 이내 ③ 상 : 10 cm 이내 ④ 하 : 등화 설치높이의 10분의 3 이내
안개등	백색 또는 황색	940~10,000cd	25 ~ 120 cm	뒷면 안개등 설치 시 기준 ① 2개 이하의 설치 ② 좌 · 우가 대칭이 되게 설치 ③ 1개를 설치할 경우 차량중심선에 ④ 광도는 150cd ~ 300dc ⑤ 등광색은 적색일 것 ⑥ 유효조광면적 140 cm^2 이하
후퇴등	백색 또는 황색	등화중심(상) 80 ~ 600cd 등화중심(하) 80 ~ 5,000cd	25 ~ 120 cm	자동차 뒤쪽 75 m 이내 지면을 비출 수 있을 것

(29) 후부반사기

① 3각형 외의 형으로서 경 · 소형 10 cm^2 이상, 기타 20 cm^2 이상

② 야간에 뒤쪽 100미터의 거리에서 전조등으로 후부반사기를 비추어 경우 식별할 수 있을 것

③ 후부반사기의 색은 적색으로 하고

㉠ 옆면 앞부분의 보조반사기 : 황색 또는 호박색

㉡ 옆면 뒷부분의 보조반사기 : 적색 또는 호박색

(30) 창 닦이기 장치

①) 작동주기의 종류는 2가지 이상일 것

② 최저 작동주기는 매분당 20회 이상이고, 다른 하나의 작동주기는 매 분당 45회 이상일 것

③ 최고 작동주기와 다른 하나의 작동주기의 차이는 매분당 15회 이상일 것

④ 작동을 정지시킨 경우 자동적으로 최초의 위치로 복귀되는 구조일 것

(31) 반사광 : 아래 장치에 사용되는 금속표면은 빛의 반사로 인하여 운전자에게 장애를 주지 아니하여야 한다.

① 앞면 창유리의 창 닦이기의 블레이드와 암

② 차체 안의 앞면 창유리의 창틀

③ 조향핸들의 중심부와 경음기 작동부

④ 실내 후사경의 프레임 및 지지부

(32) 경음기

① 경적음의 크기는 일정하여야 하며, 차체전방에서 2미터 떨어진 지상높이 1.2±0.05 미터가 되는 지점에서 측정

② 음의 최소크기는 90데시벨(dB) 이상일 것

(33) 속도계 및 주행거리계

① 속도계는 평탄한 수평노면에서의 40 km/h인 경우 지시 오차가 정 25%, 부 10% 이하일 것(40/1.25, 40/0.9)

② 다음 각호의 자동차는 최고속도 제한장치를 설치하여야 한다.

㉠ 차량총중량이 10톤 이상인 승합자동차(110 km/h)

㉡ 차량총중량이 16톤 이상 또는 최대적재량이 8톤 이상인 화물자동차 및 특수자동차(90 km/h)

㉢ 고압가스를 운송하기 위하여 필요한 탱크를 설치한 화물자동차(90 km/h)

(34) 운행기록계

① 고압가스를 운송하기 위하여 필요한 탱크를 설치한 화물자동차

② 지정수량 이상의 위험물을 운반하기 위하여 필요한 탱크를 설치한 화물자동차

③ 쓰레기 운반전용의 화물자동차

④ 피견인자동차와 긴급자동차를 제외한 최대적재량 8톤 이상의 화물자동차

(35) 소화설비

① 승차정원 7인 이상의 승용자동차 및 경형 승합자동차

② 승합자동차

③ 지정수량 이상의 위험물을 운반하는 차

④ 고압가스를 운송하는 자동차

(36) 경광등 및 사이렌

① 경광등

ⓐ 1등당 광도는 135칸델라 이상 2천5백 칸델라 이하일 것

ⓑ 등광색 기준

㉠ 적색 또는 청색

ⓐ 경찰용 자동차 중 범죄수사·교통단속 그 밖의 긴급한 경찰임무 수행차량

ⓑ 국군 및 주한국제연합군용 자동차 중 군내부의 질서유지 및 부대의 이동을 유도하는데 사용되는 자동차

ⓒ 수사기관의 자동차 중 범죄수사를 위하여 사용되는 자동차

ⓓ 교도소 또는 교도기관의 자동차 중에서 도주자의 체포 또는 피수용자의 호송·경비를 위하여 사용되는 자동차

ⓔ 소방용 자동차(8톤 이상의 화물자동차)

㉡ 황색

ⓐ 전신·전화의 수리공사 등 응급작업에 사용되는 자동차

ⓑ 우편물의 운송에 사용되는 자동차 중 긴급 배달우편물의 운송에 사용되는 자동차

ⓒ 전기사업·가스사업 그 밖의 공익사업기관에서 위해 방지를 위한 응급작업에 사용되는 자동차

ⓓ 민방위 업무를 수행하는 기관에서 긴급예방또는 복구를 위한 자동차

㉢ 녹색 : 구급차량

② 사이렌 : 전방 30미터의 위치에서 90데시벨(dB) 이상 120데시벨(dB) 이하일 것

8.1.5. 제동기준

[1] 급제동 전지거리 및 조작력

측정상태	공차상태에서 운전자 1인이 승차한 상태
제동초속도 및 급 제동 정지거리	① 최고속도 80 km 이상인 차량 : 50 km/h에서 22 m 이하에서 정지 ② 최고속도 35 km ~ 85 km인 차량 : 35 km/h에서 14 m 이하에서 정지 ③ 최고속도 35 km 미만인 차량 : 최고속도에서 5 m 이하에서 정지
측정시 조작력	① 발 조작 식 : 90 kgf 이하 ② 손 조작 식 : 30 kgf 이하

[2] 제동능력 및 조작력

제동능력	① 제동력의 총합 ㉮ 최고속도 80 km/h 이상 총중량이 중량의 1.2배 이하인 차량 : 차량총중량의 50% 이상일 것 ㉯ 최고속도 80 km/h 미만 총중량이 중량의 1.5배 이하인 차량 : 차량총중량의 40% 이상일 것 ㉰ 기타 : 차량중량의 50% 이상일 것 ② 앞바퀴 제동력의 합 : 앞 축중의 50% 이상일 것 ③ 뒤바퀴 제동력의 합 : 뒤 축중의 20% 이상일 것 ④ 좌, 우 바퀴의 제동력의 편차 : 당해 축중의 8% 이내일 것 ⑤ 주차 브레이크 제동력의 합 : 차량 중량의 20% 이상일 것
제동 복원력	브레이크 페달을 놓았을 때에 3초 이내에 당해 축중의 20% 이하로 감소될 것
주차 조작력	① 승용자동차 : 발 조작 식 60 kgf 이하, 손 조작 식 40 kgf 이하로 측정 ② 기타자동차 : 발 조작 식 70 kgf 이하, 손 조작 식 50 kgf 이하로 측정
주차 제동늘력	① 11° 30′ (11.5°) 경사면에서 정지상태를 유지할 것 ② 제동능력이 차량중량의 20% 이상일 것

8.1.6. 등화장치

[1] 급제동 정지거리 및 조작력

차폭등	백색, 황색 또는 호박색	등화중심(상) 4 ~ 125 cd 등화중심(하) 4 ~ 250 cd	35 ~ 200 cm	
번호등	백색	밝기 : 8 Lux 이상		입사각 8° 이상
후미등	적색	2 ~ 25 cd	35 ~ 200 cm	투영면적 12.5 cm^2 이상
제동등	적색	40 ~ 420 cd	35 ~ 200 cm	① 투영면적 12.5 cm^2 이상 ② 유효조광면적 22 cm^2 이상 ③ 다른 등화와 겸용하는 제동등은 제동시 광도가 3배 이상으로 증가
방향 지시등	황색, 호박색	50 ~ 1,050 cd	35 ~ 200 cm	① 투영면적 12.5 cm^2 이상 ② 유효조광면적 22 cm^2 이상 ③ 매분 60 ~ 120 횟수로 점멸할 것

8.2. 전기자동차(EV) 기초

8.2.1. 전기자동차 일반

[1] 전기자동차(EV)의 이해

갈수록 심해지는 지구온난화와 급격한 기후변화 등으로 전 세계가 환경을 지키고 보호해야 한다는데 인식을 같이하고 탄소배출권(Certified Emission Reductions)을 통한 이산화탄소를 줄이기 위해 많은 노력을 기울이고 있다. 따라서 자동차 생산도 점차 내연기관을 줄이고 친환경차를 생산하는 방향으로 전 세계의 정책이 바뀌어 진행됨에 따라 전기자동차의 생산량이 급격히 늘어나고 있어 안전한 정비방법을 통해 효율적인 관리를 필요로 하고 있다. 전기자동차(Electric Vehicle, Electric Car, Electric Automobile)는 석유연료와 내연기관을 사용하지 않고, 배터리와 전기모터를 사용하여 주행하는 자동차를 말한다. 전기자동차의 장점으로는 저렴한 유지비(소나타와 아이오닉기준 약 1/3정도)와 엔진오일 교환 등이 없고, 세금이 적으며, 저소음과 빠른 응답성 그리고 환경오염이 적다는 것이다.

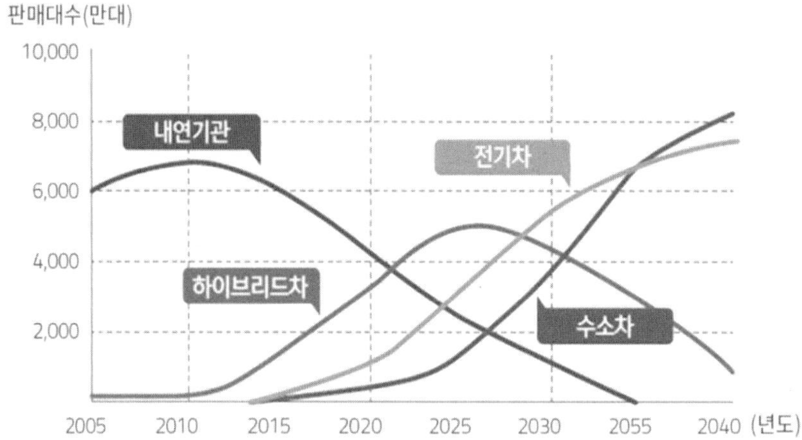

[그림 1] **친환경 자동차의 시장 전망**

그러나 단점으로는 현재까지의 기술로는 배터리 충전시간이 길고, 배터리의 온도특성으로 인해 겨울철 주행거리가 짧고(영하 10℃ 이하시 본 용량의 60~70% 효율), 구매나 수리비용이 비싸다는 것이다. 환경오염의 증가로 수도권에서 발생하는 미세먼지의 30% 이상이 노후된 경유자동차 등에서 나오는 오염물질로 내연기관자동차로 인해 대기오염이 심해지고 있어 전기자동차 사용량이 늘어나면 내연기관차로 인해 생성되는 대기오염물질이나 온실가스 등 배출량이 감소되어 전기자동차 1대 보급으로 연간 CO_2 2톤의 감축 효과를 가져와 자동차로 인한 기후변화 대응이 가능해진다.

전기자동차(EV)는 부품수가 적은데 내연기관자동차가 약 30,000개인데 비하여 전기자동차는 약 18,900개로 약 37% 정도가 적고 무엇보다 엔진이 없어 정비성이 향상되어 관리가 용이한 장점을 가지고 있다. 자동차 섀시장치에 해당하는 전기자동차의 동력전달장치 및 제동장치의 부품수도 내연기관자동차의 5,700여개 보다 37.8%가 적은 3,600여개로 효율성이 좋은데 전기자동차의 구성도는 아래와 같다.

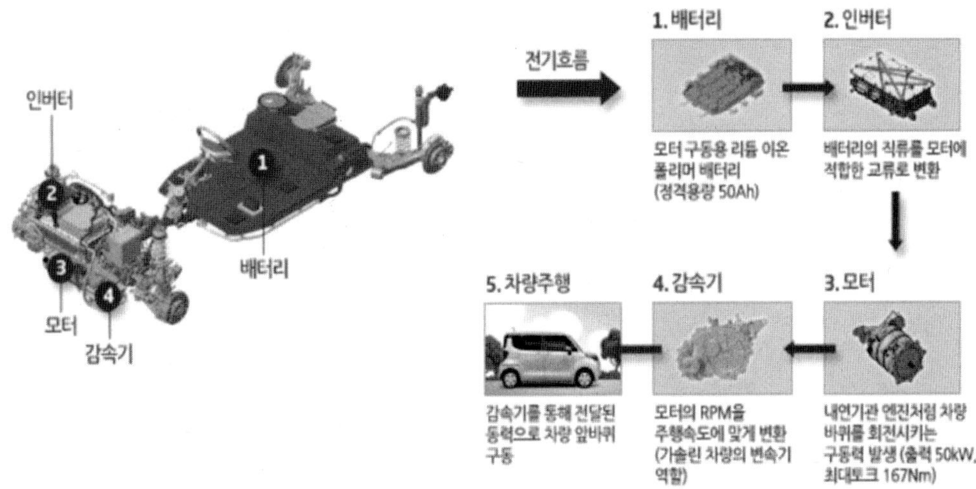

[그림 2] **전기자동차의 구성도**

[2] 전기자동자의 특징

(1) 장점

1) 저렴한 유지비-소나타와 아이오닉기준 약 1/3정도, 엔진오일교한 등 없다.
2) 세금이 적다.
3) 저소음 무진동
4) 고속도로 통행료 50% 감면
5) 환경오염이 없다-가장 큰 장점

(2) 단점

1) 충전시간이 길다-1시간(최소 30~40분), 특히 고속도로 휴게소는 대기가 길다.
2) 겨울철 주행거리 짧다-영하 10도 이하시 본 용량의 60~70% 효율
3) 타이어 성능 취약-구동저항 최소화, 접지력 낮음, 노면 소음
4) 제동성능이 약하다-회생제동, 스포츠모드 운전자는 부적합, BMW i3 100~40 km 정도이다.
5) 고속도로속도제한- 밋션이 없어 회전수 올리면 배터리 급속방전
6) 수리비용이 비싸다-회생제동 브레이크, 배터리(약 15~20백만원) 등
7) 시간이 갈수록 배터리 성능저하-적산거리 20만 km 신차의 70%정도
8) 가격이 비싸다-보조금이 점점 줄어들고 있다.

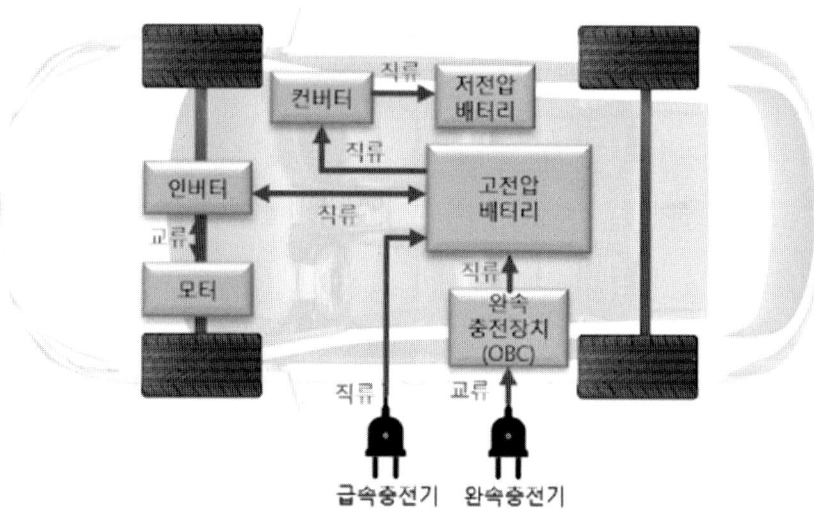

[그림 3] EV의 충전장치

8.2.2. 전기자동차(EV) 동력전달장치

[1] 전기자동차(EV) 전기흐름도

고전압배터리에 저장된 전기로 구동모터를 회전시켜 자동차를 주행시키는 전기자동차는 1873년 가솔린차보다 먼저 제작이 되었으나, 그 당시에는 배터리의 무거운 중량, 충전에 걸리는 긴 시간 등의 문제로 실용화되지 못했으나, 구조가 간단하고 내구성이 크며 운전하기가 쉽다는 점이 있어 여성용으로 사용해 미국서 1920년 중반까지만 소량으로 생산되었다.

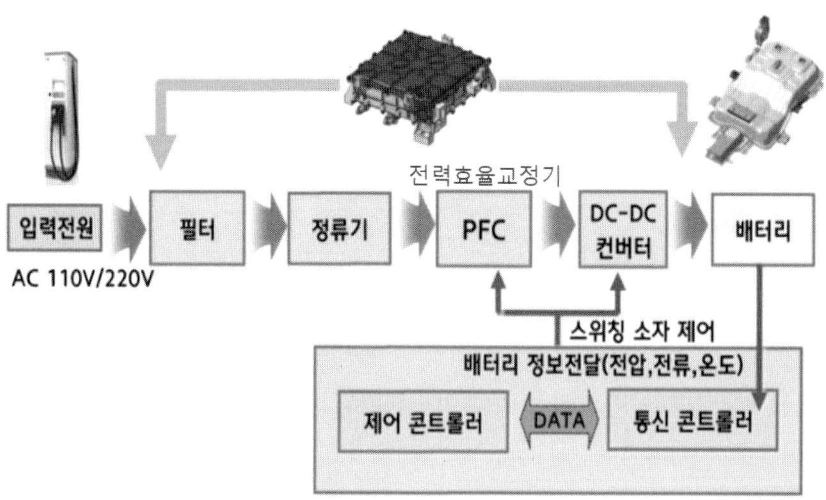

[그림 4] EV의 전기 흐름도(코나)

최근 공해문제가 심각해지면서 1990년대부터 다시 개발하기 시작해 양산된 전기차 1호는 미국 캘리포니아에서 시판되고 있는 고성능 전기자동차 GM EV1으로 GM은 90년대 들어 기술개발에 많은 투자를 하였으며, 이후 포드 레인저, 도요타 RAV4, 혼다 EV Plus 등이 판매되었다. 전기자동차의 에너지효율성은 배터리의 충전 및 방전효율에 따라 정해지는데, 보통 한번 충전하였을 경우 충전량의 약 70%~ 85%까지의 전기에너지가 실제로 사용이 가능하다. 그리고 배터리 충전중 약 9.5% 정도의 에너지 손실이 일어나는데, 보통의 전기자동차는 이 동력소모의 약 20% 정도는 배터리 충전의 비효율성 때문으로 보인다. 휘발유자동차 엔진은 열효율성이 낮은 반면 전기자동차에서 에너지 효율성은 휘발유차보다 좋고, 하이브리드자동차의 에너지 효율성보다 우수하다. 그러나 에너지원으로부터 타이어 구동까지의 에너지 효율성을 따져보면 전기자동차가 사용하는 전기는 발전소에서 생산되는데, 현재 발전소의 발전효율이 40%를 넘지 않고 송전 할 때에 손실되는 에너지도 많아서 현재는 친환경 자동차인 수소자동차(Hydrogen Vehicle)에 보다 많은 관심을 갖고 개발하게 된 것이다.

[2] 하이브리드 전기자동차(Hybrid Electric Vehicle)

전기모터와 내부에 연소엔진을 사용하는 것이 하이브리드 전기자동차인데 이 차는 전기에너지를 저장하는 고전압 배터리에 충전시켰다가 사용하여 자동차의 에너지사용 측면에서 화석연료사용을 부분적으로 대체하고 있다. 고전압 배터리 효율 문제로 짧은 주행거리와 높은 생산가격의 문제를 안고 있는 전기자동차(EV)에 대한 대안으로 하이브리드 전기자동차(HEV : Hybrid Electric Vehicle)를 개발하게 되었는데 HEV는 대표적인 Partial ZEV(Zero-Emission Vehicle)로 화석연료와 전기를 함께 동력원으로 사용하기 때문에 자동차연료 소비율의 개선과 함께 배기가스 저감 측면에서 긍정적인 평가(가솔린 자동차의 절반수준)를 받고 있다. 이러한 HEV도 가솔린 자동차보다 고가이기 때문에 이 차이를 어떻게 극복하느냐가 제작회사들의 고민으로, 충·방전하는 2차전지 사용량을 기존 전기자동차의 1/3수준까지 낮출 수 있어 앞으로 FCEV(Fuel Cell Electric Vehicle : 연료전지 자동차)로 진입하기 위한 중간 가교역할을 할 것으로 생각된다. HEV는 1997년 말 일본의 자동차시장에 출시된 도요타 프리우스(Prius)가 세계 최초로 1년 동안에 약 2만대의 판매실적을 올려 많은 관심의 대상이 되었으며, 이에 자극받은 전 세계 자동차회사들도 하이브리드 자동차와 전기자동차 개발에 집중하기 시작했다. 참고로 현대자동차의 FCEV 기술은 세계적인 수준으로 양산 자동차를 수출 및 국내에 시판하고 있다.

[표 1] **전 세계 전기자동차 누적 생산량**

* 연간 누적 글로벌 EV 브랜드 TOP 10 (단위 : 천 대)

순위	브랜드명	2019. 1～4	2020. 1～4	성장률	2019 점유율	2020 점유율
1	테슬라	87	101	16.8%	17.1%	26.7%
2	르노	19	25	34.4%	3.7%	6.6%
3	BYD	75	23	-69.9%	14.8%	6.0%
4	닛산	28	21	-24.3%	5.6%	5.7%
5	현대	18	18	1.6%	3.5%	4.8%
6	폭스바겐	11	18	57.2%	2.2%	4.7%
7	BAIC	27	12	-53.3%	5.2%	3.3%
8	아우디	4	12	222.1%	0.8%	3.3%
9	GAC Trumpchi	5	11	112.9%	1.0%	2.9%
10	기아	9	11	22.1%	1.8%	2.9%
기타		226	126	-44.1%	44.4%	33.2%
합계		509	379	-25.4%	100.0%	100.0%

* 판매량이 집계되지 않은 일부 국가들이 있으며, 2019년 자료는 집계되지 않은 국가 자료를 제외함

(출처 : 2020년 6월 Global EV and Battery Shipment Tracker, SNE리서치)

8.2.3. 전기자동차 주요부품

[1] BMS(Battery Management System)

① BMU : 고전압 배터리팩은 충·방전시에 온도가 급상승 하는데 전체적으로 배터리 온도를 45℃가 넘지 않도록 제어하는데 냉각방식은 효율성이 좋은 수냉식을 주로 사용(냉각방식은 에어콘 칠러를 사용)

② CMU : 고전압배터리는 많은 셀로 구성되므로 각각의 셀의 성능을 관리하는 장치로 5개 배터리 모듈에 각각 부착 됨

<table>
<tr><th>코나 동력전달 장치</th><th>동력전달 감속장치</th></tr>
<tr><td>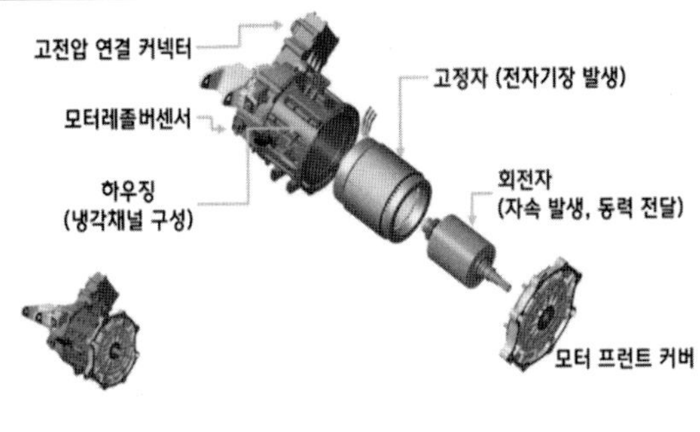
</td><td>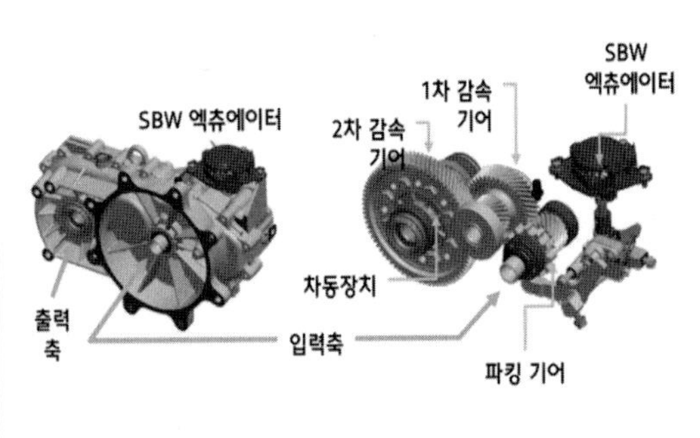
</td></tr>
</table>

[그림 5] **전기자동차의 동력전달 장치**

③ PRA : 파워 릴레이 어셈블리로 고전압 배터리 팩 내부에서 DC전원의 수급을 통제 및 관리하는 것으로 배터리(BAT)의 두뇌 부분에 해당되며, 외부의 강한 충격으로부터 배터리를 보호하기 위해 배터리의 전원을 강제로 차단하는 기능도 수행(가정집의 누전 차단기 역할)

[2] OBC(On Board Charger)

차체에 붙어 있는 전기자동차의 충전장치로 필터, 정류기, PFC, 컨버터로 구성 되는데 외부의 교류전기를 직류로 변환하여 배터리에 충전하며 엔진룸 상단에 위치 함

[3] EPCU(Electric Power Control Unit)

전기자동차 통합전력제어장치로 전력제어기 역할을 수행하는데 VCU 통합제어, MCU 모터제어, 인버터제어를 통해 전기자동차의 모든 전력을 통합관리하여 모터, 공조기, 각종 편의장치 등에 전력공급을 제어 함

[4] PTC(Positive Temperature Coefficient 히팅시스템)

전기자동차는 엔진이 없어 냉 · 난방이 어려움으로 자체의 고전압 배터리에서 전기를 가져와 실내의 온도를 조절하는데 사용하고, 냉온 매체에 콤프레셔를 이용해 압력을 주어 고온 · 고압을 시키고 실외기와 실내기를 이용해 외부의 온도와 실내온도를 조절하는 방식의 공조시스템

[5] LDC(Low DC-DC Converter)

자동차에 사용되는 일반 12V전원을 오디오, 라이트 등에 공급하기 위한 12V 전환기로 장시간 주차를 해도 배터리가 방전되지 않도록 고전압 배터리의 전기를 스타트 12V용 배터리로 변환해서 보내주는 역할을 수행

[6] VCU(Vehicle Control Unit)

전기자동차 차량통합제어기로 구동모터 토크제어, 회생제동장치 제어, 공조부하장치 제어, 전장부하 공급장치 제어, 클러스터 제어 및 표시 등의 기능을 수행하며 전기자동차의 성능상태를 유지 관리하고 자기진단 및 전력의 수급 상황을 판단하는 장치

[7] 세이프티플러그(Safety Plug)

전기자동차의 고전압 베터리 차단기로 베터리 팩 바로 외부에 부착되어 응급시나 정비시 고전압 배터리의 전원을 수동으로 긴급 차단하는 장치로 주황색 레버로 부착되어 눈에 쉽게 보이도록 설치함

[8] 인터락커넥터(Inter Lock Connector)

전기자동차 고전압 베터리 전원을 중단 후 정비가 용의하도록 세이프티플러그와 비슷한 기능을 수행하는데 자동차 본닛을 열면 오른쪽 모서리에 주황색 리본이 붙은 전원잭(Jack)으로 고전압전류를 차단하여 모터 등 안전하게 정비 부품을 교체하도록 할 때 사용

[9] 고전압정션블록(High Voltage Junction Block)

고전압 분배기로 외부의 직류 또는 직류로 전환된 교류전기가 모두 이곳을 거쳐 고전압으로 바뀌어 고전압배터리로 인입되게 하는 장치

[10] 감속기(Gear Reducer)

전기자동차는 변속기가 없는데 자동차의 주행을 위해 모터 하단에 설치되어 전기자동차의 감속을 담당하고 구동륜에 동력을 전달하는 장치로 회생제동시스템과 연결되어 사용되고 에너지 효율을 높이도록 하고 있음

코나 전기차 구성도	코나 충·방전
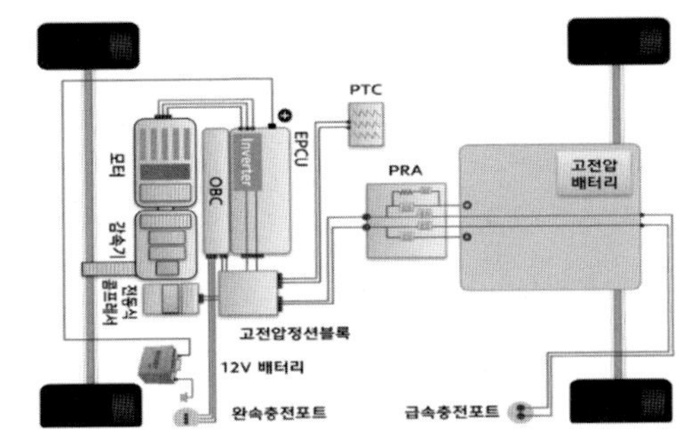	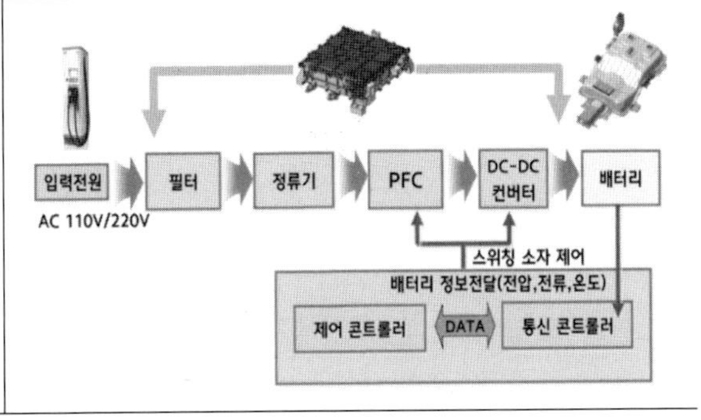

[그림 6] **전기자동차의 고전압 시스템**

[11] 유도영구자석모터

전기자동차의 동력을 생산하는 곳으로 고전압의 연결 커넥터, 모터레졸버센서, 하우징, 고정자, 회전자 등으로 구성되어 있으며 전기차의 고전압 전류인 전기에너지를 회전운동에너지로 변환하는 장치로 전기차의 동력장치로 감속기가 작동될 때는 발전기 역할도 수행

[12] 배터리 승온기

고전압 배터리는 여러 개의 셀(Cell)로 구성되는데 온도가 45℃를 넘어도 안되지만 영하의 낮은 온도에서도 배터리가 제 성능을 발휘하도록 외부의 낮은 온도로부터 보호하는 역할을 하는 장치

8.2.4. 전기자동차(EV) 고전압배터리

전기자동차의 생산 원가중에서 배터리가 차지하는 비중이 약 40%이고, 나머지 60% 중에서 전기모터가 차지하는 비중이 67%이므로 배터리와 모터가 가장 많은 원가비중을 차지하고 있어 중요한 부품이라 할 수 있다. 현재 전 세계에서 사용되고 대부분의 배터리는 고전압으로 리튬이온폴리머 배터리(Lithium Ion Polymer BAT)로 현대자동차 아이오닉을 예로 들면 전압이 360 V, 중량이 272 kg으로 96 Cell(앞쪽 6모듈 6셀과 뒷쪽 6모듈 10셀로 구성)로 1셀당 3.75 V로 되어있다. 현재 한국의 고전압배터리 기술은 세계적으로 우수한 편으로 4각 파우치 형태를 갖고 있는데 LG, 삼성SDI, SK 등 대기업이 많은 투자를 하고 있다.

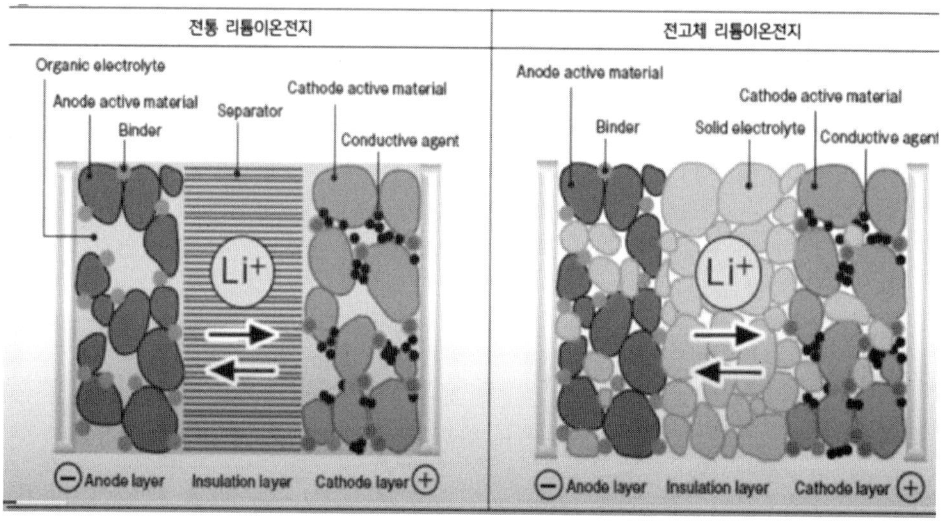

[그림 7] **전기자동차용 전고체전해질 배터리 구조 비교**

향후 배터리 산업이 많은 발전을 할 것으로 기대하고 있어 미국의 테슬라에서도 배터리를 직접 생산하여 차제적으로 보급(원형으로 지름 18 mm, 길이 65 mm 형태로 4각 파우치 형태보다 저렴)하고 있다.

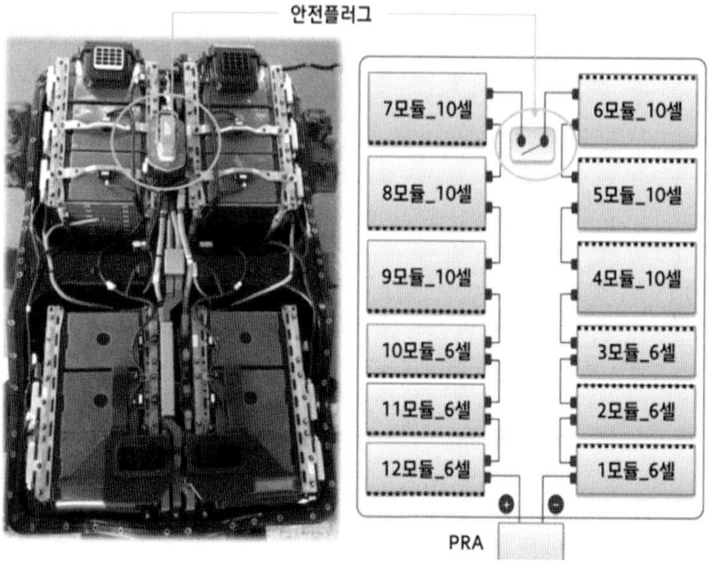

[그림 8] **전기자동차 고전압배터리 셀 구조(코나)**

이러한 투자와 연구노력에도 불구하고 사고 시에 화재나 안정성, 에너지 밀도 등을 고려할 때 앞으로의 고전압 배터리의 방향은 고체전해질(All Solid State Battery)로 이루어진 전고체 배터리로 발전할 예정이라 이 분야에서 많은 투자와 연구를 진행하고 있다. 전고체 배터리를 사용할 경우 용량이 증대하여 차량의 주행거리가 길어지며, 내부에 전해액이 없어 팽창이나 누액, 폭발위험이 감소하고 부피가 작아지며 냉각장치가 간단해져 열에 대한 저항성이 커지며, 모양을 쉽게 변화시킬 수 있어 필름형대로도 제작이 가능해 고전압배터리의 성능을 크게 향상시키고 안전성도 크게 향상 될 것으로 보인다. 자동차용 고전압 배터리는 충·방전시에 많은 열이 발생하므로 특별한 냉각시스템이 필요하고 많은 셀이 직렬로 연결되어 있어 각각의 셀에 대한 에너지 발란싱이 필요하며 수명을 연장시키기 위하여 별도의 관리가 필요하다. 따라서 고전압배터리 만을 관리하는 시스템이 BMS(Battery Management System)로 여러 개의 셀(Cell)을 한번에 통합 관리하는 시스템이다.

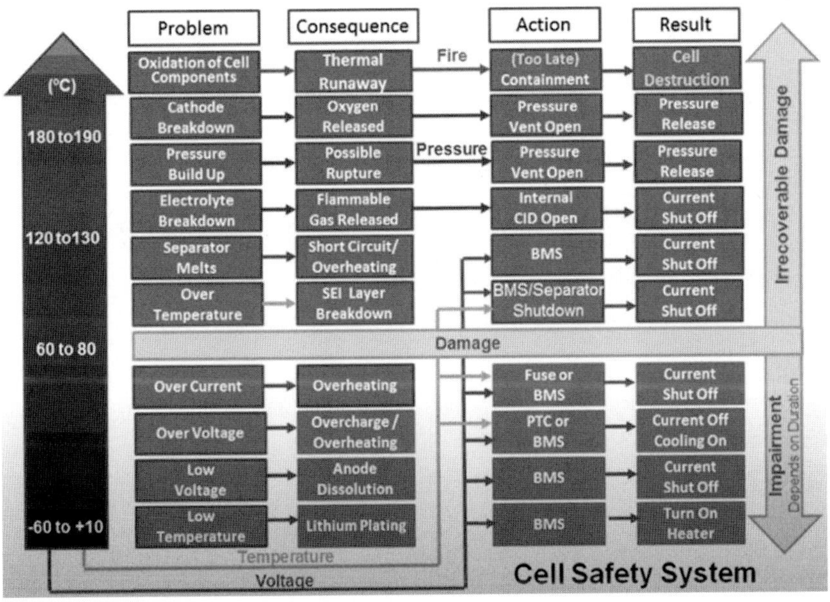

[그림 9] **전기자동차 BMS의 배터리보호 기능**

8.2.5. 전기자동차(EV) 정비시 안전사고

[1] 전기자동차(EV) 안전

전기자동차는 정비시에 일반 자동차에 비하여 고전압장치가 있어 더욱 조심하여야 하는데, 잘못하면 감전되는 사고와 취급부주의에 의한 화재가 발생할 수 있어 정비장소 내에 ABC소화기를 비치하여야 하며 서비스플러그를 제거한 후 5분 이상 지나서 전원이 완전히 차단된 상태에서 실시한다. 차량 파손에 의하여 도색을 할 경우 고온건조 작업을 하므로 열에 의한 고전압배터리 손상이 우려되므로 건조시에는 반드시 65℃ 이하로 작업하도록 하되, 65℃ 이하에서 작업이 불가능 할 때는 반드시 고전압배터리를 탈거한 후에 도색작업을 실시한다. 학교와 같은 교육시설에서의 안전사고 요인으로는 주황색 고압선의 취급부주의에 의한 감전사고, 모터같은 중량물의 취급 부주의에 의한 안전사고, 배터리 극성의 반대연결에 의한 화재사고, 비절연공구 사용으로 인한 누전사고 등이 있을 수 있으므로 실습전에 안전사고 예방교육을 철저히 하고 규격에 맞는 안전보호구(Personal Protective Equipment)와 절연공구(Insulated Tool)를 사용한다.

[2] 전기자동차(EV) 안전정비 점검

전기자동차(EV) 정비를 위해서는 사전에 안전장비를 갖춘 후에 안전하게 수행하여야 하는데 그 대표적인 보호장치로는 절연장갑, 절연매트, 절연화, 보안경, 앞치마 등이 있다. 안전보호장치는 반드시 KCS 안전마크 인증서가 있는 제품을 선택하되 자신의 손이나 발에 맞는 사이즈로 준비하도록 하며 고무장갑이나 절연매트, 운동화 등은 1000 V 이상의 절연능력이 있고 보안경은 전기불꽃으로부터 작업자를 보호하기 위한 것으로 공기순환식을 착용하여 시야 가림을 방지하며, 공구는 절연된 제품을 사용하여야 하고 반드시 별도의 장소에 보관하는 것이 효율적이다. 전기자동차를 정비하기 위해서는 안전한 작업공간을 확보하고 작업주변에 통행이 없도록 안전라인을 확보한 후 해당 자동차의 상단에 "전기자동차 정비중"이라는 경고문을 부착하여 다른 사람의 접근을 차단하며 정비전에 반드시 고전압 배터리를 분리한 후 5분 이상 지난 후 작업을 진행하여야 잔류전기가 모두 빠져 안전한 작업조건을 형성한다.

	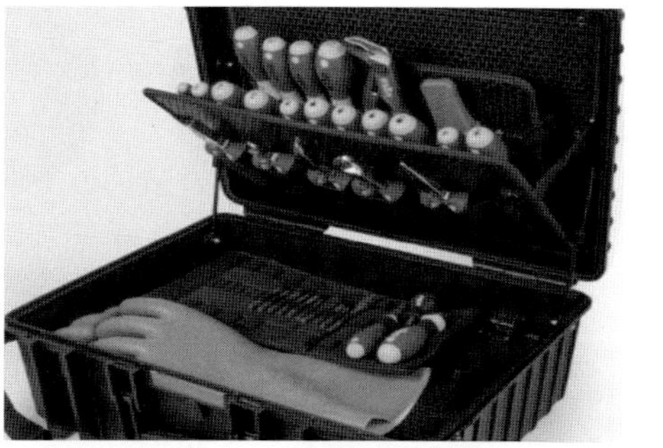
절연공구 세트(이동형)	절연공구 세트(캐리어형)
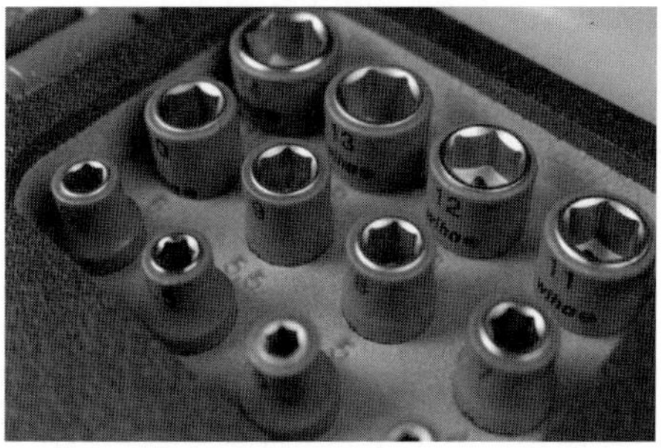	
절연공구(소켓)	전용 안전공간 확보

[그림 10] **전기자동차 정비용 절연공구 및 작업공간**

[3] 전기자동차 고전압배터리 취급방법

1) 작업전 준비사항

① 안전복, 고무장갑, 절연장갑, 보안경, 절연안전화를 준비

② 화재 발생 시에는 물을 사용하면 위험하므로 ABC소화기를 준비

③ 누출된 전해질(Electrolyte)을 닦을 수건 또는 타올 준비

④ 정비용 절연공구(Insulated tool)를 준비

⑤ 작업공간을 확보하고 “전기차 정비중” 라는 경고문 준비

⑥ 작업시 금속성 물질은 몸에서 탈거(시계, 반지, 공구, 금속성 필기구 등)

[그림 11] **전기자동차 정비시 주의표시 장치**

2) 고전압 차단절차

① 점화스위치를 OFF하고 12V 보조배터리의 (-)선을 분리

② 자동차 리어시트를 탈거

③ 안전플러그(서비스플러그)를 탈거하고 5분 이상 대기(모터 컨트롤 유닛의 커패시터의 방전을 통해 안전한 작업조건을 형성하기 위함)

④ 차량을 들어 올려 하부에 있는 장착스크류를 푼 다음 고전압 케이블을 탈거한 상태에서 모터컨트롤 유닛(MCU) 내부의 전압을 측정하여 30V 이하이어야 한다.

⑤ 고전압케이블은 오랜지색으로 금속부 작업시 전압계를 사용하여 0.1V 이하인지 확인 후 작업한다.

⑥ 고전압 터미널부 체결시 반드시 규정토크를 준수한다.

3) 배터리 보관방법

① 자동차의 배터리는 27℃ 이하의 건조하고 습하지 않으며 직사광선이 없는 곳에 보관

② 배터리에 있는 벽면 통풍구를 통하여 산성용액이 유출될 수 있으므로 45° 이상 옆으로 기울이는 행위 금지

③ 배터리 윗면에 다른 물체나 용액을 적재하지 말 것

④ 배터리 연결시 (+, -)극성을 반대로 연결하지 말 것

8.2.6. 전기자동차(EV) 충전시 주의사항

[1] 전기자동차(EV) 충전 시스템

(1) 완속충전 시스템

완속충전기는 개인용이 주로 사용되며 완전방전에서 완전충전까지 4~5시간 정도가 소요되는 형태로 주로 주택이나 아파트에 설치되는데 배터리충전 용량은 약 6~7kW의 전력용량을 가진 충전기가 주로 설치됨.

차량에 표기된 주의표시	경고표시문의 예
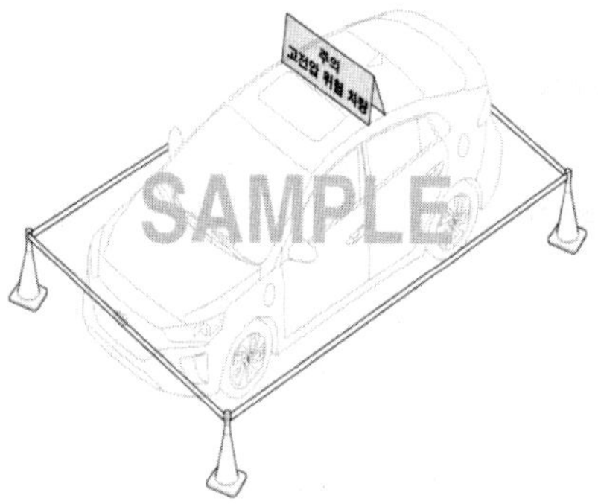	경고 고전압 주의 : 차량 작업 중이니 만지지 마시오. 담당자 :__________ 이 페이지를 복사해서 고전압 작업 중인 차량의 지붕 위에 접어서 올려 놓을 것.

[그림 12] **전기자동차 정비시 안전 경고표시**

(2) 급속충전 시스템

급속충전기는 직류 급속충전(Direct Current Fast Charge : DCFC)를 사용하게 되는데 완전방전상태에서 80%충전까지 약 15에서 30분이 걸리며, 대부분 공공기관이나 고속도로 휴게소 등의 외부 장소에 설치되고 충전기는 고용량의 전력을 공급해야 하므로 50kW급이 대부분 설치됨

(3) 충전기 커넥터 및 소켓

① Combo 3(CCS) : 2019년도에 국내표준으로 지정되었으며, 350 kWh급의 속도지원을 함(북미-J1227 CCS1, 유럽-CCS2, 테슬라만 본사 충전식을 고수-슈퍼차져(115 kW) 전세계 16460개 설치, 미국 939개/2020년)

② 차데모 : 일본공식규격, 전세계 공통포트 사용가, 양방향 충전이 가능하며 1.1버전이 2015년 500 V, 125 A로 출시되고 2.0버전은 2018년 400 kW급으로 출시되었는데 600 A사용 500 kW급의 액체쿨링방식으로 2021년형 차량부터 적용

③ GB/T-중국 충전시스템의 공식규격

[2] 충전시 주의사항

① 고전압배터리는 충전량이 20% 이하가 되지 않게 관리가 필요한데 리튬이온배터리(Lithium-ion battery : 스마트폰, 노트북 등에도 사용)는 완전방전 될 경우 원상태로 회복하기가 어려우므로 자동차 관리에 각별히 주의해야 하는데 여기서 DOD(Depth Of Discharge)는 방전심도를 가리키며, DOD 40%라는 것은 40%가 방전상태이고 60%가 잔량을 나타내는 것으로 DOD 100%로 500회 충·방전이 가능하고 50%로는 1500 ~ 2000회 충 · 방전이 가능하다. 예) 코나 400 km × 500G회(100%) = 20만 km 주행가능

② 전기자동차는 매일 자주 충전하는 것이 좋다.
전기자동차를 매일 충전하면 DOD(Depth Of Discharge) 향상으로 수명이 연장되며 완전방전에서 오랫동안 방치하면 수명이 급격히 감소하게 되므로 완속충전기로 매일 충전하면 좋다. 특히 과거에 사용되던 배터리처럼 메모리기능이 있을 경우 완전충전 후 완전 방전하는 것이 좋으나 현재 사용중인 리튬이온 배터리(Lithium-ion Battery)는 메모리 기능이 없어 자주 충전하는 것을 권장한다.

③ 장시간 과속으로 운행하는 것을 금지한다. 과속운전을 하면 급방전이 일어나 배터리에 열화현상이 발생하여 수명이 단축될 수 있다.

구분	AC단상 5핀(완속)	AC3상 7핀(급속/완속)	DC차데모 10핀(급속)	DC콤보 7핀(급속)
충전커넥터				
차량측 소켓	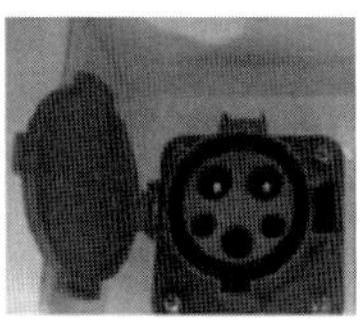	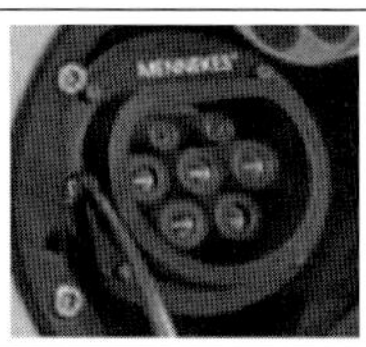	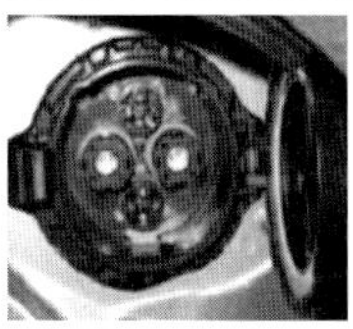	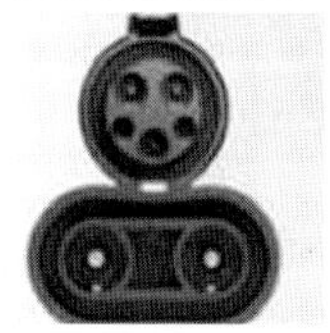
가능 차종	블루온, 레이, 쏘울 아이오닉, 스파크, i3, Leaf, 볼트	SM3	블루온, 레이, 쏘울 아이오닉, Leaf	스파크, 볼트, 아이오닉, i3, 코나, 쏘울

[그림 13] **전기자동차의 충전장치 종류**

④ 여름철 장시간 주차시 그늘에 할 것을 권장하고 겨울철에는 따듯한 곳에 주차하는 것이 배터리의 성능을 유지 및 발휘하는데 큰 도움이 되는데 고전압배터리의 최적온도는 15℃ 전 · 후가 적당하다.

⑤ 고전압배터리는 최대 80% 정도만 충전하라. 급속충전기로 100%까지 충전하지 말고 1개월 1회 20~100% 충전해야 고전압배터리 내부에 있는 셀 밸런싱(Cell Balancing)이 우수해진다.

⑥ 고전압배터리는 여름철 장마로 인해 물에 잠겼다면 폐기해야 한다. 여름철 덥다고 에어컨을 연속 가동시에는 주행거리가 평소의 70% 정도로 줄어들기 때문에 무리한 냉 · 난방장치의 사용을 자제한다.

코나 충전도	코나 완석충전기 구성부품
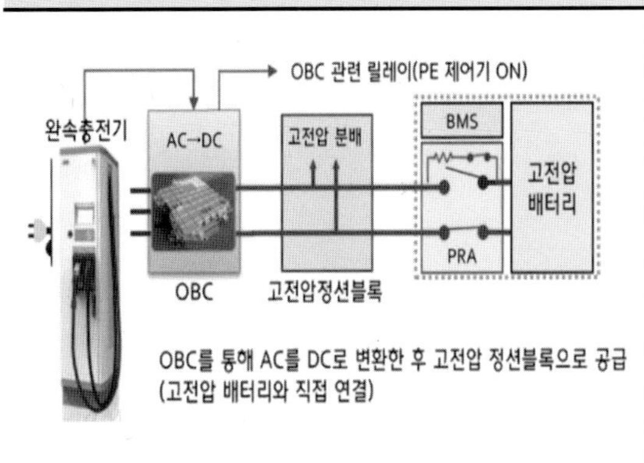	

[그림 14] **코나 전기자동차 충전장치 구성부품**

[3] 전기자동차(EV) 정비시 안전사항

(1) 고전압시스템 작업전 준수사항

① 절연장갑, 절연화 등 안전보호구를 착용하고 절연공구를 사용한다.

② 절연장갑에는 물기가 없는지 확인한다.

③ 작업자의 몸에 금속성 물질을 지니고 있는지 확인한다(반지, 시계, 팔찌, 핸드폰 등).

④ 고전압을 차단한 후에 단자간 전압이 30V 이하인지 확인한다.

(2) 파워케이블 작업시 주의사항

① 오랜지색 고압케이블을 체결할 시 절연테이프로 바로 절연한다.

② 단자체결용 스크류(Screw)는 규정토크로 조인다.

③ 파워케이블 분해조립시에는 (+, -) 극성이 바뀌지 않도록 유의한다.

(3) 전기자동차 장기간 방치시 주의사항

① 자동차내 암전류로 인한 방전을 예방하기 위해 시동용 점화스위치를 OFF시킨 후 시동키를 자동차에서 탈거한다.

② 고전압배터리의 충전률 SOC(State Of Charge)가 30% 이하일 경우에는 바로 충전시키고 장기간 방치하지 않는다.

③ 고전압배터리의 SOC상태가 0%로 되는 것을 막기 위해 3개월마다 보통충전으로 만충전시켜 준다.

(4) 전기자동차 사고시 조치사항(운전자 중심)

① 오렌지색의 고전압 케이블은 절대 손대지 않는다.

② 차량에 화재가 발생하면 ABC소화기로 소화한다.

③ 자동차가 반쯤 침수되었다면 일체의 접근을 금지하고 대피한다(안전플러그 제거 포함).

[4] 전기자동차 안전메뉴얼 적용

(1) 고전압배터리 시스템 화재시 주의사항

① 화재 즉시 시동키를 분리하여 탈거한다.

② 화재초기에 안전플러그를 신속하게 분리한다.

③ 화재장소가 실내일 경우 가스방출을 위하여 환기를 실시한다.

④ 화재초기일 경우 ABC소화기를 사용해 진화한다.

⑤ 화재가 커질 경우 대량의 물을 사용한다.

⑥ 차량 침수가 예상될 경우 키를 탈거한 후 외부로 대피한다.

⑦ 충돌사고에 의한 화재시 바로 응급기관(소방서 등)에 신고한다.

(2) 고전압배터리 전해물질 및 가스 누출시 주의사항

① 점화스위치를 OFF시킨 후에 차량으로부터 분리한다.

② 화재 초기일 경우에는 안전플러그를 신속하게 분리한다.

③ 수소 및 알카리성 가스가 발생하므로 실내를 환기시킨다.

④ 누출된 액체가 피부에 접촉되면 붕소액(Boric Acid Power or Solution)으로 중화시키고 흐르는 물이나 소금물로 세척한다.

⑤ 누출 가스나 액체가 눈에 들어간 경우에는 흐르는 물로 세척한 후 곧바로 의사의 진료를 받는다.

⑥ 고온가스 누출인 경우에는 고전압배터리 온도가 상온(20℃ 정도)으로 떨어질 때까지 기다린 후 사용한다.

(3) 사고 전기자동차 취급시 주의사항

① 고무장갑이나 절연장갑 등 안전보호구를 착용하고 작업한다.

② 피복이 벗겨진 파워케이블(Power Cable)은 절대 만지지 않는다.

③ 사고차량에 화재가 발생한다면 ABC소화기를 이용하고 물을 사용할 경우에는 대량의 물로 진화한다.

④ 침수상태인 경우 안전플러그 등 고전압 관련부품에 접근하지 않는다(차량을 안전하게 이동시킨 후에 조치시킨다).

⑤ 사고로 누출된 액체가 피부에 접촉시에는 붕소액으로 중화시키고 흐르는 물이나 소금물로 세척한다.

(4) 사고 전기자동차 작업시 준비사항

① 절연장갑, 절연공구 준비, 보안경, 안전복, 안전화 등을 착용

② 응급 의료함 내에 붕소액 준비(Boric Acid Power or Solution)

③ 화재진압용 ABC소화기 준비

④ 전해질용 타올(수건) 준비

⑤ 절연용 비닐테이프 준비

⑥ 고전압 절연저항 측정용 메가옴 테스터기(MΩ Tester) 준비

(5) 기타 주의 사항

① 자동차 세차시에는 고압세척 장비나 스팀세척장비를 사용할 경우 모든 플라스틱 제품과 개방부품(트렁크, 도어 등)으로부터 30 cm의 거리를 두고 스프레이 호스를 사용한다.

② 고무부품 및 튜브는 기름이나 오일에 접촉하지 않도록 주의한다.

③ 오일 씰, 가스켓, 패킹, O-링, 록크와셔, 분할핀은 탈거했을 경우 반드시 새 제품으로 교환한다.

④ 자동차가 고장이나 손상되어 견인시에는 반드시 플랫배드 견인이나 휠 리프트 견인방법으로 안전하게 견인한다.

8.2.7. 전기자동차 기본고장진단 방법

본 장에서는 교육생이 꼭 알아야 할 전기자동차의 기본적인 점검방법과 안전한 고장진단을 위한 방법에 대한 주요사항을 알아보고자 한다.

고전압 잔류전원 측정위치(실차)	고전압 잔류전원 측정위치(도면)
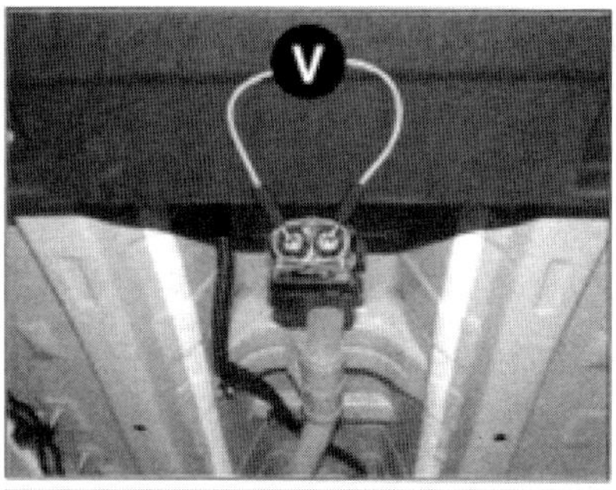 (차량하부 배터리보호커버 탈거 후 측정)	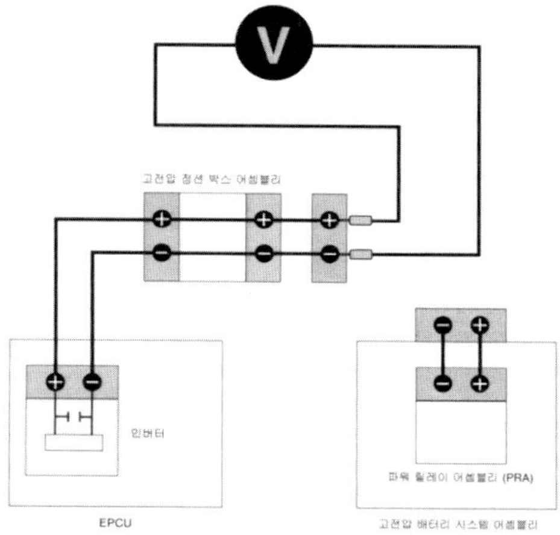

[그림 15] **전기자동차 정비시 잔류 전원 측정위치**

[1] 안전플러그 제거방법

전기자동차에는 고전압이 흐르고 있어 항상 위험성이 존재하므로 고전압시스템 관련 작업시 안전사항을 준수하고, 안전보호구를 착용한 상태에서 실시하여야 한다. 고전압계 부품으로는 고전압 배터리와 파워릴레이 어셈블리(PRA), 급속충전 릴레이 어셈블리(QRA), 인버터, 모터 파워케이블, BMS ECU, LDC, OBC, 메인 릴레이, 프리챠지 릴레이, 프리챠지 레지스터, 배터리 전류센서, 안전 플러그, 배터리 온도센서, 부스바, 충전포트, 전동식 콤프레서, 전자식 파워컨트롤 유니트, 고전압히터 릴레이 등이 있다. 고전압 시스템을 작업하기 전에 반드시 안전플러그를 제거하여 고전압을 차단해 주어야 하는데 절차는 아래와 같다.

① 시동용 점화스위치를 Off시키고 12V 보조배터리의 (-)케이블을 분리

② 자동차 트렁크 리기지를 탈거

③ 안전플러그 서비스커버를 탈거

④ 안전플러그를 탈거(그림 참조)

⑤ 안전플러그를 탈거 후 방전을 위해 5분 이상 대기

⑥ 방전상태를 확인하기 위해 인버터와 단자사이의 전압을 측정하여 30V 이하이면 정상

㉠ 리프트로 차량을 들어 올림

㉡ 하부에 있는 장착 너트를 풀고 고전압 배터리 하부커버를 탈거

㉢ 고전압 케이블을 탈거

㉣ 인버터 캐퍼시티 방전상태 확인을 위해 고전압 단자간 전압을 측정

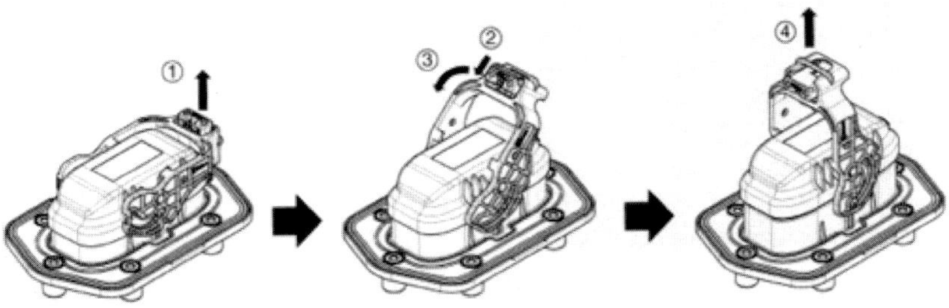

[그림 16] **전기자동차 정비시 안전플러그 제거순서**

⑦ 측정전압이 30V 이상으로 측정되면 안전플러그 탈거상태를 재확인

⑧ 안전플러그가 탈거 되었음에도 30V 이상의 전압이 측정된다면 고전압회로에 중대한 결함이 있을 수 있으므로 자기진단기(GDS)를 이용하여 DTC(Diagnostic Trouble Code) 고장진단 점검을 먼저 실시하고 고전압시스템과 관련된 부품을 건드리지 않는다.

⑨ 리프트 포인트

㉠ 리프트 블록을 차량 4곳의 지지점에 정확하게 위치시킨다.

㉡ 호이스트(Hoist)를 조금 들어 올려 자동차가 확실하게 지지 되었는지 차체를 손으로 흔들어 본다(불안하면 차량을 내려서 다시 작업).

㉢ 견고하면 호이스트를 완전히 들어 올려 자동차가 단단하게 지지 되었는지를 다시 한번 확인한다.

[2] 기본 고장진단

(1) 저항 점검조건

자동차를 운전한 후 바로 저항을 측정하면 온도의 영향으로 저항값이 부정확할 수 있으므로 저항값을 측정할 때는 실온(20℃)에서 측정하는 것이 바람직하며, 특정온도를 명시한 제품은 해당 온도에서 측정하도록 한다.

(2) 간헐적 고장인 경우

① 고장코드인 DTC(Diagnostic Trouble Code)를 삭제한다.

② 각 커넥터의 연결 상태와 단자간의 결합상태, 굽음, 파손, 오염상태, 커넥터 고정상태를 점검한다.

③ 와이어링 하니스(Wiring Harness)를 좌우상하로 흔들어 본다.

④ 이때 결함이 발견되는 부품은 수리하거나 교환한다.

⑤ 자기진단기 GDS를 이용하여 문제가 해결되었는지 확인한다.

(3) 와이어링 커넥터 점검절차

① 취급방법

㉠ 분리시 커넥터를 당겨 분리하고 와이어링 하니스를 당기지 말 것.

㉡ Lock이 부착된 커넥터를 분리시에는 Locking Lever를 누른 후에 당긴다.

㉢ 커넥터를 연결할 때에는 "딸깍" 하고 장착음이 들리는지 확인한다.

㉣ 전압측정과 통전상태를 확인을 할 때에는 테스터기 프로브(Probe)를 와이어링 하니스측에 삽입한다(반대로 삽입 금지).

㉤ 커넥터에 방수처리가 된 경우는 하니스측이 아닌 커넥터의 터미널을 이용하되 커넥터의 단자손상에 유의한다.

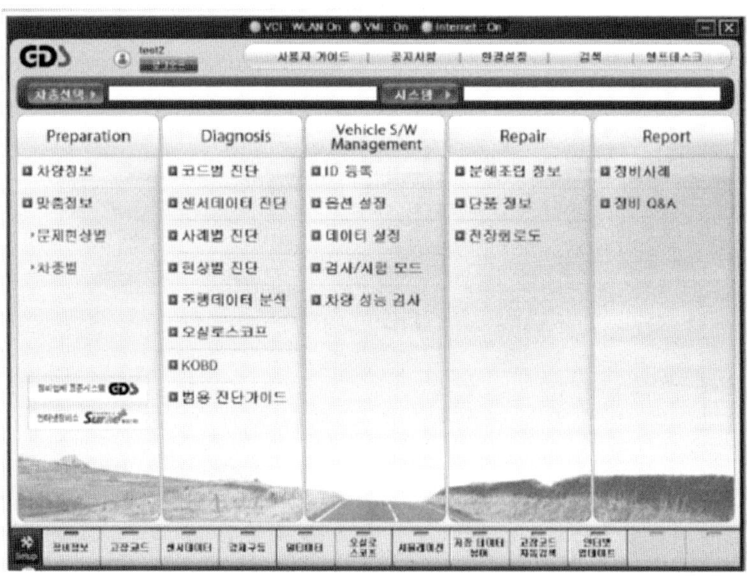

[그림 17] **전기지동차 자기진단기 메인화면(GDS)**

분리시 당기지 말것	락킹레버를 눌러 당길것	“딸깍” 음이 나는지 확인
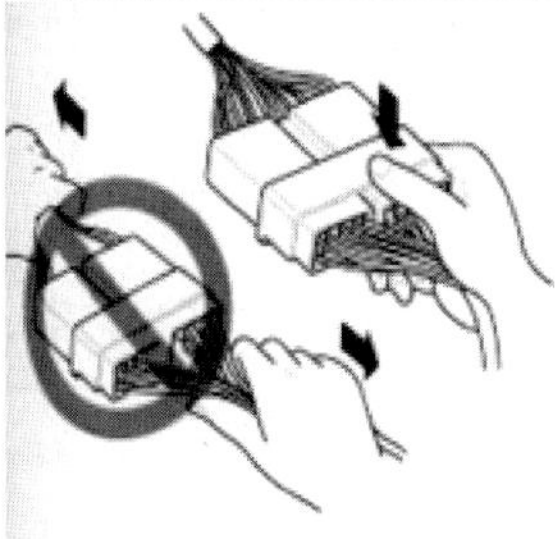	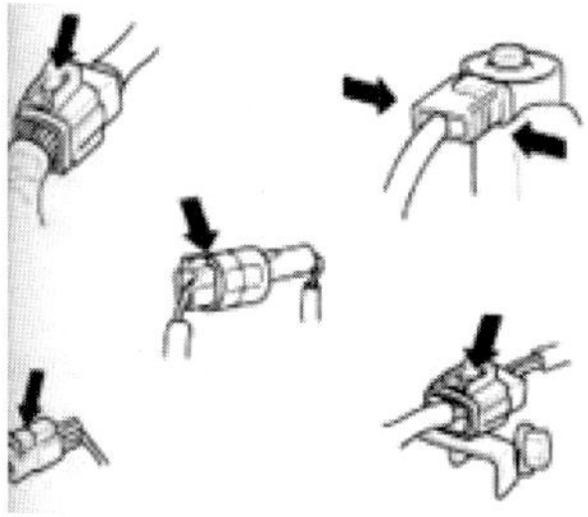	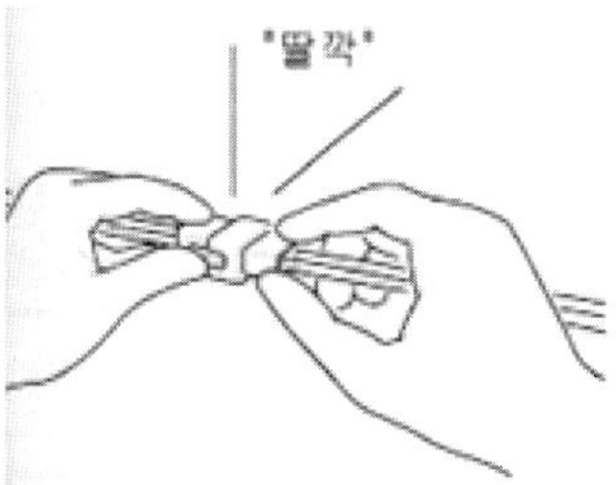

[그림 18] **전기자동차 커넥터 정비**

② 점검 포인트

㉠ 커넥터가 연결되어 있을 경우는 연결 상태나 락킹상태 점검한다.

㉡ 커넥터가 분리된 경우에는 와이어링 하니스(Wiring Harness)를 살짝 당겨 단자 연결 상태를 점검하고 녹발생, 오염, 변형 등을 확인한다.

㉢ 단자 체결상태인 경우는 단자간의 체결이 잘 되었는지 확인한다.

㉣ 각 배선을 적당히 당겨 연결 상태를 확인한다.

③ 커넥터 터미널 수리

㉠ 수리하고자 하는 터미널 연결부위를 에어건이나 타올로 세척한다.

㉡ 커넥터 체결력이 부족할 경우는 암터미널을 수리하거나 교환한다.

④ 와이어링 하니스(Wiring Harness) 점검절차

㉠ 분리하기 전 장착위치를 확인해두어 조립시 바뀌지 않도록 한다.

㉡ 늘어지거나 꼬임, 헐거워진 상태를 확인한다.

㉢ 하니스부의 온도가 비정상적으로 높은지 점검한다.

㉣ 왕복운동과 회전운동이나 진동부분에 간섭되지 않도록 한다.

⑤ 하니스와 단품의 연결 상태를 확인한다.

⑥ 와이어링 하니스의 피복상태를 확인한다.

[3] 회로점검 절차

(1) 단선회로 통선 점검

① 저항 점검법 : 두 커넥터를 분리하고 두 단자간의 저항값을 측정하여 라인(1)의 측정 저항값이 1㏁ 이상이고, 라인(2)의 저항값이 1Ω 이하라고 하면 라인(1)이 단선이고 라인 ②는 정상이다.

② 전압 점검법 : 모든 커넥터(A, B, C)가 연결된 상태에서 각 커넥터의 (1)번 단자와 차체접지 사이의 전압을 측정하여 각각 5V, 5V, 0V이라면 커넥터 (B)와 (C)사이가 단선이다.

회로시험기로 단자 점검방법

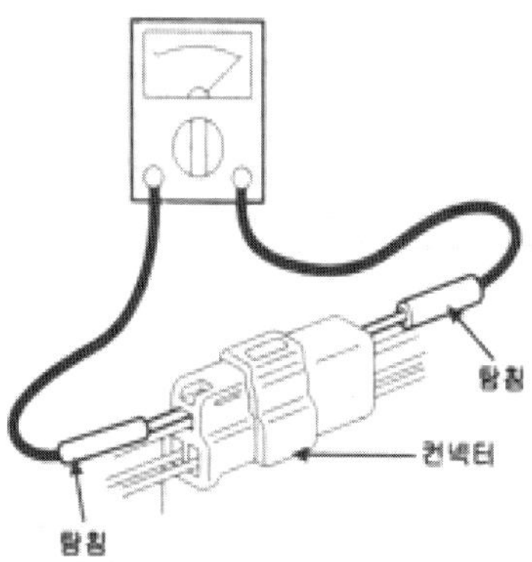

과부하방지를 위한 와이어링 종류

추천 규격	SAE 규격 NO.	허용 전류	
		엔진 룸 내부	다른 부위
0.3mm²	AWG 22	–	5A
0.5mm²	AWG 10	7A	13A
0.85mm²	AWG 18	9A	17A
1.25mm²	AWG 16	12A	22A
2.0mm²	AWG 14	16A	30A
3.0mm²	AWG 12	32A	40A
5.0mm²	AWG 10	31A	54A

[그림 19] **전기자동차 단자 정비법과 와이어링 종류**

(2) 회로단락 점검

접지(단락)회로 점검방법 : 두 커넥터(A, B)를 분리하고 커넥터(A)와 차체와의 접지저항을 측정하여 라인(1)의 저항값이 1Ω 이하이고, 라인(2)의 자항값이 1㏁이상이면 라인(1)이 단락이며, 라인(2)는 정상상태이다.

[4] 자기진단 정비

전기자동차는 수많은 부품으로 이루어져 있으며 각 부품이 상호 유기적인 관계로 작동하고 있어 어느 부품 하나라도 고장이 발생하면 자동차는 주행이 불가능하게 된다. 따라서 독립적인 부품이라 하더라도 이를 통제하고 관리하는 컴퓨터(ECU)가 많이 존재하고 있는데 고장 내용이나 과거 이력이 저장되어 있어 자기진단기(GDS)를 통하여 쉽게 찾아낼 수 있도록 되어 있다. 여기서는 자동차 부품이 워낙 많은 관계로 하나의 공조장치를 예로 들어 점검하는 방법에 대하여 알아보고자 한다.

(1) 유의 사항

① 자기진단기능 실시중에 고장코드(DTC)는 설정온도 표시부분에 표시해 두고 나머지는 모두 OFF시킨다.

② 자기진단 실시중 공조제어는 OFF상태를 유지한다.

③ 자기진단기능 실시중 설정온도 표시부에 진단 코드를 0.5초 간격으로 점멸하며 표시한다.

④ 자기진단기능 수행중에 IGN2를 OFF에서 ON시킬 경우 시스템은 OFF상태로 되돌아간다.

(2) 진단 절차

진단하고자 한 공조장치 부분에 대하여 그림과 같은 방법으로 진단한다.

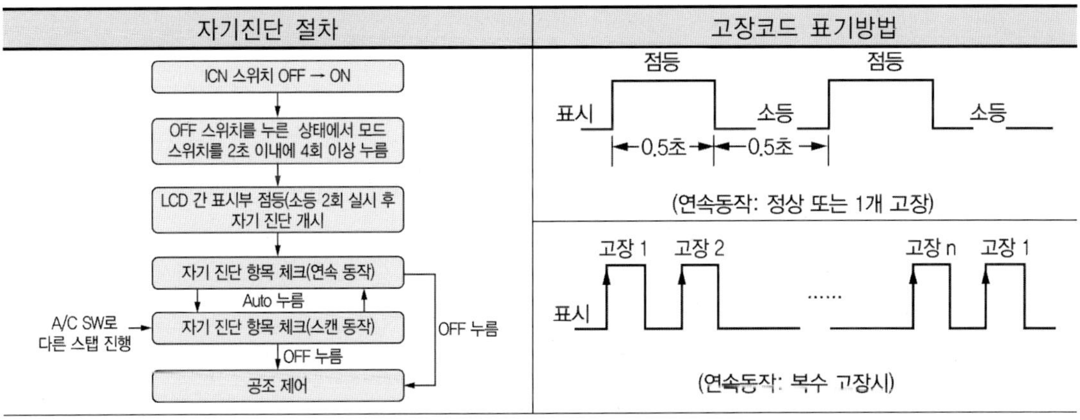

[그림 20] **전기자동차 자기진단 방법**

(3) 진단 결과

진단한 공조장치 부분에 대한 진단결과 진단내용은 다음 표와 같다.

[표 1] **전기자동차 자기진단 결과**

표시	고 장 내 용	비고
00	정상	
11	실내 온도 단선(OPEN)	
12	실내 온도 단락(SHORT)	
13	외기온도센서 단선(OPEN)	
14	외기온도센서 단락	
15	PTC히터 토출 온도센서 단선(OPEN)	
16	PTC히터 토출 온도센서 단락(SHORT)	
17	이베퍼레이터 온도센서 단선(OPEN)	
18	이베퍼레이터 온도센서 단락(SHORT)	
19	온도조절 액츄에이터 단선 또는 단락(OPEN, SHORT)	
20	온도조절 액츄에이터 구동계 불량	
21	모드 조절 액츄에이터 단선 or 단락(OPEN, SHORT)	
22	모드 조절 액츄에이터 구동계 불량	
25	흡입 액츄에이터 단선 or 단락(OPEN, SHORT)	
26	흡입 액츄에이터 구동계 불량	
43	VCU CAN 통신오류	
44	MCU CAN 통신오류	
45	전동 컴프레서 CAN 통신 오류(MCAI, MCA2 메시지 확인)	
46	고전압 PTC히터 CAN 통신 오류(PTC 메시지 확인)	
47	블로워 PWM FET FAULT	
48	APT 센서 단선(OPEN)	
49	APT 센서 단락(SHORT)	

(4) 페일세이프(Fail Safe)

페일세이프 기능이란 자동차에서 혹시 페일(Fail)이 발생을 하더라도 그 결과가 탑승자나 자동차에 있어 반드시 안전(세이프)한 방행이 되도록 컨트롤되는 기능을 말하는데, 자동차의 중요부품에는 모두 이 기능이 탑재되어 있어 자동차를 안전하게 운행하도록 도와주고 있다. 예를 들어 ABS시스템에는 많은 부품이 상호 유기적인 관계를 맺고 있는데 그 중에서 휠스피드 센서(Wheel Speed Sensor)가 고장 났다면 전체적인 ABS시스템이 모두 멈추는 것이 아니라 일반 유압시스템으로 작동하여 자동차 제동장치(Brake System)의 안전을 유지하는 것이다.

[표 2] **전기자동차 공조장치 자기진단 페일세이프**

No	센서	고장의 조건	고장시의 처리
1	실내 온도	0.1V이하 또는 4.9V이상	23℃
2	외기 온도	0.1V이하 또는 4.9V이상	20℃(CAN통신, FDH송출)
3	이베퍼레이터	0.1V이하 또는 4.9V이상	-2℃
4	SOLAR	0.1V이하 또는 4.9V이상	보정하지 않는다.
5	TEMP SERVO F/B	0.1V이하 또는 4.9V이상	설정온도=24.5℃이하는 MAX COOL 고정 설정온도=25℃이상은 MAX HOT 고정
6	MODE SERVO F/B	0.1V이하 또는 4.9V이상	VENT시는 VENT로 고정 그 이외는 DEF로 고정
7	INTAKE SERVO F/B	0.1V이하 또는 4.9V이상	REC시는 REC로 고정 기타는 FRE로 고정
8	PTC 히터 토출 온도	0.1V이하 또는 4.9V이상	40℃
9	에어컨 압력	0.1V이하 또는 4.9V이상	보정하지 않음

(5) 전기자동차 정비를 위한 약어설명

일반 자동차뿐만 아니라 전기자동차에도 새로운 부품이 많아 영문으로 다 표기하기에는 한계가 있어 아래와 같이 약어를 쓰는 경우가 많다.

[표 3] **전기자동차 정비용 약어설명**

약 어	유닛 설명(영문)	유닛 설명(한글)
VCU	Vehicle Control Unit	차량제어 유니트
MCU	Motor Control Unit	모터 컴퓨터(인버터)
BMS	Battery Management System	고전압 배터리 관리 시스템
LDC	Low DC-DC Converter	DC-DC 변환기
CLU	Cluster	계기판
AHB	Active Hydraulic Booster	액티브 하이드로릭 부스터
VDC	Vehicle Dynamic Control System	차량 자세제어 장치
FATC	Full Automatic Temperature Control	풀오토 에어컨/히터 컨트롤러
MDPS	Motor Driven Power Steering	전동식 모터 조향장치
VESS	Virtual Engine Sound System	가상 엔진 사운드 시스템
OBC	On Board Charger	완속 충전기
QCS	Quick Charge System	급속 충전기

01. 자동차 안전기준에서 승합자동차의 길이는 얼마를 초과해서는 안되는가?

㉮ 12미터 ㉯ 13미터
㉰ 15미터 ㉱ 16.7미터

02. 자동차 최소 회전반경은 몇 m인가?

㉮ 6 ㉯ 12
㉰ 16 ㉱ 20

03. 자동차 검사의 종류를 설명하시오.

04. 자동차의 등광색을 설명하시오.

05. 전기자동차의 장단점을 설명하시오.

06. 전기자동차의 안전플러그 제거방법을 설명하시오.

07. 전기자동차의 충전기를 설명하시오.

08. 전기자동차의 안전보호구를 설명하시오.

09. 전기자동차의 안전조치사항에 대하여 설명하시오.

01.

㉯

02.

㉯